一套引领和推动中国动漫游戏产业教育和发展的优秀教材。

21 Century High Education Textbooks for Animation, Comics and Game

"十二五"普通高校动漫游戏专业规划教材

动漫游戏专业高等教育规划教材专家组／审定

三维动画特效
CG Special Effects in 3ds Max

策划◎北京电影学院中国动画研究院

主编◎孙立军　　副主编◎马建昌　　著◎彭超

北京联合出版公司

北　京

内容简介

三维动画特效是高校动画专业学生必须掌握的技能。本书作者拥有丰富的三维动画特效制作和教学经验。本书根据教学大纲的要求，颠覆传统教学模式，动画艺术与软件技术紧密结合，采用边讲、边看、边动手操作的生动活泼教学模式，力求通过动画特效《电脑变形金刚》、《魔法女战士》、《神奇粒子》、《浓烟火山》、《PF 粒子球》、《毛绒布料》、《滚落篮球》、《丛林之王》、《夏日风情》、《AfterBurn 烟雾》、《高耸山脉》、《海面效果》12 个典型时尚的范例为引导，用简洁流畅的语言，系统科学地讲解了"三维动画与特效技术、创建三维动画与蒙皮设置技法、空间扭曲与粒子系统特效技法、reactor 动力学特效技法、毛发与布料特效技法、环境氛围特效技法"等基础知识、原理、用法、范例制作流程和详细实施步骤等，创立了一个在专业艺术原理指导下的三维动画特效创新平台，一条通过课堂教学和实践或自学快速、全面掌握三维动画特效技法的快捷通道。

精心配套的《动画特效实训》是本教材关键知识点和核心技能的延伸全真模拟实战。由"实训名称、内容、要求、目的、制作总流程图+各分流程图"组成的 30 套作业（即 30 个工程项目的练习），旨在加大读者实训力度，提高读者的艺术素质和软件操作技能，启发和激励学生自己动手操作的欲望，为日后的专业创作打下坚实的基础。精选 40 幅优秀学生作业供学生练习时参考。

附赠光盘中含本书范例文件、视频教程、彩色页面、素材、工程文件等，考虑周到，方便教学和自学。

本书不仅是高校动画专业三维动画制作基础课程专业教材，且无论日后你从事动画专业创作，还是到动画公司、广告公司、电视台等单位工作，本书都会带给你实际的帮助，成为你的"启蒙老师"，受益终生。

说明：本书备有教师用电子教案及相关教学参考资源，需要者请与 010-82665789 或 lelaoshi@163.com 联系。

特别声明

本书涉及到的图形及画面仅供教学分析、借鉴，其著作权归原作者或相关公司所有，特此声明。

图书在版编目(CIP)数据

三维动画特效 / 彭超著. —北京：北京联合出版公司，2010.3
ISBN　978-7-80724-838-5

Ⅰ．①三…　Ⅱ．①彭…　Ⅲ．①三维—动画—图形软件，3DS MAX　Ⅳ．①TP391.41

中国版本图书馆 CIP 数据核字（2010）第 034231 号

总体企划：周京艳	**编 辑 部：**（010）82665118 转 8011、8002
书　　名：三维动画特效	**发 行 部：**（010）82665118 转 8006、8007
作　　者：彭 超	（010）82665789（传真）
责任编辑：王 巍　秦仁华	**印　　刷：**北京佳信达欣艺术印刷有限公司
助理编辑：张 园　荣 光	**版　　次：**2011 年 5 月北京第 1 版
责任校对：国 立　黄梅琪	**印　　次：**2013 年 5 月北京第 2 次印刷
出　　版：北京联合出版公司	**开　　本：**787mm×1092mm　1/16
发　　行：北京创意智慧教育科技有限公司	**印　　张：**25.75（彩色 19.75 印张，含练习册）
发行地址：北京市海淀区知春路 111 号理想大厦	**字　　数：**570 千字（含练习册）
909 室（邮编：100086）	**印　　数：**2001～4000 册
经　　销：全国新华书店	**定　　价：**68.00 元（2 册，含《动画特效实训》/ 附 1DVD）

本书如有印、装质量问题可与 010-82665789 发行部调换

　　近年来，中国动画产业的发展和中国动画教育人才的培养一直得到文化部、教育部、国家广电总局、国家新闻出版总署等相关部门领导的高度重视。教育部有关领导指出，由于目前很多项目都源自动画产业的发展需要，在动漫教育规模极速扩展的同时，提高教学质量已成为当务之急，特别要注重提高学生的实践能力、创造能力，以及在国际上的竞争能力。这就需要对动漫人才培养模式加以改革，希望动画学院能发挥行业领军作用，建立面向需求的课程，打造权威化、系统化、专业化的动漫类教材，形成动漫类专业规范。

　　由北京电影学院中国动画研究院（前身北京电影学院动画艺术研究所）、中国动画学会和京华出版社（现更名为北京联合出版公司）等牵头和组建的"21世纪中国动漫游戏优秀教材出版工程编委会"，秉承"严谨、科学、系统、服务"的传统，组织海内外专家和大批一线优秀教师，对已经投放市场并被全国不少院校作为指定教材的"十一五"全国高校动漫游戏专业骨干课程权威教材全面升级、更新换代；组织编写旨在提高动画创作者创作素质与创造能力、指导高校师生动画艺术创作实践的"动画大师研究"优秀系列书和"动画教学重要参考"系列书。

　　新一轮"十二五"普通高校动漫游戏专业规划教材，广泛听取和征求海内外教育家、技术专家的各种意见和建议，结合国内的实际情况，按照课程设置的要求和新的教学大纲编写，内容不但全面更新，更融入了近几年来教师教学和实践的经验。配套实训练习册中的大量典型范例更是教材中重点知识和技能的延伸及全真实战的模拟，旨在激发学生的学习兴趣和创作欲望，提高学生的实践力、创造力和竞争力，全面展示"最扎实的动漫游戏理论"、"最新的动漫游戏技术"、"最典型的项目应用实践"。本系列教材是"产、学、研"动画整体教学一体化全新教学模式的成功尝试，为北京和全国的动漫游戏专业提供一套标准的规范教材，为中国动画教育起到示范作用，必将成为下一轮中国动漫游戏教育发展的助燃剂。

动漫游戏专业高等教育教材编委会

　　动画是一种文化，她在结合了本国文化传统和民族精神之后所产生的力量和成就在世界上享有的巨大影响力和意义，是任何国家都不能忽视的！

　　当前，中国正成为全球数字娱乐及创意产业成长速度最快的地区。党和政府高度重视，丰富的市场资源使得中国成为国外数字娱乐产业巨头竞相争夺的新市场。

　　但从整体看，中国动漫游戏产业仍然面临着诸如专业人才严重短缺、融资渠道狭窄、原创开发能力薄弱等一系列问题。包括动漫游戏在内的数字娱乐产业的发展是一个文化继承和不断创新的过程，中华民族深厚的文化底蕴为中国发展数字娱乐产业奠定了坚实的基础，并提供了扎实而丰富的题材。

　　近年来，中国动画产业的发展和中国动画教育人才的培养一直得到文化部、教育部、国家广电总局、国家新闻出版总署等相关部门领导的高度重视。目前全国开设动画专业的院校近 500 所，在校学生 40 余万人，每年毕业生达 5 万人，计划新开设动画专业的院校和报考动画专业的学生数量仍在不断增长。

　　教育部高等教育司有关领导指出，由于目前很多项目都源自动画产业的发展需要，在动漫教育规模极速扩展的同时，提高教学质量已成为当务之急。特别要注重提高学生的实践能力、创造能力，以及在国际上的竞争能力。这就需要对动漫人才培养模式加以改革，希望动画学院能发挥行业领军作用，设置面向需求的课程，打造权威化、系统化、专业化的动漫类教材，形成动漫类专业规范。

　　面对教育部对培养动漫人才的新要求和中国动画教育新局面，如何健全和完善高校动画、漫画、游戏教材体系？中国的动画产业发展靠人才，而动画人才的培养最关键的是教材体系的完善和优秀教材的编写。北京电影学院中国动画研究院工作与时俱进，在召开"2009高校动漫游戏教材体系研讨会"的同时成立了"动漫游戏教材研发中心"，秉承"严谨、科学、系统、服务"的一贯传统，以本次会议参会高校专家代表为核心，组织海内外专家、大批一线优秀教师根据高校的不同需求、读者反馈的意见，努力编写好下面三个系列图书：

一、"'十二五'普通高校动漫游戏专业规划教材"，一套推动和加速中国动漫游戏教育及产业发展的优秀教材。是对已投放市场、被广大动画专业学生喜爱、全国不少院校作为指定教材的"'十一五'全国高校动漫游戏专业骨干课程权威教材"的全面升级，也是动画教学"产、学、研"一体化全新教学模式的成功尝试。

二、"21世纪中国动漫游戏优秀图书出版工程——《动画创作》系列"，一套提高动画创作者素质与创作能力、指导动画艺术创作实践的优秀专著。

三、"21世纪全国动漫游戏专业重要参考资料"，一套政府部门、企事业单位、动画公司、团体和个人把握机遇的信息来源。

京华出版社（现更名为北京联合出版公司）成立的"动漫游戏图书出版中心"，将组织国内大批优秀的编力全方位进行服务。由北京电影学院中国动画研究院牵头研发的新一轮高校动漫游戏系列教材，对北京乃至全国的动漫产业将起示范作用，必将成为下一轮中国动画教育的发动机。中国动画教育"产、学、研"一体化全新教学模式和教材，是快速提高教师素质、培养动画人才、推动我国动画教育深入发展、开创我国动画产业更为辉煌局面的助燃剂。

中国的动画教育方兴未艾，动漫游戏优秀图书的开发又是一个日新月异的巨大工程。北京电影学院中国动画研究院"动漫游戏教材研发中心"是一个国际性的开放平台，衷心希望海内外专家，特别是身在教学一线的广大教师加入到我们的策划与编写队伍中来，共同打造出国际一流水平的动漫游戏系列教材和专著，为推动中国的动画产业和动漫教育贡献自己的智慧和力量。

孙立军

北京电影学院副院长、教授

北京电影学院中国动画研究院院长

21世纪中国动漫游戏优秀教材出版工程
"十二五"普通高校动漫游戏专业规划教材

编 委 会

总策划：北京电影学院中国动画研究院

主　编：孙立军

编委会成员（排名不分先后）

近年来，全国高等院校新设置的数码影视动画专业和新成立的影视动画院校超过 700 所，数码影视动画设计将作为知识经济的核心产业之一，正迎来它的"黄金期"。

从最开始的 3D Studio 到过渡期的 3D Studio MAX，再到现在的 3ds Max 2010，该软件已有 10 多年的历史，得到广泛应用，在图形制作、建筑装饰、影视动画和游戏特效等领域占主导地位。3ds Max 2010 不但继承了原版本的强大功能，且增加了不少新的功能。

《三维动画特效》是"三维动画制作"系列教材中的一本，主要针对三维动画特效技术进行全面讲解。

本书内容分为 6 章，是作者丰富的三维动画特效制作和教学经验的积累及总结。本书根据教学大纲的要求，颠覆传统的教学模式，力求通过动画特效《电脑变形金刚》、《魔法女战士》、《神秘粒子》、《浓烟火山》、《PF 粒子》、《毛绒布料》、《滚落篮球》、《丛林之王》、《夏日风情》、《AfterBurn 烟雾》、《高耸山脉》、《海面效果》12 个典型时尚的范例为引导，用简洁流畅的语言，系统科学地讲解了"三维动画与特效技术、创建三维动画与蒙皮设置技法、空间扭曲与粒子系统特效技法、reactor 动力学特效技法、毛发与布料特效技法、环境氛围特效技法"等基础知识、原理、用法、范例制作流程和详细实施步骤等，创立了一个在专业艺术原理指导下的三维动画特效创新平台，一条通过课堂教学和实践或自学快速、全面掌握三维动画特效技法的快捷通道。

精心配套的《动画特效实训》是本教材关键知识点和核心技能的延伸全真模拟实战，由"实训名称、内容、要求、目的、制作总流程图 + 各分流程图"组成的 30 套作业（即 30 个工程项目的练习），旨在加大读者实训力度，提高读者的艺术素质和软件操作技能，启发和激励学生自己动手操作的欲望，为日后的专业创作打下坚实的基础。精选的 40 幅优秀学生作业是另一种形式的技术切磋和交流，启示和激发学生专业创作的欲望。希望通过本实训读者能获得更多的体会和经验，创作出更多的好作品。

附赠光盘含本书范例文件、视频教程、彩色页面、素材、工程文件等，考虑周到，方便教学和自学。

本书对不同风格和样式的三维动画特效进行了全面讲解和制作，整个学习流程理论与实践联系紧密，范例制作过程环环相扣、一气

本书作者：彭超

呵成。配套光盘的多媒体视频教学，更是让读者在掌握各种创作技巧的同时，享受了用 3ds Max 制作动画特效的无比乐趣，既轻松全面了解软件的强大功能，同时又能够熟练掌握实际制作技巧。

本书内容丰富全面，图文并茂；深入浅出，案例典型，重点突出，指导性强；中英文操作界面对照；**提供的每个案例全过程制作流程图就是活的项目施工图纸，授人以渔，即学活用；让读者既全面了解软件的强大功能，又能灵活熟练掌握影视动画中各种三维动画渲染的技法；印装精美，令人赏心悦目。**

本书不仅是高校动画专业三维动画制作基础课程专业教材，而且无论日后你是从事动画专业创作，还是到动画公司、广告公司、电视台等单位工作，本书都会带给你实际的帮助，成为你的"启蒙老师"，受益终生。

在此要特别感谢北京电影学院动画学院的孙立军老师和京华出版社动漫游戏图书出版中心的全体同仁一直以来对本团队的帮助与支持，感谢您们的辛勤劳动和无私奉献，在本书编写过程中提出了大量宝贵建议，在此诚意致谢。

本书由彭超执笔编写，其他参编人员还有赵云鹏、唐连喜、王戊军、韩雪、王海波、张鑫、吕峰、齐羽、黄永哲、李刚、左铁慧等老师，将他们长期从事影视动画教学和项目开发积累的经验荟萃到一起，讲解过程不拘泥于命令与实例本身，而是介绍了许多活用方法，并整理了各种技巧，使读者学习起来很方便，在此一并感谢。

本套教材包括《三维动画渲染》、《三维动画特效》、《三维动画模型》。

最后，感谢您选用本书，希望通过本书的学习和实训，你能获得更多的体会和经验，创作出更多的好作品。在使用本书的过程中有任何问题请访问 www.ziwu3d.com 网站或与 ziwu3d@163.com 联系。

彭超

于哈尔滨学院艺术与设计学院

《三维动画特效》学时安排（总学时：121）

章节及内容	讲授	实践	章节及内容	讲授	实践
第一章 三维动画与特效技术	1	0	第五章 毛发与布料特效技法	7	20
第二章 创建三维动画与蒙皮设置技法	9	15	第六章 环境氛围特效技法	9	17
第三章 空间扭曲与粒子系统特效技法	7	13			
第四章 reactor 动力学特效技法	9	14	小 计	42	79

说明：各校教师可根据本校情况调整学时。

本书配套 1 张 DVD 光盘，由"范例文件"、"视频教学"、"彩色页面"和"资料库"四部分内容组成。"范例文件"包括第二章至第六章的实例素材和工程文件；"视频教学"包括全书 12 个范例的制作过程教学视频；"彩色页面"包括与本书配套的《动画特效实训》的彩色页面文件；"资料库"包括常用的三维建模的素材，供读者练习时使用。

相关文件的打开方式：

□ 图片文件（*.jpg、*.bmp、*.tif、*.tga、*.psd 等）用 Photoshop 或 ACDSee 等图形图像软件打开；

□ 项目文件（*.max）用 3ds Max 2009 及其以上版本软件打开；素材文件（*.vrmesh、*.hdr、*.dds）用 3ds Max 2009 及其以上版本软件导入；

□ 多媒体音频和视频文件（*.avi、*.mpg、*.wav、*.mp3）用 Windows Media Player 或暴风影音等软件打开。

光盘说明
DVD USER'S GUIDE

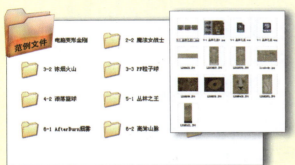

"范例文件"包括第二章至第六章的实例素材和工程文件

"视频教学"包括全书12个范例的制作过程教学视频

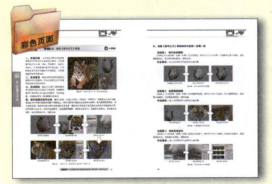

"彩色页面"包括《动画特效实训》的彩色页面文件

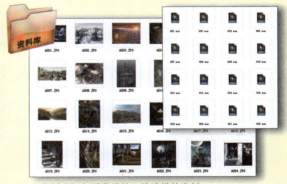

"资料库"包括常用的三维建模的素材

需要本书配套电子教案与辅助资料的老师请联系我们的教师服务信箱：lelaoshi@163.com，电话 010-82665789，我们将竭诚为您服务。

动漫游戏专业高等教育教材编委会

范例制作

2-1 动画角色特效《电脑变形金刚》 *P35*

一台电脑变形成机器人的动画。

范例简介

本例介绍如何使用3ds Max链接工具使一台静止的电脑变形成为机器人动画特效的制作流程、方法和实施步骤。

特效流程（步骤）

本例制作分为6部分：第1部分为设置模型链接；第2部分为制作显示器动画；第3部分为制作手臂变形动画；第4部分为填充变形动画；第5部分为创建腿部变形动画；第6部分为设置场景灯光。

本例技术分析

本例首先使用3ds Max链接工具设置机械模型的层次级别，然后配合关键的记录完成逐一变换效果，再设置透明度的显示动画。

本范例所需素材位于本书配套光盘中的"范例文件/2-1电脑变形金刚"文件夹。

本范例视频教程位于本书配套光盘中的"视频教学"文件夹。

① 链接显示器模型　　设置变形模型　　链接变形模型

② 设置闪灯动画　　设置光驱动画　　设置旋转动画

③ 设置护板动画　　设置手臂动画　　设置透明动画

④ 设置护板动画　　设置填充动画　　设置透明动画

⑤ 设置位移动画　　设置腿部动画　　设置透明动画

⑥ 设置摄影机　　设置镜头动画　　设置灯光

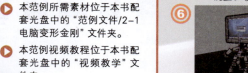 

动画角色特效《电脑变形金刚》6个分流程图

范例制作 **2-2** 动画角色特效《魔法女战士》 *P56*

一位游戏女战士踢腿动作的动画。

范例简介

本例介绍如何使用3ds Max两足骨骼系统、体格命令和蒙皮设置动画角色特效的制作流程、方法和实施步骤。

特效流程（步骤）

本例制作分为6部分：第1部分为建立两足骨骼；第2部分为调节上身骨骼；第3部分为调节下身骨骼；第4部分为调节骨骼细节；第5部分为设置蒙皮；第6部分为设置动作。

本例技术分析

本例主要使用两足骨骼与角色进行匹配，然后分别使用体格和蒙皮两种方式将模型与骨骼进行绑定，最后再为骨骼设置动作。

①
建立骨骼　　匹配位置　　设置模型冻结

② 调节胳膊骨骼　　调节手掌骨骼　　调节头发骨骼

③ 调节腿部骨骼　　增加脚趾骨骼　　镜像腿部骨骼

④ 调节身体骨骼　调节腿部骨骼　设置骨骼透明

⑤ 设置角色体格　设置角色蒙皮　调节蒙皮区域

⑥ 设置步迹动画　　添加动作文件　设置运动流

动画角色特效《魔法女战士》6个分流程图

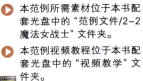
▶ 本范例所需素材位于本书配套光盘中的"范例文件/2-2魔法女战士"文件夹。
▶ 本范例视频教程位于本书配套光盘中的"视频教学"文件夹。

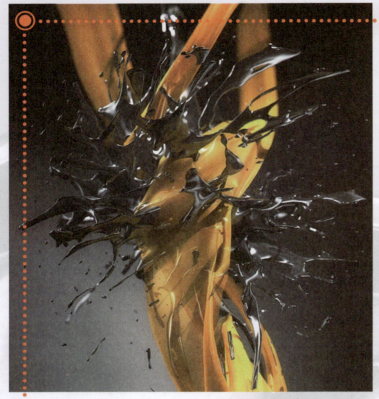 三维动画特效

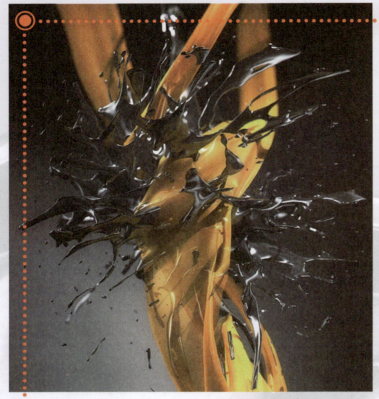

范例制作

3-1 动画粒子特效《神奇粒子》 *P85*

一段绚丽的液体撞击的动画特效。

范例简介

本例讲解如何使用喷射粒子、超级喷射粒子和粒子阵列模拟喷泉、液体和礼花神秘效果的制作流程、方法和实施步骤。

本例技术分析

本例制作主要用到喷射粒子、超级喷射粒子、粒子阵列，配合力学与反弹板使粒子特效更加真实。

特效流程（步骤）

本例制作分为3部分：第1部分为创建粒子喷泉效果；第2部分为创建液体反弹效果；第3部分为创建阵列礼花效果。

①

建立粒子发射器   设置力学与材质   复制喷射器

②

建立超级喷射粒子   设置粒子反弹板   设置粒子风力

③

建立粒子阵列   材质与属性   设置视频合成

动画粒子特效《神奇粒子》3个分流程图

▶ 本范例所需素材位于本书配套光盘中的"范例文件/3-1神奇粒子"文件夹。

▶ 本范例视频教程位于本书配套光盘中的"视频教学"文件夹。

范例制作

3-2 动画粒子特效《浓烟火山》 *P97*

一段壮观的火山喷发的动画特效。

● 范例简介

本例介绍如何使用置换修改命令对几何体产生起伏凹凸模型效果，然后建立PF粒子模拟火山喷发的浓烟特效的制作流程、方法和实施步骤。

● 特效流程（步骤）

本例制作分为6部分：第1部分为制作火山模型；第2部分为设置场景灯光；第3部分为制作火山灰效果；第4部分为控制摄影机与环境；第5部分为调节模型材质；第6部分为设置特效渲染。

● 本例技术分析

本例制作时先使用置换修改命令对几何体产生起伏凹凸模型效果，然后建立PF粒子模拟火山喷发的浓烟。

①
创建平面几何体   制作火山模型   复制小火山口

②
创建平行光   制作平行光阵列   测试照明效果

③
创建粒子发射器   设置发射器参数   测试渲染粒子效果

④
创建摄影机视图   制作环境背景   渲染摄影机视图

⑤
控制粒子材质   测试粒子材质效果   调节火山材质

⑥
控制亮度对比度   制作镜头效果   制作模糊效果

动画粒子特效《浓烟火山》6个分流程图

▶ 本范例所需素材位于本书配套光盘中的"范例文件/3−2 浓烟火山"文件夹。

▶ 本范例视频教程位于本书配套光盘中的"视频教学"文件夹。

范例制作

3-3 动画粒子特效《PF粒子球》 *P113*

一段由无数小球组成人形踢球的动画特效。

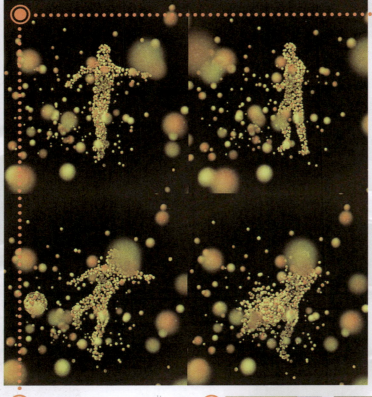

范例简介

本例介绍在电视广告和电影特效中如何使用广泛的PF粒子球制作特效的制作流程、方法和实施步骤。

本例技术分析

本例制作的PF粒子球主要使用PF粒子将角色与足球模型进行替换，完成角色是由多个粒子包裹，然后产生踢球的动画，足球被踢出又爆破出更多的粒子。

特效流程（步骤）

制作分为3部分：第1部分为创建模型动画；第2部分为创建粒子动画；第3部分为设置场景渲染。

①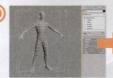

制作基础模型　　　匹配角色骨骼　　　调节踢球动画

②

制作人物与球粒子　　制作踢球散落粒子　　制作环境粒子

③

创建摄影机视图　　调节渲染背景材质　　设置渲染动画

动画粒子特效《PF粒子球》3个分流程图

▶ 本范例所需素材位于本书配套光盘中的"范例文件/3-3 PF粒子球"文件夹。

▶ 本范例视频教程位于本书配套光盘中的"视频教学"文件夹。

范例制作

4-1 动力学特效《毛绒布料》 *P143*

一块毛巾在毛巾架上滑动的动画。

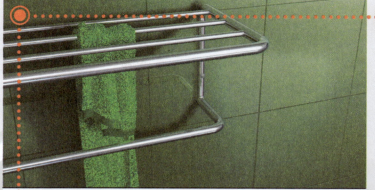

范例简介

本例讲解如何使用动力学系统和毛发修改命令制作毛绒布料动画特效的制作流程、方法和实施步骤。

本例技术分析

本例制作时主要使用动力学系统设置毛巾的动画，然后配合毛发修改命令制作出毛巾表面的毛绒效果，完成毛绒布料动画效果。

特效流程（步骤）

本例制作分为3部分：第1部分为创建布料；第2部分为制作布料动画；第3部分为添加毛发效果。

①

导入场景模型　　　　创建布料模型　　　　设置布料状态

②

锁定布料顶点　　　　制作碰撞模型　　　　生成布料动画

③

毛发修改器　　　　调节毛发质量　　　　调节毛巾材质

- 本范例所需素材位于本书配套光盘中的"范例文件/4-1 毛绒布料"文件夹。
- 本范例视频教程位于本书配套光盘中的"视频教学"文件夹。

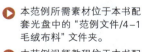

动力学特效《毛绒布料》3个分流程图

范例制作 **4-2** 动力学特效《滚落篮球》 *P154*

一段篮球从台阶上滚落的动画。

范例简介

本例介绍如何使用动力学中的刚体碰撞原理和功能制作篮球下落的动画特效的制作流程、方法和实施步骤。

本例技术分析

本例制作时主要使用动力学中的刚体碰撞，然后将动力学动画生成关键帧，完成篮球下落的动画特效。

特效流程（步骤）

本例制作分为3部分：第1部分为制作刚体模型；第2部分为模拟动力学；第3部分为生成动画。

①

导入场景模型　　创建篮球模型　　制作篮球材质

②

创建刚体结合　　预览动力学动画　　调节物体质量

③

复制篮球　　制作碰撞物体　　设置碰撞容差

- 本范例所需素材位于本书配套光盘中的"范例文件/4-2滚落篮球"文件夹。
- 本范例视频教程位于本书配套光盘中的"视频教学"文件夹。

动力学特效《滚落篮球》3个分流程图

范例制作

5-1 动画毛发特效《丛林之王》 *P174*

一只狮子逼真毛发的动画特效。

范例简介

本例介绍如何使用毛发和头发（Hair and Fur）修改命令为狮子模型添加真实的毛发效果的制作流程、方法和实施步骤。

本例技术分析

本例制作时主要使用了毛发和头发（Hair and Fur）修改命令，为狮子模型添加真实的毛发效果，其中主要使用到了更新选择、加载毛发样式、梳理、修剪、从样条线重梳、常规参数设置和卷发参数设置。

特效流程（步骤）

本例制作分为3部分：第1部分为设置狮子胡须；第2部分为设置狮子鬃毛；第3部分为设置狮子尾巴。

① 增加毛发修改命令 →  指定毛发生长区域 → 梳理胡须毛发形态

②  创建刚体结合 →  预览动力学动画 →  调节物体质量

③  设置鬃毛区域 →  选择毛发样式 → 修剪鬃毛形态

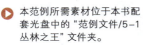

- 本范例所需素材位于本书配套光盘中的"范例文件/5–1丛林之王"文件夹。
- 本范例视频教程位于本书配套光盘中的"视频教学"文件夹。

动画毛发特效《丛林之王》3个分流程图

范例制作 **5-2** 动画布料特效《夏日风情》 *P184*

一段窗帘随风飘动的动画。

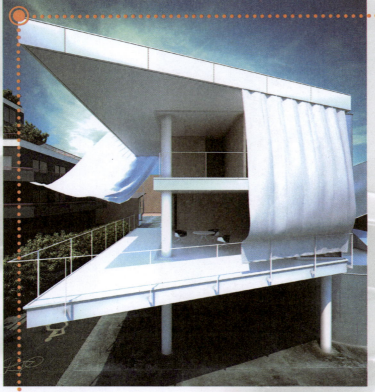

范例简介

本例介绍如何使用布料属性与力学控制制作表现夏日风情动画特效的制作流程、方法和实施步骤。

本例技术分析

本例制作时主要使用了布料（Cloth）修改命令进行窗帘模拟，先设置对象属性再进行锁定顶点操作，然后设置布料属性与力学控制，再设置遮挡物体后进行模拟计算。

特效流程（步骤）

本例制作分为3部分：第1部分为创建布料；第2部分为调节布料柔性属性；第3部分为制作风力与碰撞。

①

　　创建布料模型　　　　添加布料属性　　　　预览布料动画

②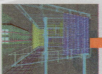

　　锁定窗帘顶点　　　　调节布料属性　　　　生成布料动画

③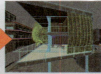

　　增加风力效果　　　　制作碰撞物体　　　　完成布料动画

动画布料特效《夏日风情》3个分流程图

▶ 本范例所需素材位于本书配套光盘中的"范例文件/5-2夏日风情"文件夹。

▶ 本范例视频教程位于本书配套光盘中的"视频教学"文件夹。

范例制作

6-1 动画环境特效《**AfterBurn**烟雾》 *P218*

一组浓烟呈现三种不同状态的动画特效。

范例简介

AfterBurn是3ds Max中创建体积粒子效果的专业插件，在电影的特效制作中被广泛应用。本例介绍如何用AfterBurn插件特效制作上升的浓烟效果、拖尾的燃烧效果和蘑菇云效果的流程、方法和实施步骤。

本例技术分析

制作本例时主要使用AfterBurn插件特效制作上升的浓烟效果、拖尾的燃烧效果和蘑菇云效果。

特效流程（步骤）

本例制作分为3部分：第1部分为创建上升浓烟效果；第2部分为创建拖尾燃烧效果；第3部分为创建蘑菇云效果。

①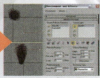

添加烟雾效果　　添加爆炸效果　　添加灯光效果

②

设置路径粒子　　添加烟火特效　　添加爆炸与灯光

③

控制粒子与力学　　添加烟雾效果　　添加爆炸效果

- 本范例所需素材位于本书配套光盘中的"范例文件/6-1 AfterBurn烟雾"文件夹。
- 本范例视频教程位于本书配套光盘中的"视频教学"文件夹。

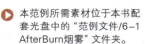

动画环境特效《AfterBurn 烟雾》3 个分流程图

范例制作

6-2 动画环境特效《高耸山脉》 *P233*

一座被大雾笼罩的高耸山脉的动画。

范例简介

本例介绍如何使用贴图、置换命令、混合材质类型、雾和体积雾制作高耸山脉效果的流程、方法和实施步骤。

特效流程（步骤）

本例制作分为6部分：第1部分为制作山体模型；第2部分为调节模型材质；第3部分为创建场景灯光；第4部分为添加摄影机动画；第5部分为制作大气与雾特效；第6部分为设置渲染输出。

本例技术分析

制作本例模型时主要使用贴图和置换命令完成，材质的效果主要使用了混合材质类型，然后配合效果中的雾和体积雾为大气装置添加效果。

①

设置几何体参数　　制作大体山脉起伏　　制作山脉主体

②

调节雪景材质　　调节山地材质　　调节山脉材质混合

③

复制阵列灯光　　柱形环境光阵列　　创建阳光照明

④

创建摄影机　　记录摄影机动画　　测试渲染动画

⑤

制作天空环境　　制作环境大气　　制作云层效果

⑥

本范例所需素材位于本书配套光盘中的"范例文件/6-2 高耸山脉"文件夹。

本范例视频教程位于本书配套光盘中的"视频教学"文件夹。

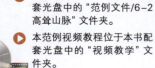

开启显示安全框　　设置渲染输出　　渲染动画效果

动画环境特效《高耸山脉》6个分流程图

范例制作

6-3 动画环境特效《海面效果》 *P250*

一段平静的黄昏、汹涌的海水和南极浮冰海面的动画。

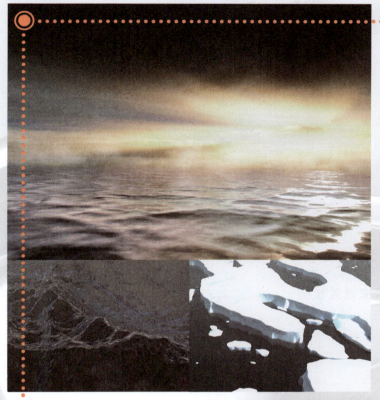

范例简介

本例介绍如何将修改命令、材质、粒子、特效与环境进行整合，制作出平静黄昏水面、汹涌波动的海水和南极浮冰海面特效的流程、方法和实施步骤。

本例技术分析

制作本例的平静黄昏水面效果、汹涌波动海水效果和南极浮水海面效果时，主要是将修改命令、材质、粒子、特效与环境进行整合，使制作的三维效果更加真实。

特效流程（步骤）

本例制作分为3部分：第1部分为制作平静黄昏水面；第2部分为制作汹涌波动海水；第3部分为制作南极浮冰海面。

①

制作海洋材质　　　　调节场景灯光　　　　增加海洋特效

②

创建海洋模型　　　　调节海洋材质　　　　增加最终特效

③

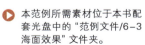

- 本范例所需素材位于本书配套光盘中的"范例文件/6-3海面效果"文件夹。
- 本范例视频教程位于本书配套光盘中的"视频教学"文件夹。

创建冰雪模型　　　　制作粒子冰雪　　　　添加最终效果

动画环境特效《海面效果》3个分流程图

目 录
Contents

1

三维动画与特效技术

关键知识点
- 基本概念与特征
- 在电影中的应用
- 特效类型

内容提要

本章由 4 节组成。通过大量丰富而典型的镜头画面，讲解了三维动画与特效的基本概念、特征和功能，三维特效在描述灾难、机械、生物等动画电影中的表现，以及三维动画特效的种类等。最后是本章小结和本章作业。

本章教学环境：多媒体教室、软件平台 3ds Max
本章学时建议：1 学时

第一节　艺术指导原则

不管是在动画电影、还是在实拍的电影中，三维动画与特效的加入会使影片更加吸引人的眼球，观众会跟随故事情节而产生带动性的感受，所以三维动画与特效对于影片来说是非常重要的。

在制作优秀的视觉特效时，不可忽略艺术与技术的结合，特别要掌握构图等知识，因为只有特定的角度才会带来强烈的视觉冲击效果，感染和打动观众。

第二节　基本概念与特征

三维动画与特效不仅可以制作动画电影，还能够完成实拍不能解决的影视镜头效果，不会受到天气季节等因素影响，且可修改性较强，质量要求也更易受到控制，能够对所表现的故事与产品起到前所未有的视听冲击作用，见图1-1。

制作完美的三维动画与特效的从业人员不仅需要熟悉和掌握相关的软件技术，还需要有一定的绘画艺术基础，有时还要借助辅助软件或三维插件完成自己的制作，比如 Afterburn 烟火特效、phoenix 凤凰火焰、DreamScape 景观插件、Cebsa pyrocluster 云雾特效、HairFX 高级毛发、Verdant 植物生成、RealFlow 流体动力学插件等，见图1-2。

图1-1　科幻电影《蜘蛛侠2》中的特效示例

图1-2　3ds Max 插件特效

第三节　影视特效应用

一、灾难类电影特效

科幻电影《后天》中讲述的是温室效应所造成的气候异变，使地球陷入第二次冰河世纪的故事。片中研究气候变化的科学家们根据观察和研究史前气候规律，提出严重的温室效应将造成气温剧降，地球将再次进入冰河时期的假设。结果，这个预言变成了现实，龙卷风、海啸和暴风雪接踵而至，人类陷入了一场空前的末日浩劫，而片中那些气候变化特效正是影片创作人员借助三维动画与特效手段才得以完美地展现，见图1-3。

图1-3　科幻电影《后天》中的天气特效示例

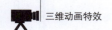

科幻电影《后天》中的演员并无大牌明星加盟，这部片子自然将重头戏放在了视频特效上面，有 10 多家公司联合为本片打造电脑特效，为了追求视觉的震撼力，影片的推出档期也由暑期档推迟至次年（2004 年）的 5 月。值得一提的是，Ohphanage 特效公司刚为上映的科幻电影《地狱男爵》制作完特效，转而加入科幻电影《后天》的特效制作，承担了 45 个天气转变的灾难镜头制作任务，见图 1-4。

图 1-4 科幻电影《后天》中的灾难天气特效示例

科幻电影《2012》更是一部关于全球毁灭的灾难影片，讲述的是在 2012 年世界末日到来时，主人公挣扎求生的经历。该片被称为科幻电影《后天》的升级版，投资超过 2 亿美元，是灾难片大师罗兰·艾默里奇的又一力作，见图 1-5。

科幻电影《2012》在全球 105 个国家和地区上映，首周全球票房就已达到 2 亿美元，周末三天全球票房总计达到 2.25 亿美元。虽然影片在北美的首周票房略低于科幻电影《后天》，但是海外市场的 1.6 亿美元完全能弥补这一差距。科幻电影《2012》中国票房达 4.5 亿元人民币，也成为内地年度票房总冠军。之所以票房高，连发行商都承认三维动画与特效的作用功不可没，见图 1-6。

图 1-5 科幻电影《2012》中的灾难天气特效示例

图 1-6 科幻电影《2012》中的特效示例

二、生物类电影特效

科幻电影《史前一万年》是导演罗兰·艾默里奇给人们留下深刻印象的大片。他把镜头移到远古的过去，打造了历史前一万年的世界。对影片的演员来说，与视觉特效专家们合作是一段极其有趣的经历，特别是拍摄剑齿虎和捕杀猛犸象的那些场景，演员可以自由发挥，与不存在的动物做互动表演，见图 1-7。

科幻电影《黄金罗盘》中所有的故事都发生在一个与我们世界平行运转的宇宙空间里，这是一个由巫师统领北部天空的时代，北极熊才是最

图 1-7 科幻电影《史前一万年》中的特效示例

勇敢的战士，而人类则拥有一个由自己灵魂幻化成的灵兽，其重要性堪比心脏。影片中大量地使用了三维动画与特效，其中有披甲熊、女巫、天使、厉鬼和精灵，还有华丽气派的学院、群岛和冰川等场景特效，这才使故事更加顺利地讲述下去，见图1-8。

图1-8 科幻电影《黄金罗盘》中的特效示例

在魔幻电影《指环王》这部主要讲述光明与黑暗斗争的影片中，除了我们可以直观地看到魔怪、生物、树形人等三维技术的应用，还在场景上营造出了仙境和魔界的转换，并大量使用了三维特效技术，比如闪着金光的戒指、冒着浓烟的山峰、逼真炙热的岩浆、乌云骤变的天空等。本片无论在故事还是特效上，都成为一部经典佳作，见图1-9。

图1-9 魔幻电影《指环王》中的特效示例

还记得科幻电影《黑客帝国》中令人炫目的特效吗？那些绿色落下的数字雨、子弹慢速运动的弹道轨迹、幻影出现的反方打手、动作灵活的电子章鱼，还有那惊心动魄的爆炸场景等，无一不是当时三维动画爱好者争先模仿的蓝本，见图1-10。

图1-10 科幻电影《黑客帝国》中的特效示例

科幻电影《神奇四侠》讲述的是四名宇航员在接受了宇宙射线照射后被赋予了超人力量，小组的里德·理查兹拥有了身体自由伸展的能力，苏·斯托姆获得了隐身和创造力场的能力，约翰尼·斯托姆则获得了控制火焰的能力，本·格里姆变成了超强力岩石怪物。这四个超人联合起来，凭着他们超强的能力，战胜了末日博士的邪恶计划。神奇四侠拥有的能力展示当然都是靠三维动画与特效来完成，特别是霹雳火和石头人的特效部分，见图1-11。

正在科学展览馆拍照的彼得·帕克被一只转基因蜘蛛咬了以后，具有了超人的力量，并且可以像蜘蛛一样能爬到任何物体表面，使用蛛丝在城市中飞来飞去，从而用他的超级能力与犯罪行为作战，这就是科幻电影《蜘蛛侠》中主要实现的三维动画与特效，见图1-12。

图1-11 科幻电影《神奇四侠》中的特效示例　　　　图1-12 科幻电影《蜘蛛侠》中的特效示例

三、机械类电影特效

在众多机械类别电影中不能不提的就是科幻电影《变形金刚》，影片中的人物虽然大多数是机器人，但个个有血有肉、个性十足，三维动画与特效技术得到充分地应用，从而入围2008年奥斯卡最佳特效、最佳音效和最佳音效剪辑奖，见图1-13。

科幻电影《变形金刚》一片共有大约240名工业光魔公司的数字艺术家和15名产品支持工作人员参与项目制作，主要负责把三维制作的变形金刚添加到电影中将近500个镜头里。通过大量建模和绑定工作，让角色动作既有机器的重量感，又有勇士般的从容和果断。由于机器人模型极其复杂多变，变形过程十分麻烦，又不可能仅通过一块一块的变化形状来对付观众，所以不好从反方向开始做起，由一个单独的机器人开始，然后找到最酷的方式使其变形成一个和汽车形象一致的状态，见图1-14。

图1-13 科幻电影《变形金刚》中的特效示例　　　　图1-14 科幻电影《变形金刚》角色设计效果

1984 年的科幻电影《终结者》一经推出就以独特题材与剧情赢得了观众口碑，当然也少不了眼花缭乱的特效。7 年后，1991 年又推出续作科幻电影《终结者 2》，以火爆震撼的场面、极富个性的独特角色、宏大且悲壮的剧情在全球范围内"高烧不退"，其独到深刻的科幻剧情与深含哲学的科学理念更助推了全球科幻风潮。其后在 2003 年、2009 年又推出了第三集和第四集，续集整体质量依然让终结者影迷们热血沸腾，见图 1-15。

科幻电影《世界大战》中的外星人全面入侵地球，外星人的形象与以往绝不雷同，特效场景更是惊天浩劫，造成史无前例的灾难特效。外星人袭击地球后全人类将面临灾难，这种类型的科幻片早被好莱坞拍到不能再拍，可科幻电影《世界大战》里至少保证不会出现显著地标性建筑被毁灭，没有针对城市的不必要攻击行动，没有画蛇添足的记者们假装知道发生了什么，不会让政治家、科学家或者其他显要人物担当影片主人公，而是靠真实特效征服观众的眼睛，见图 1-16。

图 1-15　科幻电影《终结者》中的特效示例　　　图 1-16　科幻电影《世界大战》中的特效示例

四、动画类电影特效

动画电影《超人总动员》是一部非常有特色的片子，将看似平常的普通人赋予了超出常人的能力。超能先生、积仔和小杰的金色短发，弹力女超人和小倩的深色长发，反派超劲先生的扫把头，这些毛发特效可以更好地展现出角色个性，见图 1-17。

动画电影《冰河时代》中的故事发生在冰河年代，通过三维动画与特效将当时的环境完美表现，而长毛象、树獭、剑齿虎和松鼠的毛皮也充分地展示了特效技术，见图 1-18。

动画电影《怪物公司》中那只蓝紫色皮毛、长着触角的大块头怪物，身上有 2320413 根毛发，所以渲染一帧通常要花 12 个小时左右。动画电影《怪物公司》相比起其他三维动画片，场面更为宏大、角色更为丰富，生动程度和逼真指数也是史无前例，骄人的成功更令人欣欣鼓舞，全球票房竟高达 5.24 亿美元，见图 1-19。

山清水秀的和平谷有点类似中国武当山，因为同样都住着一群武林高手。然而不同的是，和平谷中的武林高手全都是动物，这就是动画电影《功夫熊猫》所营造的世界。单是制作熊猫阿宝乘火箭椅冲上半空一幕，便同时动用了火箭、光效、爆破、烟火轨迹等多达 54 个视觉特技特效。盖世五侠中的仙鹤身上有多达 6 千根羽毛，雪豹攻击阿宝时掀起的厚厚尘埃有 3 千万粒，阿宝使用爆竹炸毁的椅子碎成 90 万片。繁多的三维动画与特效使该片制作周期长达 5 年，台前幕后的设计师多达 448 人，见图 1-20。

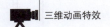

图 1-17 动画电影《超人总动员》中的特效示例

图 1-18 动画电影《冰河时代》中的特效示例

图 1-19 动画电影《怪物公司》中的特效示例

图 1-20 动画电影《功夫熊猫》中的特效示例

第四节 三维动画与特效的类型

在电影和动画作品中，三维动画与特效被分为许多种类，其中主要有场景环境、烟火特效、爆炸特效、液体特效、机械骨骼、毛发与布料等，而动画特效的加入，使电影和动画作品在视觉上更上一层楼。

一、场景环境特效

场景环境在电影和动画作品中主要起到烘托气氛的作用。在许多不允许实景拍摄的情况下，借助演员在蓝背景或绿背景前虚拟拍摄，然后用三维动画软件制作出虚拟的环境，再通过后期合成软件将实景拍摄的素材进行抠像处理。最后再将实景拍摄的素材与三维虚拟环境进行合成，达到理想的影片描述。这种处理方式在大部分电影中都得以应用，不仅可以控制场景环境的特效，还会节省资金的投入，见图 1-21。

图 1-21 场景环境特效示例

　　武打电影《功夫》的故事发生在 20 世纪 40 年代的中国，当时的建筑物不可能完全复原，于是通过三维动画与特效的应用解决场景环境问题。在电影中炸毁墙壁及撞毁墙壁的镜头都是用 3ds Max 进行制作的。在制作时首先需要把各种物件分割出多个不同的精细零件，然后进行分裂动画与特效处理，最后再使用 GI 渲染动画，得到了以假乱真的视觉特效，见图 1-22。

　　魔幻电影《指环王》中宏伟史诗般的场景环境，传递给观众真实而具震撼力的特效，成功烘托出魔幻气息极浓的剧情氛围，见图 1-23。

图 1-22　武打电影《功夫》中的特效示例

图 1-23　魔幻电影《指环王》中的场景特效示例

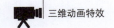

二、烟火特效

利用烟火可使电影画面达到理想的艺术特效，运用烟火还可以创造出各种环境气氛，如战争、恐怖或仙境等。合理地使用它，可起到深化主题、塑造人物、调节影调、改变景色反差等作用。科幻电影《2012》中就大量地加入了烟火特效，见图1-24。

图1-24 科幻电影《2012》中的烟火特效示例

在科幻电影《阿凡达》中的烟火特效不只是浓烟和火焰，还大量地使用了子弹光效、机枪光效和飞机拖尾的喷气特效，这些也都属于烟火特效的范畴，见图1-25。

图1-25 科幻电影《阿凡达》中的烟火特效示例

武打电影《功夫》中两个高手决战的一幕，即是天地相残决战油炸鬼及裁缝的那一幕：两个高手衣服被撕裂开的同时，又使用 3ds Max 中的粒子系统制作出狂风吹尘特效，这些也都属于烟火特效类型，见图 1-26。

图 1-26　武打电影《功夫》中的狂风特效示例

三、爆炸特效

爆炸特效可以使用实景爆破的方式进行表现，但很多电影还是选择三维动画进行特效模拟。因为实景爆破的危险性较高，控制特效较为复杂，而三维动画进行特效模拟则不存在此类问题。在科幻电影《2012》中就大量地使用了爆炸特效，这些三维动画制作的特效冲击力非常强，见图 1-27。

图 1-27　科幻电影《2012》中的爆炸特效示例

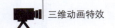

武打电影《功夫》中火云邪神在赌场的镜头，主要靠爆炸特效推近表现出主题。首先拍摄空白的赌场素材，再单独拍摄角色的素材，最后使用三维动画软件制作爆炸特效，使整个场景被碎片所充斥，将火云邪神这个反面角色的暴力和破坏性充分展现，见图1-28。

图1-28 武打电影《功夫》中的爆炸特效示例

四、液体特效

动画电影《马达加斯加》中的轮船一路风浪颠簸，令关在箱子里的四只娇生惯养的园中动物叫苦不迭。早有预谋的四只企鹅迅速打翻船员、敲晕船长，失控的轮船被海浪吞没，船上的货物也被海水冲到了马达加斯加岛上，其中逼真的海面效果让我们记忆深刻，见图1-29。

图1-29 动画电影《马达加斯加》中的海洋特效示例

科幻电影《2012》中的印度洋海啸越过喜马拉雅山峰，向山顶的寺庙扑来，在人物的泰然中有一种超越的美，如涅盘般的液体流动也充满了寂静感，见图1-30。

图1-30 科幻电影《2012》中的液体特效示例

在众多的电视广告片中，液体也承载着冲击视觉的重任，比如沉入清水中的剃须刀、交汇的两股液体、汽车飞驰溅起的水花等，见图1-31。

图1-31 电视广告片中的液体特效示例

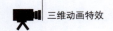

五、机械骨骼特效

机械骨骼系统是骨骼对象关节的层次链接,可用于设置其他对象或层次的动画。在科幻电影《变形金刚》中可以采用正向运动学或反向运动学为骨骼设置动画。对于反向运动学,骨骼可以使用任何可用的 IK 解算器,或者交互式 IK 的应用,见图 1-32。

动画电影《机器人总动员》中的瓦力就使用了链接骨骼设置父子关系,使机器人的动作可以顺利完成。在动画方面,非常重要的一点是要理解骨骼对象结构,每个链接在其底部都具有一个轴点,而骨骼则可以围绕该轴点旋转,见图 1-33。

图 1-32 科幻电影《变形金刚》中的机械骨骼特效　　　图 1-33 动画电影《机器人总动员》中的机械骨骼特效示例

六、毛发与布料特效

毛发特效在模拟真实角色性格时会起到很大的作用,在动画电影《超人总动员》中,不同的角色拥有不同的发型,将柔弱的女士、张狂的先生、傲慢的设计师和调皮的孩子都赋予了更加强烈的个性,见图 1-34。

图 1-34 动画电影《超人总动员》中的毛发特效示例

布料特效在角色动画中也占据了重要的部分,在动画电影《飞屋环游记》中不管是厚重的大衣,还是薄薄的婚纱,都是布料模拟出的特效。动画电影《飞屋环游记》是皮克斯第一部以普通人为主角的长片,精致的布料模拟使制作周期达到了 5 年,见图 1-35。

图 1-35 动画电影《飞屋环游记》中的布料特效示例

本章小结

三维动画与特效犹如厨师在菜肴中加入的调料一样重要，如果没有调料，菜肴将平淡无味。本章首先讲解三维动画与特效在灾难、生物、机械和动画类电影中的应用情况，接着介绍三维动画与特效的种类，包括一批影片中的场景环境、烟火、爆炸、液体、机械骨骼、毛发与布料等特效及其特点，充分展示了三维动画与特效给人类带来的无穷艺术魅力与视觉震撼力。

本章作业

简答题

1. 三维动画与特效具有哪些特征和功能？
2. 三维动画与特效都应用在哪些电影中？请列举你所熟悉的 1 ~ 2 部电影中的特效并作简要介绍。
3. 三维动画与特效的种类都有哪些？请列举你所熟悉的相关电影片段与特色。

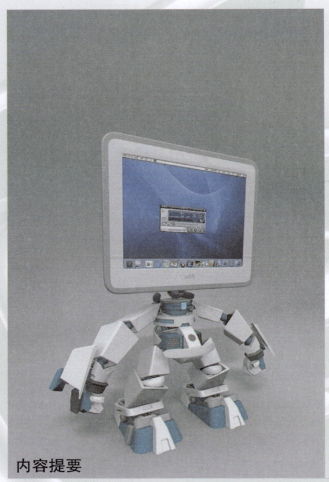

2

创建三维动画与
蒙皮设置技法

关键知识点

- 原理与方法
- 骨骼系统动画
- 蒙皮设置
- Biped 两足动物
- Physique 体格修改器
- 变形动画和动画角色特效制作流程、方法

内容提要

本章由 8 节组成。动画与蒙皮可以使呆板的模型变得生动，本章主要讲解创建三维动画的原理与方法，创建骨骼的流程、IK 链指定卷展栏、骨骼参数卷展栏和 IK 解算器的功能和用法，蒙皮的功能和设置方法，创建 Biped 两足动物方法，Physique 体格修改器的基本功能和用法，变形动画《电脑变形金刚》和角色动画《魔法女战士》特效的制作流程、方法和全部实施步骤。最后是本章小结和本章作业。

本章教学环境：多媒体教室、软件平台 3ds Max
本章学时建议：24 学时（含 15 学时实践）

第一节　艺术指导原则

使用 3ds Max 可以为各种不同领域创建计算机三维动画，可以为计算机游戏设置角色，制作片头或广告的动画，或为电影和电视制作特殊效果的动画，还可以创建用于专业场合的动画，如医疗手册或法庭上的辩护陈述等。无论设置动画的原因何在，都会发现 3ds Max 是一款功能强大的软件，可以帮助人们实现各种目的。

设置动画的基本方式非常简单，可以设置任何对象变换参数的动画，以随着时间改变其位置、旋转和缩放。启用自动关键点按钮，然后移动时间滑块至所需的状态，在此状态下，所做的更改将为视图中所选的对象创建动画。

在 3ds Max 中可以设置对象位置、旋转和缩放的动画，以及为影响对象形状和曲面的任何参数设置动画，还可以使用正向和反向运动学链接层次设置对象的动画，并且可以在轨迹视图中编辑动画。

第二节　创建三维动画的原理与方法

一、创建动画关键帧

1. 基本概念

动画是以人类视觉的原理为基础，如果快速查看一系列相关的静态图像，那么会感觉到这是一个连续的运动，每一幅单独图像称之为"帧"，见图 2-1。

图 2-1　动画帧的单个图像效果

传统手绘动画的方法主要难点在于动画师必须生成大量帧（单独图像），1 分钟的动画大概需要 720 帧到 1800 帧（单独图像），这取决于动画连续性的质量。用手来绘制图像是一项艰巨的任务，因此出现了一种称之为"关键帧"的技术。

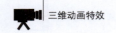

2. 关键帧与中间帧的基本概念

动画中的大多数帧都是从上一帧直接向一些目标不断增加变化。传统动画工作室可以提高工作效率,实现的方法是让主要艺术家只绘制重要的帧,称为关键帧,然后助手再计算出关键帧之间需要的帧,填充在关键帧中的帧称为中间帧。画出了所有关键帧和中间帧之后,需要链接或渲染图像以产生最终动画,见图2-2。

图2-2 传统手绘动画效果

3. 3ds Max 建立动画的方法

3ds Max 建立动画的方法是先创建记录每个动画序列起点和终点的关键帧,这些关键帧的值称为关键点。该软件将计算每个关键点值之间的插补值,从而生成完整动画。

3ds Max 几乎可以通过调节场景中的任意参数创建动画,可以设置修改器参数的动画(如弯曲角度或锥化量)、材质参数的动画(如对象的颜色或透明度)等。指定动画参数之后,渲染器承担着色和渲染每个关键帧的工作,最后生成高质量的动画,见图2-3。

图2-3 3ds Max 建立动画的方法示例图

4. "PAL" 制式与 "NTSC" 制式

传统动画绘制方法以及早期的计算机动画软件，都是僵化地逐帧生成动画。如果总是使用单一格式，或不需要在特定时间指定动画效果时，这种方法没有什么问题。不幸的是，动画有很多格式。两种常用的格式为每秒 25 帧的 "PAL" 制式和每秒 30 帧的 "NTSC" 制式。而且，随着动画在传统的媒体播放以外，还在科学项目展示及法制分析或案件演示等方面应用变得越来越普遍，因此更需要基于时间动画和帧动画之间的准确对应关系。

5. 基于时间的动画软件

3ds Max 是一个基于时间的动画软件，测量时间并存储动画值，内部精度为 1/4800 秒，可以配置程序让它显示最符合作品的时间格式，包括传统帧格式。

二、动画自动关键点模式

1. 创建动画流程

通过启用自动关键点按钮开始创建动画，设置当前时间，然后更改场景中的事物。还可以更改对象的位置、旋转或缩放，或者更改其他任何设置或参数。当进行更改时，同时创建并存储被更改参数的新值的关键点。如果关键点是为参数创建的第一个动画关键点，则在 0 时刻也创建第二个动画关键点，以便保持参数的原始值。其他时刻在创建至少一个关键点之前，不会在 0 时刻创建关键点。之后，可以在 0 时刻移动、删除和重新创建关键点，见图 2-4。

图 2-4 自动关键点模式

2. 创建动画效果特点

启用"自动关键点"产生以下效果：自动关键点按钮、时间滑块和活动视图边框都变成红色以指示处于动画模式。无论何时变换对象或者更改设置动画的参数都会创建关键点。时间滑块用于设置创建关键点的位置。

三、设置关键点模式

1. 与"自动关键点"之比较

"设置关键点"比"自动关键点"方法可控性强，因为通过它试验想法可以快速丢弃而不用撤销工作。可以设置角色的姿势，并通过使用轨迹视图中关键点过滤器和设置关键点的轨迹，选择性地给某些对象的某些轨迹设置关键点，见图 2-5。

图 2-5 设置关键点模式

2. 创建动画流程

在设置关键点模式中，创建动画流程与自动关键点模式相似，但在行为上有着根本的区别。启用设置关键点模式，然后移动到时间轨迹上的点。在变换或者更改对象参数之前，使用轨迹视图和过滤器中的可设置关键点图标决定对哪些轨迹可设置关键点。一旦知道要对什么设置关键点，就在视图中测试姿势。

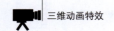

当对所看到的效果满意时，单击设置关键点按钮或者按键盘上的"K"键设置关键点。如果不执行该操作，则不设置关键点。如果移动到时间轨迹上的另一点，所做的更改就会丢失而在动画中不起作用。如果发现有一个已设置姿势的角色，但在时间上处于错误帧处，可以同时按住"Shift"键和鼠标右键，然后拖动时间滑块到正确的时间帧上，而不会丢失动作设置。

四、查看和复制变换关键点

1. 基本概念

在当前时间有变换关键点的对象周围视图显示白色边框，这些关键点边框仅出现在使用线框着色方法的视图中。使用轨迹视图来查看所有关键点类型，也可以在轨迹栏中查看当前选择的所有关键点。

2. 应用范例

例如，通过将球体移动到第 20 帧为球体设置动画，并且在第 50 帧缩放和旋转它。当拖动时间滑块时，在第 0 帧、第 20 帧和第 50 帧处球体周围就会出现白色边框，并且在轨迹栏中关键点出现在同样的帧处。

如果应用像弯曲那类的修改器，并且在第 40 帧处为它的"角度"设置动画，则在第 40 帧处球体的周围不会看到白色边框，但是轨迹栏上会显示弯曲动画的关键点。

控制关键点边框显示可以使用菜单栏【Customize（自定义）】→【Preferences（首选项）】→【Animation（动画首选项）】中的选项控制关键点边框的显示，见图 2-6。

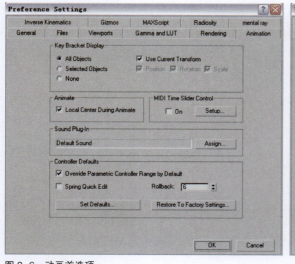 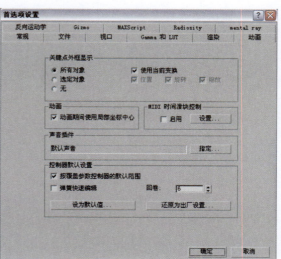

图 2-6　动画首选项

使用时间滑块创建变换关键点将一个时刻的变换值复制到另一个时刻来创建变换关键点。要指定想创建的关键点类型和关键点值的源以及目标时间，用鼠标右键单击时间滑块显示创建关键点对话框，见图 2-7。

五、时间配置

1. 基本概念

时间配置对话框提供了帧速率、时间显示、播放和动画的设置，可以使用此对话框来更改动画的长度或者拉伸缩放，还可以用于设置活动时间段和动画的开始帧、结束帧。

2. 工作方式

在启动 3ds Max 时，默认时间显示以帧为单位，但可以使用其他时间显示格式。在更改时间显示格式时，不仅更改在所有软件部分中显示时间的方式，还更改用于访问时间的方法，见图 2-8。

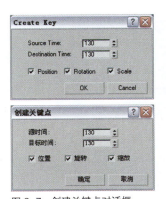

图 2-7 创建关键点对话框

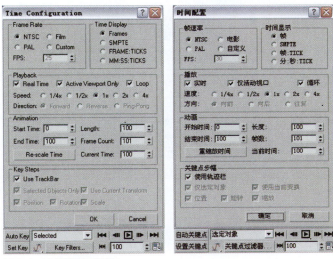

图 2-8 时间配置对话框

- Frame Rate（帧速率）：其中有四个选项按钮，分别标记为 NTSC、电影、PAL 和自定义，可用于在每秒帧数字段中设置帧速率。前三个按钮可以强制选择使用标准 FPS，使用自定义按钮可通过调整微调器来指定自己的 FPS。
- Time Display（时间显示）：指定时间滑块及整个程序中显示时间的方法，有帧数、分钟数、秒数和刻度数可供选择。
- Playback（播放）：主要控制播放的相应设置。
- Animation（动画）：主要设置在时间滑块中显示的活动时间段。
- Key Steps（关键点步幅）：该组中的控制可用来配置启用关键点模式时所使用的方法。

六、轨迹视图

1. 基本概念

Track View（轨迹视图）工具用于查看场景和动画的数据驱动视图。这些视图显示对象表面并显示它们随时间的变化。轨迹视图显示生成在标准视图中看到的几何体和运动的值和时间，还可以非常精确地控制场景的每个方面。

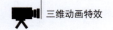

2. 工作方式

轨迹视图中的关键点和曲线也可显示在轨迹栏中，运动面板上也包含轨迹视图上包含的相同关键点属性对话框。

轨迹视图有两种模式，主要有曲线编辑器和摄影表。曲线编辑器是将动画显示为功能曲线上的关键点，通过编辑关键点的切线，可控制中间帧，见图2-9。摄影表是将动画显示为方框栅格上的关键点和范围，并允许调节运动的时间控制，见图2-10。

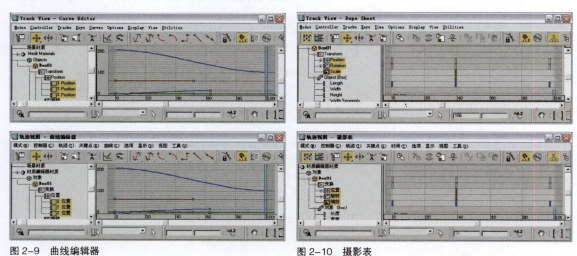

图2-9 曲线编辑器　　　　　　　　　　　　　　　　图2-10 摄影表

七、动画约束

1. 基本概念

动画约束用于帮助动画过程自动地产生连带控制，它们可用于通过与其他对象的绑定关系，控制对象的位置、旋转或缩放。约束需要一个对象及至少一个目标对象，目标对受约束的对象施加了特定的限制，见图2-11。

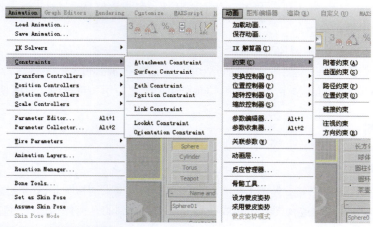

图2-11 动画约束选项卡

2. 附着约束

附着约束是一种位置约束，它将一个对象的位置附着到另一个对象的表面（目标对象不必是网格，但必须能够转化为网格）。通过随着时间设置不同的附着关键点，可以在另一对象的不规则曲面上设置对象位置的动画，即使这一曲面是随着时间而改变的，见图2-12。

3. 曲面约束

曲面约束能在对象的表面上定位另一个对象。可以作为曲面对象的类型是有限制的，它们的表面必须能用参数表示类型的对象，能使用曲面约束，主要有球体、圆锥体、圆柱体、圆环、四边形面片（单个四边形面片）、放样对象、NURBS对象。使用的表面是虚拟参数表面，而不是实际网格表面。只有少数几段的对象，它的网格表面可能会与参数表面截然不同。参数表面会忽略切片和半球选项。因为曲面约束只对参数表面起作用，所以如果应用修改器，把对象转化为网格，那么约束将不再起作用，见图2-13。

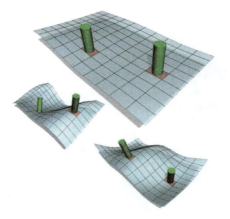

图2-12　附着约束效果

图2-13　曲面约束效果

4. 路径约束

路径约束会对一个对象沿着样条线或在多个样条线间的平均距离间的移动进行限制。路径目标可以是任意类型的样条线。样条曲线（目标）为约束对象定义了一个运动的路径。目标可以使用任意的标准变换、旋转、缩放工具设置为动画。在路径的子对象等级上设置关键点（例如顶点）或者片段来对路径设置动画，会影响约束对象，见图2-14。

5. 位置约束

位置约束引起对象跟随一个对象的位置或几个对象的权重平均位置。为了激活，位置约束需要一个对象和一个目标对象。一旦将指定对象约束到目标对象位置，为目标的位置设置动画会引起受约束的对象跟随。每个目标都具有定义其影响的权重值，值为0相当于禁用，任何超过0的值都将会导致目标影响受约束的对象。可以设置权重值动画来创建诸如将球从桌子上拾起的效果，见图2-15。

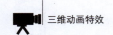

图2-14 路径约束效果   图2-15 位置约束效果

6. 链接约束

链接约束可以用来创建对象与目标对象之间彼此链接的动画，可以使对象继承目标对象的位置、旋转度以及比例。将球从一只手传递到另一只手就是一个应用链接约束的动画例子。假设在第0帧球在右手，设置手的动画使它们在第50帧相遇，在此帧球传递到左手，然后向远处分离直到第100帧，见图2-16。

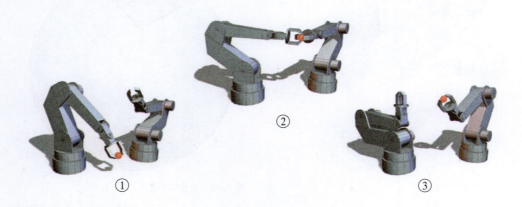

①   ②   ③

图2-16 链接约束效果

7. 注视约束

注视约束会控制对象的方向使它一直注视另一个对象，同时它会锁定对象的旋转度使对象的一个轴点朝向目标对象。注视轴点朝向目标，而上部节点轴定义了轴点向上的朝向。如果这两个方向一致，结果可能会产生翻转的行为动作，这与指定一个目标摄影机直接向上相似。角色眼球随物体转动就是一个使用注视约束的例子，将角色的眼球约束到点辅助对象，然后眼睛会一直指向点辅助对象，对点辅助对象设置动画，眼睛会跟随它。即使旋转了角色的头部，眼睛会保持锁定于点辅助对象，见图2-17。

8. 方向约束

方向约束会使某个对象的方向沿着另一个对象的方向或若干对象的平均方向。方向受约束的对象可以是任何可旋转对象，受约束的对象将从目标对象继承其旋转。一旦约束后，便不能手动旋转该对象。只要约束对象的方式不影响对象的位置或缩放控制器，便可以移动或缩放该对象。目标对象可以是任意类型的对象，目标对象的旋转会驱动受约束的对象，可以使用任何标准平移、旋转和缩放工具来设置目标的动画，见图2-18。

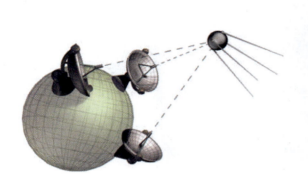

图2-17 注视约束效果　　　　　　　　　　　　　　　图2-18 方向约束效果

八、层次链接

1. 基本概念

当设置角色、机械装置或复杂运动的动画时，可以通过将对象链接在一起以形成层次或链来简化过程。在已链接的链中，其中一个链的动画可能影响一些或所有的链，使一次性设置对象或骨骼成为可能。

生成计算机动画时，最实用的工具之一就是将对象链接在一起以形成链的功能。通过将一个对象与另一个对象相链接，可以创建父子关系。应用于父对象的变换同时将传递给子对象，链接也称为层次，见图2-19。

2. 链接父对象和子对象

从父对象到子对象的过程意味着链接没有从对象到对象间无规律的跳跃。如果两个对象彼此接触，它们可能是作为父对象和子对象进行链接的。甚至可以将躯干的链接顺序设为"大腿→脚→胫骨→腰部"。稍后再考虑这个链接策略，发现计算出用这种奇怪方式链接的对象变换方法是很困难的。更符合逻辑的过程应该是"脚→胫骨→大腿→腰部"。

3. 链接骨骼链

不必从臀部到脚趾构建一条单独的骨骼链，可以从臀部到脚跟构建一条骨骼链，然后构建另一条从脚跟到脚趾的独立的骨骼链。这样就可以将这些骨骼链链接到一起，组成一条完整的腿的集合。因为腿和脚已经链接到一起，所以它们可以看作一条骨骼链。然而，将它们设置为动画的方式是对每条链分别处理，允许对部分进行完善的控制。通过使用这种腿和脚的骨骼链的排列类型，当腿弯曲时却可以使脚保持站在地面上。此操作也允许独立控制脚在脚跟或脚趾轴上的旋转，同时可以实现膝盖的弯曲，见图2-20。

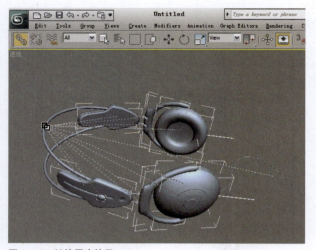

图 2-19 链接层次效果

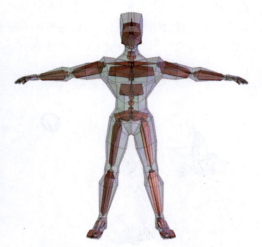

图 2-20 链接骨骼链效果

九、调整轴

可以将对象的轴点看作代表其局部中心和局部坐标系。通过单击层次面板上的轴控制，然后使用调整轴卷展栏上的功能，可以调整轴点，但不能对调整轴卷展栏下的功能设置动画。在任何帧上调整对象的轴，将针对整个动画对其进行更改，见图 2-21。

- **Affect Pivot Only**（仅影响轴）：移动和旋转变换只适用于选定对象的轴。移动或旋转轴并不影响对象或其子级。缩放轴会使对象从轴中心开始缩放，但是其子级不受影响。

- **Affect Object Only**（仅影响对象）：变换将只应用于选定对象，轴不受影响。移动、旋转或缩放对象并不影响轴或其子级。

- **Affect Hierarchy Only**（仅影响层次）：旋转和缩放变换只应用于对象及其子级之间的链接。缩放或旋转对象影响其所有派生对象的链接偏移，而不会影响对象或其派生对象的几何体。由于缩放或旋转链接，派生对象将移动位置。使用这种技术可以调整链接对象之间的偏移关系，而且可用于调整骨骼与几何体匹配。

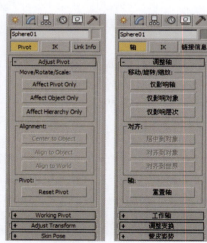

图 2-21 轴面板

- **Center to Object**（居中到对象）：移动对象或轴，使轴位于对象的中心。

- **Align to Object**（对齐对象）：旋转对象或轴，使轴与对象的原始局部坐标系对齐。

- **Align to World**（对齐到世界）：旋转对象或轴，以便与世界坐标系对齐。

- **Reset Pivot**（重置轴）：可将选定对象的轴点返回到对象初创时采用的位置和方向，不会影响对象或其子级。

第三节　骨骼系统

一、基本概念

　　骨骼系统是骨骼对象的一个有关节的层次链接，可用于设置其他对象或层次的动画。在设置具有连续皮肤网格的角色模型的动画方面，骨骼尤为有用。可以采用正向运动学或反向运动学为骨骼设置动画。对于反向运动学，骨骼可以使用任何可用的 IK 解算器，如交互式 IK 或应用式 IK，见图 2-22。

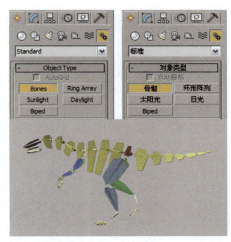

图 2-22　骨骼系统

　　骨骼是可渲染的对象，它具备多个可用于定义骨骼所表示形状的参数，如锥化、鳍。通过鳍，可以更容易地观察骨骼的旋转。在动画方面，非常重要的一点是要理解骨骼对象的结构。

　　骨骼的几何体与其链接是不同的。每个链接在其底部都具有一个轴点，骨骼可以围绕该轴点旋转。移动子级骨骼时，实际上是在旋转其父级骨骼。由于起实际作用的是骨骼的轴点位置而不是实际的骨骼几何体，因此可将骨骼视为关节。可将几何体视为从轴点到骨骼子对象纵向绘制的一个可视辅助工具，而子对象通常是另一个骨骼。

二、创建骨骼流程

　　要创建骨骼，第一次单击视图定义第一个骨骼的起始关节，第二次单击视图定义下一个骨骼的起始关节。由于骨骼是在两个轴点之间绘制的可视辅助工具，因此看起来此时只绘制了一个骨骼。实际的轴点位置非常重要。后面每次单击都定义一个新的骨骼，作为前一个骨骼的子对象。经过多次单击之后便形成了一个骨骼链，右键单击可退出骨骼的创建。

三、IK 链指定卷展栏

　　IK Chain Assignment（IK 链指定）卷展栏仅用于创建时，提供快速创建自动应用 IK 解算器的骨骼链工具，也可以创建无 IK 解算器的骨骼，见图 2-23。

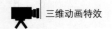

图 2-23　IK 链指定卷展栏

- **IK Solver**（IK 解算器）：如果启用了指定给子级，则指定要自动应用的 IK 解算器的类型。
- **Assign To Children**（指定给子对象）：如果启用，则将在 IK 解算器列表中命名的 IK 解算器指定给最新创建的所有骨骼（除第一个根骨骼之外）；如果禁用，则为骨骼指定标准的 PRS 变换控制器。
- **Assign To Root**（指定给根）：如果启用，则为最新创建的所有骨骼（包括第一个根骨骼）指定 IK 解算器。启用指定给子对象也会自动启用指定给根。

四、骨骼参数卷展栏

Bone Parameters（骨骼参数）卷展栏仅用于创建时，可以控制更改骨骼的外观，见图 2-24。

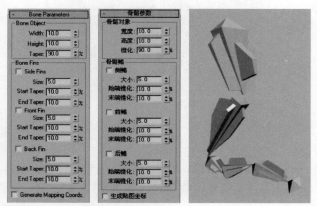

图 2-24　骨骼参数卷展栏

- **Bone Object**（骨骼对象）：该组中提供骨骼宽度、高度和锥化的控制。
- **Bone Fins**（骨骼鳍）：该组中可以控制是否产生侧鳍、前鳍和后鳍，然后设置大小、始端卷尺和末端卷尺。

五、IK 解算器

1. 工作方法

默认情况下，骨骼未指定反向运动学（IK）。最常用的方式是，创建一个骨骼层次，然后手动指定 IK 解算器，这样可以精确地控制定义 IK 链的位置。

另一种指定 IK 解算器的方式更自动。在创建骨骼时，在 IK 链指定卷展栏中，从列表中选择 IK 解算器，然后启用指定给子对象，退出骨骼创建时，选择的 IK 解算器将自动应用于层次，解算器将从层次中的第一个骨骼扩展至最后一个骨骼，见图 2-25。打开 IK 解算器选项卡，见图 2-26。

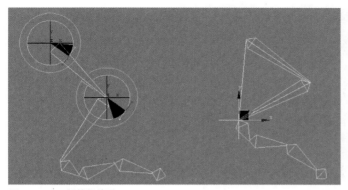

图 2-25　IK 解算器效果　　　　　　　　　　　　　　　图 2-26　IK 解算器选项卡

2. HI 解算器

HI 解算器对角色动画和序列较长的任何 IK 动画而言，都是首选方法。

使用 HI 解算器，可以在层次中设置多个链。因为该解算器的算法属于历史独立型，所以无论涉及的动画帧有多少，都可以加快使用速度。它在第 2000 帧和第 10 帧上的使用速度相同，且在视图中处于稳定状态，而不会发生抖动。要将 HI 解算器应用到层次中的任意部分，请选择要开始使用解算器的骨骼或对象，然后选择菜单的【Animation（动画）】→【IK Solvers（解算器）】→【HI Solver（解算器）】命令；在活动视图中，将光标移到要结束链的骨骼上，单击选择此骨骼后，便将目标放到了这个骨骼的轴点上。如果希望目标位于骨骼的远端，则细化要添加额外的骨骼在目标上，然后选择该骨骼将目标放在末端。创建骨骼时，在链的末端自动创建一个很小的"凸起"骨骼以辅助完成此过程，见图 2-27。

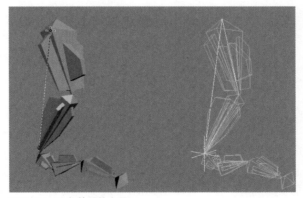

图 2-27　HI 解算器的应用

3. HD 解算器

HD 解算器是一种最适用于动画制作的解算器，尤其适用于 IK 动画的制作。使用 HD 解算器可以设置关节的限制和优先级。HD 解算器的算法属于历史依赖型，因此最好在短动画序列中使用。在序列中求解的时间越迟，计算解决方案所需的时间就越长。HD 解算器可以将末端效应器绑定到后续对象，并使用优先级和阻尼系统定义关节参数。HD 解算器还允许将滑动关节限制与 IK 动画组合起来。与 HI 解算器不同的是，HD 解算器允许在使用 FK 移动时限制滑动关节。

4. IK 肢体解算器

IK 肢体解算器只能对链中的两块骨骼进行操作，是一种在视图中快速使用的分析型解算器，可以设置角色手臂和腿部的动画。使用 IK 肢体解算器，可以导入到游戏引擎。其代码可以是 Discreet 开放源代码提供的组件。使用该解算器，还可以通过启用关键帧 IK 在 IK 和 FK 之间进行切换。该解算器具有特殊的 FK 姿势 IK 功能，可以使用 IK 设置 FK 关键点。

5. 样条线 IK 解算器

样条线 IK 解算器使用样条线确定一组骨骼或其他链接对象的曲率。样条线 IK 中的顶点称作节点，同顶点一样，可以移动节点并对其设置动画，从而更改该样条线的曲率。与分别设置每个骨骼的动画相比，这样便于使用几个节点设置长型多骨骼结构的姿势或动画。与 HI 解算器不同的是样条线 IK 系统不会使用目标。节点在三维空间中的位置是决定链接结构形状的唯一因素。旋转或缩放节点时，不会对样条线或结构产生影响，见图 2-28。

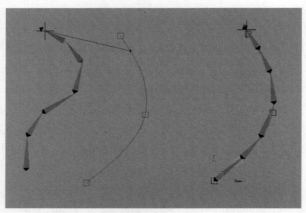

图 2-28　样条线 IK 解算器的应用

第四节　蒙皮设置

一、基本概念

蒙皮（Skin）修改命令是一种骨骼变形工具。使用它可使一个对象变形为另一个对象，可使用骨骼、样条线甚至另一个对象变形为网格、面片或 NURBS 对象。应用"蒙皮"修改器分配骨骼后，每个骨骼都有一个胶囊形状的封套。这些封套中的顶点随骨骼移动，在封套重叠处，顶点运动是封套之间的混合，见图 2-29。

初始的封套形状和位置取决于骨骼对象的类型，骨骼会创建一个沿骨骼几何体的最长轴扩展的线性封套。样条线对象创建跟随样条线曲线的封套，基本体对象创建跟随对象的最长轴的封套。

还可以根据骨骼的角度变形网格，共有三个用于基于骨骼角度确定网格形状的变形器。"节点角度"和"凸出角度"变形器使用与 FFD 晶格相似的晶格将网格形状确定为特定角度。"变形角度"变形器在指定角度变形网格。使用堆栈中"蒙皮"修改器上方的修改器创建变形目标，或者使用主工具栏上的快照命令创建网格副本，然后使用标准工具变形网格。

二、参数卷展栏

Parameters（参数）卷展栏中提供了蒙皮的常用控制项目。包括了编辑封套、选择方式、横截面、封套属性和权重属性，见图 2-30。

图 2-29　蒙皮设置效果

图 2-30　参数卷展栏

三、镜像参数卷展栏

Mirror Parameters（镜像参数）卷展栏中提供了蒙皮镜像复制的常用工具，可以将选定封套和顶点指定粘贴到物体的另一侧，见图 2-31。

四、显示卷展栏

Display（显示）卷展栏中提供了蒙皮显示的常用工具，方便用户观察视图中的显示，见图 2-32。

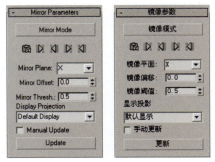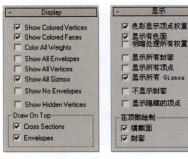

图 2-31　镜像参数卷展栏

图 2-32　显示卷展栏

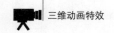

五、高级参数卷展栏

Advanced Parameters（高级参数）卷展栏中提供了高级蒙皮的常用工具，包括变形、刚性、影响限制等设置，见图 2-33。

六、Gizmo 卷展栏

Gizmo 卷展栏主要用于根据关节的角度变形网格，以及将 Gizmo 添加到对象上的选定点。卷展栏包括一个列表框、一个当前类型的 Gizmo 的下拉列表和四个按钮（添加、移除、复制和粘贴）。添加 Gizmo 的工作流程是先选择要影响的顶点和将进行变形的骨骼，然后单击"添加"按钮，见图 2-34。

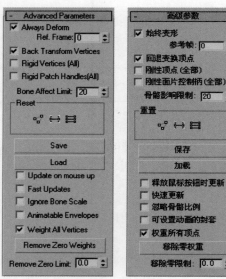

图 2-33　高级参数卷展栏

图 2-34　Gizmo 卷展栏

第五节　Biped 两足动物

插件 Character Studio 为制作三维角色动画提供了专业的工具，也使动画片创作者能够快速而轻松地建造骨骼，从而创建起运动序列的一种环境。使用 Character Studio 可以生成这些角色的群组，而使用代理系统和过程行为制作其动画效果。

Character Studio Biped（两足动物）是 3ds Max 系统的一个插件，可以从创建面板访问它。在创建一个两足动物后，使用运动面板中的两足动物控制为其创建动画。两足动物提供了设计和动画角色体形及运动所需要的工具，见图 2-35。

一、创建 Biped 两足动物

两足动物模型具有两条腿的形体，如人类、动物或是想象物，每个两足动物是一个为动画而设计的骨骼，它被创建为一个互相链接的层次，见图 2-36。

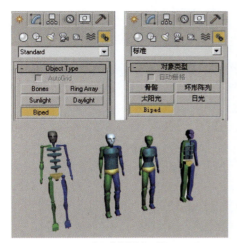

图 2-35　Biped 两足动物设计工具

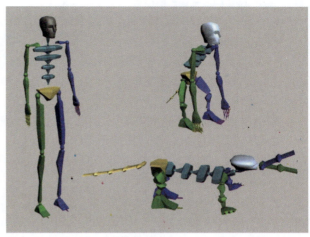

图 2-36　Biped 两足动物效果

两足动物的骨骼有着特殊的属性，它能使两足动物马上处于动画准备状态。像人类一样，两足动物被特意设计成直立行走，然而也可以使用两足动物来创建多条腿的生物。

为与人类躯体的关节相匹配，两足动物骨骼的关节受到一些限制。两足动物骨骼同时也特别设计为使用 Character Studio 来制作动画，这解决了动画中脚被锁定到地面的常见问题。两足动物层次的父对象是两足动物的重心对象，它被命名为默认的 Bip01，Create Biped（创建两足动物）卷展栏见图 2-37。

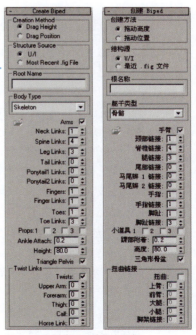

图 2-37　创建两足动物卷展栏

- Body Type（躯干类型）：形体类型组用来选择两足动物形体类型，其中有骨骼、男性、女性、标准四种类型。
- Arms（手臂）：设置是否为当前两足动物生成手臂。
- Neck Links（颈部链接）：设置在两足动物颈部的链接数，范围从 1 到 5。
- Spine Links（脊椎链接）：设置在两足动物脊椎上的链接数，范围从 1 到 5。
- Leg Links（腿部链接）:设置在两足动物腿部的链接数，范围从 3 到 4。
- Tail Links（尾部链接）:设置在两足动物尾部的链接数，值 0 表明没有尾部。
- Ponytail 1/2 Links（马尾辫 1/2 链接）：设置马尾辫链接的数目，范围从 0 到 5。可以使用马尾辫链接来制作头发动画，马尾辫链接到角色头部并且可以用来制作其他附件动画。在体形模式中重新定位并使用马尾辫来实现角色下颌、耳朵、鼻子或任何其他随着头部一起移动的部位的动画。
- Fingers（手指）：设置两足动物手指的数目，范围从 0 到 5。

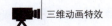

- **Finger Links**（手指链接）：设置每个手指链接的数目，范围从 1 到 3。
- **Toes**（脚趾）：设置两足动物脚趾的数目，范围从 1 到 5。
- **Toe Links**（脚趾链接）：设置每个脚趾链接的数目，范围从 1 到 3。
- **Props**（小道具）：最多可以打开三个小道具，这些小道具可以用来表现链接到两足动物的工具或武器。小道具默认出现在两足动物手部和身体的旁边，但可以像其他任何对象一样贯穿整个场景实现动画。
- **Ankle Attach**（踝部附着）：沿着足部块指定踝部的粘贴点。可以沿着足部块的中线在脚后跟到脚趾间的任何位置放置脚踝。
- **Height**（高度）：设置当前两足动物的高度。用于在附加体格前改变两足动物大小以适应网格角色。
- **Triangle Pelvis**（三角形骨盆）：当附加体格后，打开该选项来创建从大腿到两足动物最下面一个脊椎对象的链接。通常腿部是链接到两足动物骨盆对象上的。
- **Twist Links**（扭曲链接）：打开扭曲链接，该选项使用 2 到 4 个前臂链接来将扭曲动画传输到两足动物相关网格上。

二、Biped 两足动物卷展栏

使用位于 ⊙（运动面板）的两足动物卷展栏中的控制，可使两足动物处于体形、足迹、运动流或混合器模式，然后加载并保存后缀为 .bip、.stp、.mfe 和 .fig 文件，还可以在两足动物卷展栏中找到其他控制，见图 2-38。

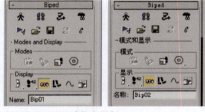

图 2-38　两足动物卷展栏

- ⚊（体形模式）：使用体形模式，可以使两足动物适合代表角色的模型或模型对象。如果使用 **Physique**（体格）修改器将模型链接到两足动物上，请让体形模式处于打开状态。使用体形模式不仅可以缩放链接模型的两足动物，而且可以在应用 Physique 之后使两足动物适合调整，还可以纠正需要更改全局姿势的运动文件中的姿势。
- ⚏（足迹模式）：创建和编辑足迹，从而生成走动、跑动或跳跃足迹模式，还可以编辑空间内的选定足迹。
- ⚌（运动流模式）：创建脚本并使用编辑变换，将 .bip 文件组合起来，以便在运动流模式下创建角色动画。
- ⚍（混合器模式）：激活两足动物卷展栏中当前的所有混合器动画，并显示混合器卷展栏。
- ⚎（两足动物重播）：除非显示首选项对话框中不包含所有两足动物，否则会播放其动画。通常，在这种重放模式下可以实现实时重放，如果使用 3ds Max 工具栏中的"播放"按钮，不会实现实时重放，见图 2-39。
- ⚏（加载文件）：使用打开对话框，可以加载后缀为 .bip、.fig 或 .stp 文件。

图 2-39　两足动物播放

- ▣（保存文件）：打开另存为对话框。在该对话框中，可以保存"两足动物"文件（.bip）、体形文件（.fig）和步长文件（.stp）。
- ▣（转换）：将足迹动画转换成自由形式的动画。转换是双向的，根据相关的方向，显示转换为自由形式对话框或转换为足迹对话框。
- ◢（移动所有模式）：使两足动物与其相关的非活动动画一起移动和旋转。如果此按钮处于活动状态，则两足动物的重心会放大，使平移时更加容易选择。
- Modes（模式组）：默认情况下，该组处于隐藏状态。模式组主要对缓冲区、混合链接、橡皮圈、缩放步幅和就位模型进行控制。
- Display（显示组）：默认情况下，该组处于隐藏状态。显示组主要对显示对象、足迹、前臂扭曲、腿部状态、轨迹、首选项和名称进行控制。

第六节　Physique 体格修改器

使用 Physique（体格）修改器可将蒙皮附加到骨骼结构上，比如两足动物。蒙皮是一个 3ds Max 对象，它可以是任何可变形的、基于顶点的对象，如网格、面片或图形。当以附加蒙皮制作骨骼动画时，Physique 使蒙皮变形，以与骨骼移动相匹配，见图 2-40。

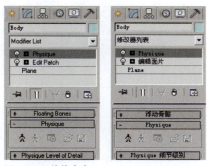

图 2-40　体格命令

- ☈（附加到节点）：将模型对象附加到两足动物或骨骼层次。
- ☈（重新初始化）：显示 Physique 初始化对话框，然后将任意或全部 Physique 属性重置为默认值。例如，使用选定的顶点设置重新初始化时，将会重新建立顶点及其与 Physique 变形样条线有关的原始位置之间的关系。通过此对话框，可以重置顶点链接指定、凸出和腱部的设置。
- ▣（凸出编辑器）：显示凸出编辑器，它是一种针对凸出子对象级别的图形方法，用于创建和编辑凸出角度。
- ▣（打开 Physique 文件）：加载保存的 Physique 文件（.phy），该文件用于存储封套、凸出角度、链接、腿部和顶点设置。
- ▣（保存 Physique 文件）：保存 Physique 文件（.phy），该文件包含封套、凸出角度、链接和腱部设置。

第七节　范例制作 2-1　动画角色特效《电脑变形金刚》

一、范例简介

本例介绍如何使用 3ds Max 链接工具使一台静止的电脑变形成为机器人的动画特效的制作流程、方法和实施步骤。范例制作中所需素材，位于本书配套光盘中的"范例文件 /2-1 电脑变形金刚"文件夹中。

二、预览范例

打开本书配套光盘中的范例文件 /2-1 电脑变形金刚 /2-1 电脑变形金刚 .mpg 文件。通过观看视频了解本节要讲的大致内容，见图 2-41。

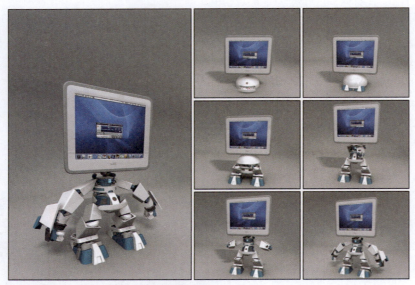

图 2-41　动画角色特效《电脑变形金刚》预览

三、制作流程（步骤）及技巧分析

本例制作首先使用 3ds Max 链接工具设置机械模型的层次级别，然后配合关键的记录完成逐一变换效果，再设置透明度的显示动画，制作总流程（步骤）分为 6 部分：第 1 部分为设置模型链接；第 2 部分为制作显示器动画；第 3 部分为制作手臂变形动画；第 4 部分为填充变形动画；第 5 部分为创建腿部变形动画；第 6 部分为设置场景灯光，见图 2-42。

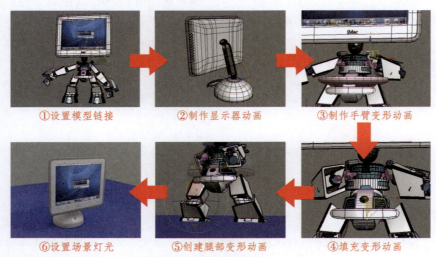

①设置模型链接　　②制作显示器动画　　③制作手臂变形动画

⑥设置场景灯光　　⑤创建腿部变形动画　　④填充变形动画

图 2-42　动画角色特效《电脑变形金刚》制作总流程（步骤）图

四、具体操作

总流程 1 设置模型链接

制作动画角色特效《电脑变形金刚》的第一个流程（步骤）是设置模型链接，制作又分为 3 个流程：①链接显示器模型、②设置变形模型、③链接变形模型，见图 2-43。

①链接显示器模型　　　　②设置变形模型　　　　③链接变形模型

图 2-43　设置模型链接流程图（总流程 1）

步骤 1　打开 Autodesk 3ds Max 软件，使用多边形方式制作电脑的模型，见图 2-44。

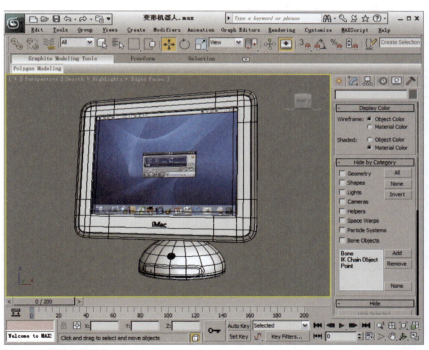

图 2-44　制作电脑模型

步骤 2　在工具栏中选择 （链接）工具，将显示器部分链接给支架的顶部物体，将显示器设置为子对象，将支架顶部物体设置为父对象，见图 2-45。

步骤 3　在工具栏中使用 （旋转）工具测试支架顶部物体，旋转父对象将带动子对象的显示器进行角度变换，见图 2-46。

贴心提示

使用链接工具可以通过将两个对象链接作为子和父，定义它们之间的层次关系。子级将继承应用于父级的变换（移动、旋转、缩放），但是子级的变换对父级将没有影响。

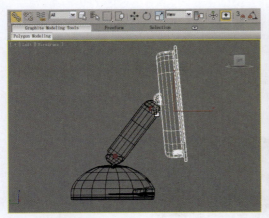

图 2-45　链接设置

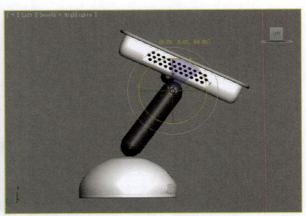

图 2-46　旋转测试

步骤 4　继续使用 （链接）工具将支架顶部物体链接给支架，然后将支架链接给支架底部物体，再将支架底部物体链接给底座，使底座成为整个模型的父对象，见图 2-47。

步骤 5　在工具栏中单击 （图解视图）工具，在弹出的面板中会以直观的图块显示链接关系，见图 2-48。

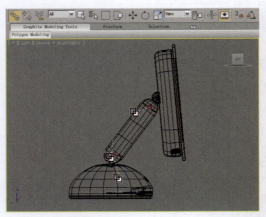

图 2-47　链接设置

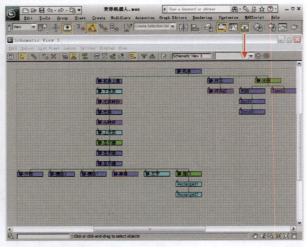

图 2-48　图解视图

步骤 6　设置完成静止的电脑模型后，使用现有的主体元素再配合元件模型制作出机器人模型，见图 2-49。

步骤 7　机器人的模型零件较多，可以将需要转折和运动的零件设置为其他颜色，便于链接和动画设置，见图 2-50。

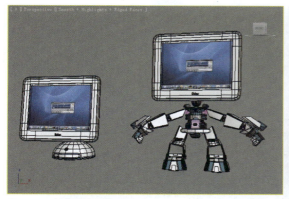

图 2-49　制作机器人模型

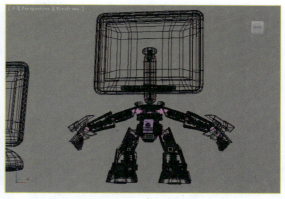

图 2-50　零件颜色设置

步骤 8　在工具栏中选择 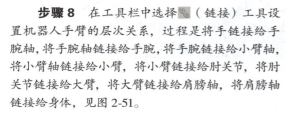（链接）工具设置机器人手臂的层次关系，过程是将手链接给手腕轴，将手腕轴链接给手腕，将手腕链接给小臂轴，将小臂轴链接给小臂，将小臂链接给肘关节，将肘关节链接给大臂，将大臂链接给肩膀轴，将肩膀轴链接给身体，见图 2-51。

步骤 9　设置机器人腿部的层次关系，过程是将脚链接给脚踝关节，将脚踝关节链接给小腿，将小腿链接给膝盖关节，将膝盖关节链接给大腿，将大腿链接给腿部轴，将腿部轴链接给身体，见图 2-52。

步骤 10　设置身体的层次关系，过程是将颈部链接给肩部，将肩部链接给胸部，将胸部链接给身体主控制，将腿部轴也链接给身体主控制，见图 2-53。

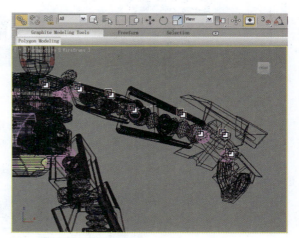

图 2-51　手臂链接设置

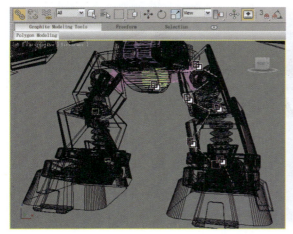

图 2-52　腿部链接设置

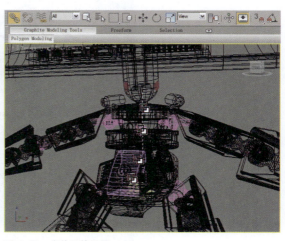

图 2-53　身体链接设置

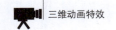
步骤 11 在工具栏中使用 ⟳（旋转）工具测试肩膀轴，旋转父对象将带动子对象的手臂进行角度变换，见图 2-54。

步骤 12 为了更好地将电脑变形成机器人，在 ☀（创建）面板 ◐（几何体）中建立两个 Sphere（球体），然后设置 Hemisphere（半球）值，再将两个半球对在一起，见图 2-55。

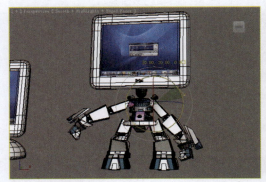

图 2-54 旋转测试效果

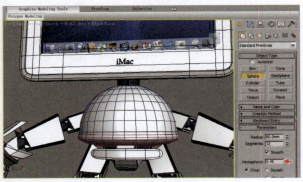

图 2-55 建立球体

步骤 13 为顶部半球赋予贴图和 UVW Map（贴图坐标）修改命令，使半球与电脑的模型更加相似些，见图 2-56。

> **贴 心 提 示**
>
> 多边形制作的模型没有球体设置半径修改简便，但使用半球替换多边形制作的电脑底座会缺少模型细节，可以使用贴图弥补半球的不足。

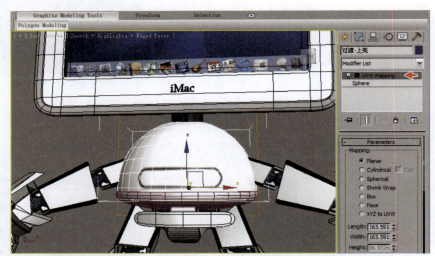

图 2-56 赋予贴图与贴图坐标

总流程 2 制作显示器动画

制作动画角色特效《电脑变形金刚》的第二个流程（步骤）是制作显示器动画，制作又分 3 个流程：①设置闪灯动画、②设置光驱动画、③设置旋转动画，见图 2-57。

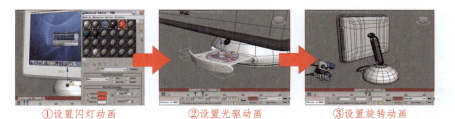

①设置闪灯动画　　　　②设置光驱动画　　　　③设置旋转动画

图 2-57　制作显示器动画流程图（总流程 2）

步骤 1　单击 ![]（时间配置）按钮，在弹出的对话框中将帧速率设置为 PAL 制式，再将动画时间设置为 300 帧，见图 2-58。

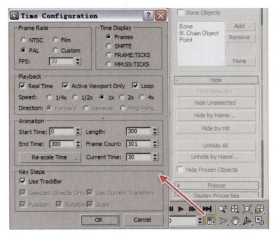

图 2-58　时间配置

步骤 2　在动画控制面板开启 `Auto Key`（自动关键点）按钮，然后在第 0 帧设置电脑电源开关灯为蓝色，见图 2-59。

步骤 3　将时间滑块移动至第 10 帧，然后再设置电脑电源开关灯为红色，见图 2-60。

图 2-59　记录第 0 帧颜色

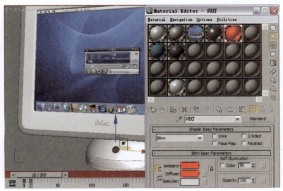

图 2-60　记录第 10 帧颜色

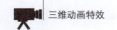

步骤 4 将光盘链接给光驱模型，然后在第 70 帧至第 90 帧记录光驱弹出的动画，见图 2-61。

步骤 5 选择光盘模型并记录第 0 帧、第 70 帧、第 120 帧的旋转动画，使前 70 帧光盘快速地旋转，第 70 帧至第 120 帧光盘慢慢停止旋转，见图 2-62。

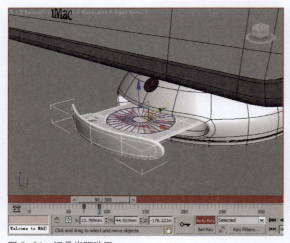

图 2-61 记录光驱动画

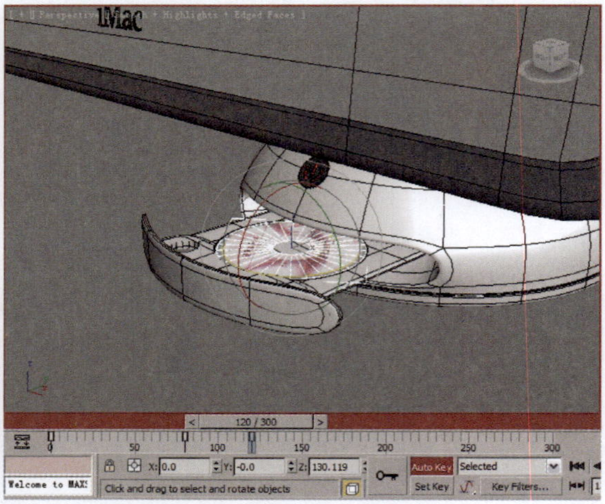

图 2-62 记录光盘旋转动画

步骤 6 记录电脑支架转折轴第 140 帧至第 150 帧的旋转动画，使显示器部分产生转动效果，见图 2-63。

步骤 7 记录的动画效果为电源开关灯先闪烁，然后光驱弹出来再转动支架，见图 2-64。

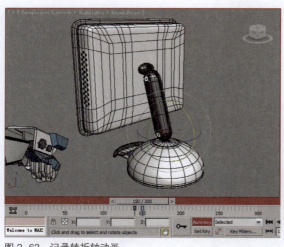

图 2-63 记录转折轴动画

图 2-64 动画效果

总流程 3 制作手臂变形动画

制作动画角色特效《电脑变形金刚》的第三个流程（步骤）是制作手臂变形动画，制作又分 3 个流程：①设置护板动画、②设置手臂动画、③设置透明动画，见图 2-65。

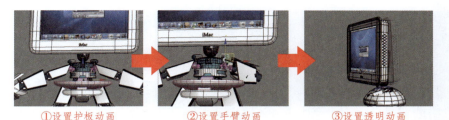

①设置护板动画　　　　②设置手臂动画　　　　③设置透明动画

图 2-65　制作手臂变形动画流程图（总流程 3）

步骤 1　选择机器人的所有模型，然后移动至电脑的位置，将电脑与机器人进行位置匹配，见图 2-66。

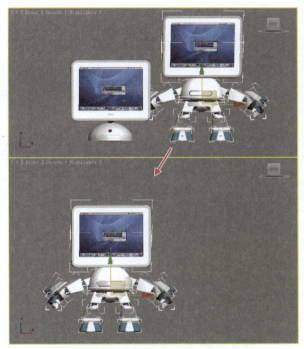

图 2-66　位置匹配

> **贴心提示**
>
> 可以将电脑形容为 A，将机器人形容为 B，制作变形的动画其实是先显示 A，然后进行 A 和 B 的透明替换，最后将一直显示 B 的动画，所以 A 和 B 在位置上的匹配相当重要。

步骤 2　在进行位置精细调节时重点考虑的是显示屏幕部分，而机器人的手臂和腿部将不必考虑，见图 2-67。

步骤 3　选择后建立的半球模型，然后将时间滑块移动至第 200 帧，在动画控制面板开启 `Auto Key`（自动关键点）按钮，再设置 Hemisphere（半球）值为 0.95，见图 2-68。

步骤 4　默认状态设置自动关键点将会从第 0 帧作为起始帧，所以将半球的第 0 帧移动至第 170 帧，使半球变化过程在第 170 帧至第 200 帧产生，见图 2-69。

步骤 5　记录的动画效果为半球逐渐上升而消失，从而显示出内部的零件，见图 2-70。

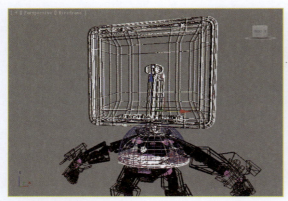

图 2-67　精细调节

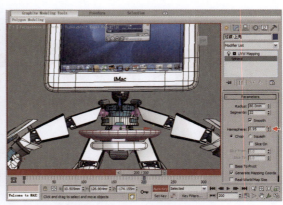

图 2-68　记录半球动画

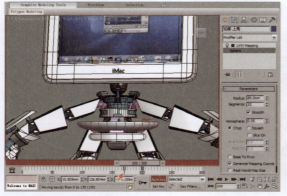

图 2-69　移动关键帧位置

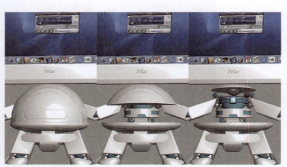

图 2-70　动画效果

步骤 6　选择肩部轴模型，在动画控制面板开启 Set Key （设置关键点）按钮，然后使用 ◯（旋转）工具调节手臂的角度，并在第 185 帧位置单击 ▶ 按钮插入一个关键帧，见图 2-71。

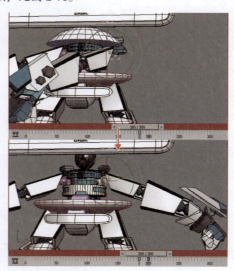

图 2-71　设置关键点

贴心提示

只要开启自动关键点按钮，任何在时间和参数上的设置都会产生动画。要是开启设置关键点按钮，则需要单击钥匙按钮插入一个关键帧记录动画。

步骤 7 选择肘关节模型并在第 230 帧位置单击 🔑 按钮插入一个关键帧，见图 2-72。

步骤 8 将时间滑块移动至第 200 帧，然后将肘关节移动至肩膀位置，再单击 🔑 按钮插入一个关键帧，使肘关节以下部分产生第 200 帧至第 230 帧的位移动画，见图 2-73。

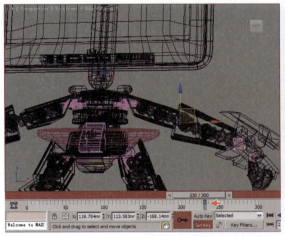

图 2-72 插入关键帧   图 2-73 记录位移动画

步骤 9 记录的动画效果为手臂转动并产生伸展，见图 2-74。

步骤 10 选择手腕模型记录位移的动画，使手部模型从小臂中滑出来，见图 2-75。

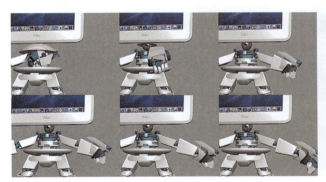
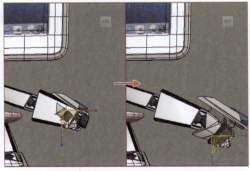

图 2-74 动画效果   图 2-75 记录位移动画

步骤 11 选择肩部模型记录第 170 帧至第 200 帧的缩放动画，使肩部模型由小变大，见图 2-76。

步骤 12 双击肩部轴模型，系统将自动选择出其以下的子对象，然后在工具栏中单击 🔳（镜像）工具，在弹出的对话框中设置镜像轴为 X、克隆类型为 Copy（复制），见图 2-77。

> **贴心提示**
>
> 在建立机器人的模型时就要考虑到变形如何完成的问题，由于电脑的底座空间相对较小，所以使用了手部可以藏匿在小臂中，而小臂也可以缩到大臂中的变形，即使用机械式的伸展进行变形动画。

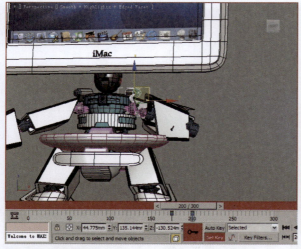

图 2-76　记录缩放动画

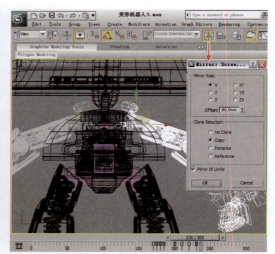

图 2-77　镜像复制

步骤 13　记录的动画效果为先产生半球变化，然后手臂再旋转着伸出来，见图 2-78。

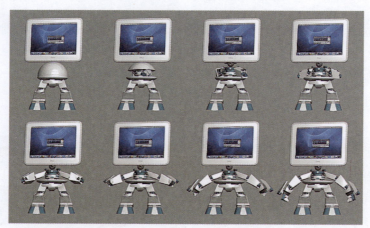

图 2-78　动画效果

总流程 4　填充变形动画

制作动画角色特效《电脑变形金刚》的第四个流程（步骤）是填充变形动画，制作又分 3 个流程：①设置护板动画、②设置填充动画、③设置透明动画，见图 2-79。

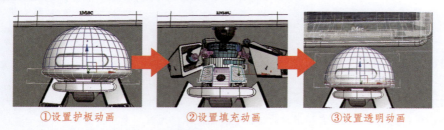

①设置护板动画　　　　②设置填充动画　　　　③设置透明动画

图 2-79　填充变形动画流程图（总流程 4）

步骤 **1**　选择下半球模型并在动画控制面板开启 `Set Key`（设置关键点）按钮，在第 175 帧位置单击 ┅ 按钮插入一个关键帧，然后在第 195 帧位置设置旋转和缩放并单击 ┅ 按钮插入一个关键帧，见图 2-80。

步骤 **2**　为了丰富机械感的动画效果，选择机器人内部的零件，记录自身旋转的动画，见图 2-81。

步骤 **3**　选择机器人内部的两侧封口模型，记录第 195 帧至第 210 帧的位移动画，增强变形时的力度感，见图 2-82。

> **贴心提示**
>
> 填充物的动画可以使机械感更加强烈，但需要注意合理性穿插，即根据造型特点设置动画。

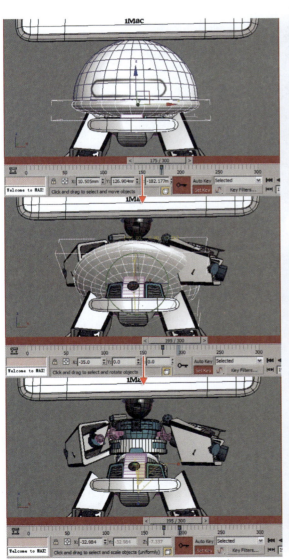

图 2-80　记录动画

图 2-81　记录旋转动画

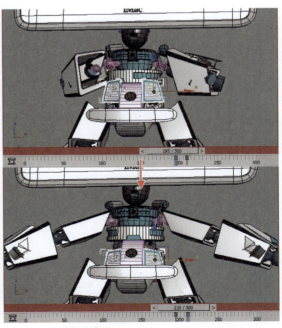

图 2-82　记录位移动画

贴心提示

可见性的值可以控制物体的透明效果，当值为0时模型将完全透明，当值为1时模型将不透明，当值为0.5时模型将半透明。

步骤4　第170帧开启 Auto Key（自动关键点）按钮，然后双击电脑的机身模型，将静止的电脑模型全部选择并单击鼠标右键，在弹出的菜单中选择Object Properties（对象属性）命令，见图2-83。

步骤5　在弹出的对象属性对话框中设置渲染控制中的 Visibility（可见性）值为0，见图2-84。

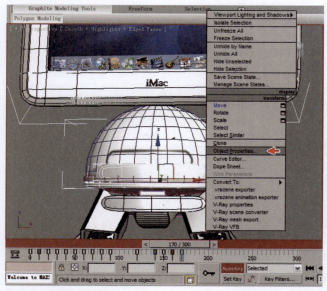

图2-83　选择对象属性

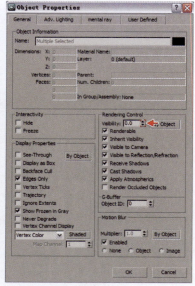

图2-84　可见性设置

贴心提示

在关键帧上右击会弹出自身的所有属性，从而更加细腻地控制动画节奏。

步骤6　滑动时间滑块，可以看到第0帧至第170帧的透明动画效果，见图2-85。

步骤7　自动关键点的默认起始位置为第0帧，在第0帧位置单击鼠标右键，在弹出的菜单中选择物体 Visibility（可见性）命令，见图2-86。

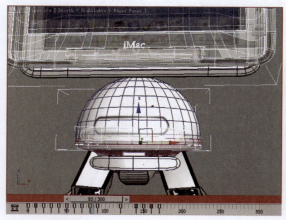

图2-85　透明动画

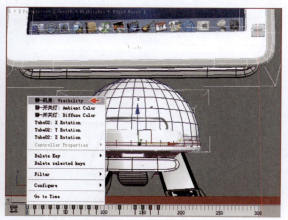

图2-86　选择可见性

步骤 8 在弹出的可见性对话框中设置时间为169，使透明动画在第169帧为可见，在第170帧为不可见，见图2-87。

步骤 9 将变形的机器人模型全部选择并单击鼠标右键，在弹出的菜单中选择Object Properties（对象属性）命令，然后设置可见性在第169帧为不可见，在第170帧为可见，见图2-88。

步骤 10 电脑与机器人会在第169帧至第170帧瞬间替换，见图2-89。

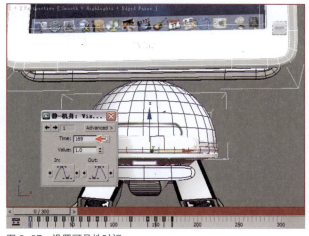

图2-87 设置可见性时间

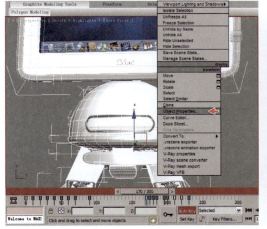

图2-88 选择对象属性

图2-89 瞬间替换

步骤 11 记录的填充物动画效果见图2-90。

步骤 12 整体的动画效果见图2-91。

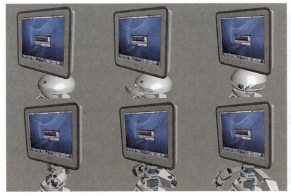

图2-90 填充物动画效果

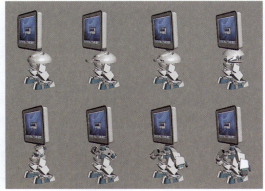

图2-91 整体动画效果

总流程5 创建腿部变形动画

　　制作动画角色特效《电脑变形金刚》的第五个流程（步骤）是创建腿部变形动画，制作又分3个流程：①设置位移动画、②设置腿部动画、③设置透明动画，见图2-92。

　①设置位移动画　　　　　　②设置腿部动画　　　　　③设置透明动画

图2-92　创建腿部变形动画流程图（总流程5）

　　步骤1　为了更好地预览变形与地面关系，在 ☀（创建）面板 ◯（几何体）中建立 ▭ Box 长方体，见图2-93。

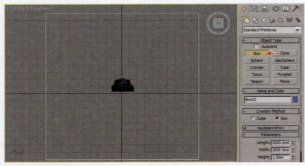

图2-93　建立长方体

贴心提示

进行机器人的身体位移时，避免因位置的变换而与电脑匹配产生错误，所以借助链接工具设置父子关系。

　　步骤2　在工具栏中选择 ✎（链接）工具，将电脑的底座模型链接给机器人的身体模型，使身体运动时会带动电脑模型，见图2-94。

　　步骤3　选择机器人的身体模型，在第170帧开启 `Auto Key`（自动关键点）按钮并单击 ⟿ 按钮插入一个关键帧，然后将时间滑块移动至第190帧，再沿Z轴向上进行位移动画操作，见图2-95。

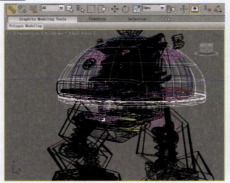

图2-94　链接设置

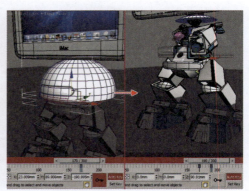

图2-95　记录位移动画

步骤 4 记录机器人身体模型的位移动画效果见图 2-96。

步骤 5 在工具栏中使用 ◐（旋转）工具记录腿部轴的动画，见图 2-97。

图 2-96 动画效果

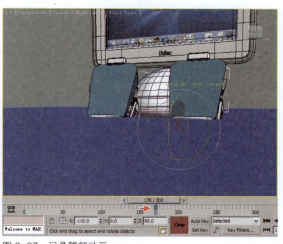

图 2-97 记录腿部动画

步骤 6 在第 170 帧至第 190 帧记录膝盖的旋转动画，见图 2-98。

步骤 7 记录机器人腿部的动画效果见图 2-99。

步骤 8 选择两侧的腿部轴模型，然后在第 180 帧开启 Set Key （设置关键点）按钮并单击 ⛝ 按钮插入一关键帧，见图 2-100。

> **贴心提示**
>
> 机器人的站立过程主要靠腿部旋转来产生支撑力，所以要分别记录踝关节、膝盖和腿部轴才能使机器人站立起来。

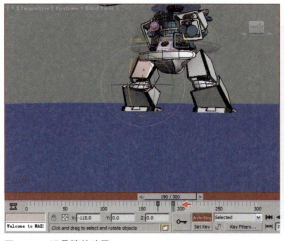

图 2-98 记录膝盖动画

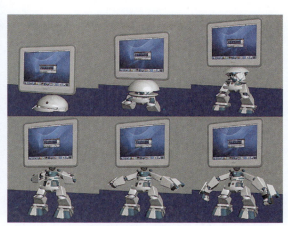

图 2-99 腿部动画效果

步骤 9 将时间滑块移动至第 170 帧，然后沿 X 轴向中心位置移动，再单击 ⛝ 按钮插入一关键帧，使腿部轴带动两侧模型由中心向两侧运动，见图 2-101。

图 2-100　插入关键帧

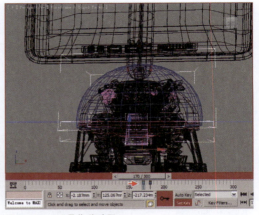

图 2-101　记录位移动画

贴心提示

除了使用伸展的变形动画以外，还可以使用折叠变形方式，目的都是将小空间聚集的零件变成机器人。

步骤 10　在第 170 帧调节机器人身体的位置更加准确，与地面的长方体完全接触上，然后再调节第 180 帧的位置，使机器人在变形时产生起身的力度感，见图 2-102。

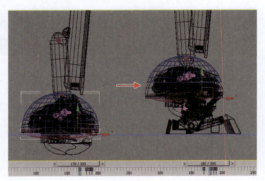

图 2-102　调节动画位置

步骤 11　继续调节第 185 帧和第 190 帧机器人身体的位置，见图 2-103。

步骤 12　记录机器人身体模型的位移动画效果见图 2-104。

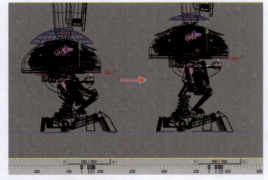

图 2-103　调节动画位置

图 2-104　动画效果

步骤 13　在变形过程中有些零件产生了错误的叠加和显示，在第 170 帧开启 Auto Key（自动关键点）按钮，然后选择多余的机器人身体部分并单击鼠标右键，在弹出的菜单中选择 Object Properties（对象属性）命令，在对象属性对话框中设置渲染控制的 Visibility（可见性）值为 0，见图 2-105。

步骤 14 将第 0 帧的可见性关键帧移动至第 169 帧，使多余的零件在第 169 帧以前为不可见，只在第 170 帧以后才可见，见图 2-106。

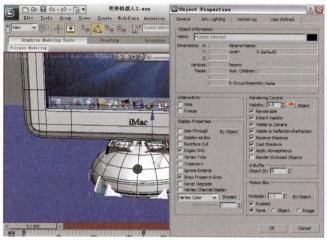
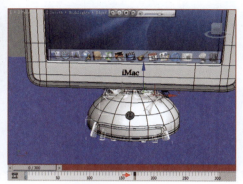

图 2-105 记录可见性动画　　　　　　　　　　　图 2-106 移动关键帧位置

总流程 6 设置场景灯光

制作动画角色特效《电脑变形金刚》的第六个流程（步骤）是设置场景灯光，制作又分 3 个流程：①设置摄影机、②设置镜头动画、③设置灯光，见图 2-107。

①设置摄影机　　　　　　　②设置镜头动画　　　　　　　③设置灯光

图 2-107 设置场景灯光流程图（总流程 6）

步骤 1 在 ✦（创建）面板 ⬛（摄影机）中选择 `Target`（目标摄影机）命令，然后在视图中拖拽建立，见图 2-108。

步骤 2 在菜单中选择【Views（视图）】→【Create Camera From View（从视图创建摄影机）】命令，使摄影机与当前的视图角度相匹配，见图 2-109。

步骤 3 在视图的提示文字位置单击鼠标右键，在弹出的菜单中选择【Cameras（摄影机）】→【Camera01（摄影机 01）】命令，也可以直接使用快捷键"C"切换至摄影机视图，见图 2-110。

步骤 4 在视图的提示文字位置单击鼠标右键，在弹出的菜单中选择 Show Safe Frames（显示安全框）命令，也可以直接使用快捷键"Shift+F"显示安全框，见图 2-111。

> **贴心提示**
>
> 显示安全框是渲染前必须开启的项目，避免视图显示与渲染输出的比例不同。

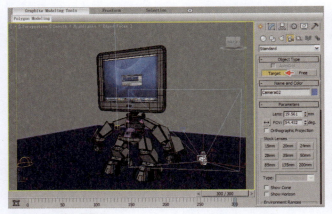

图 2-108　建立摄影机

图 2-109　匹配摄影机

步骤 5　开启 Auto Key（自动关键点）按钮，然后使用视图控制中的 （环游摄影机）在第 0 帧、第 150 帧和第 300 帧调节视图，使镜头产生视图旋转动画，见图 2-112。

图 2-110　切换摄影机视图

图 2-111　显示安全框

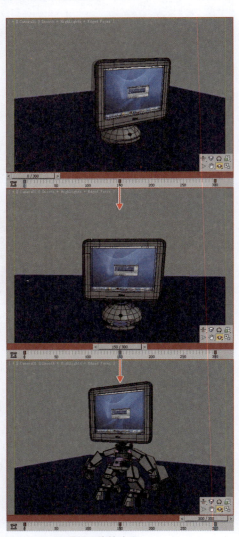

图 2-112　记录视图旋转动画

步骤 6 在 ☀（创建）面板 ⚡（灯光）中选择 Target Spot （目标聚光灯）命令，然后在视图中拖拽建立，见图 2-113。

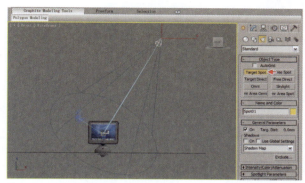

图 2-113 建立目标聚光灯

步骤 7 在 ✎（修改）面板中设置阴影为 ON（启用）状态、Multiplier（倍增）值为 0.3、Hotspot Beam（聚光区 / 光束）值为 0.5、Sample Range（采样范围）值为 10，见图 2-114。

步骤 8 在主工具栏中单击 ◎（渲染）工具，预览目标聚光灯产生的效果，见图 2-115。

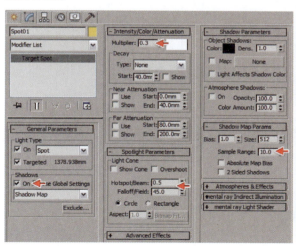

图 2-114 聚光灯设置

图 2-115 渲染效果

步骤 9 在 ☀（创建）面板 ⚡（灯光）中选择 Skylight （天光）命令，建立后设置 Multiplier（倍增）值为 0.8，见图 2-116。

步骤 10 在主工具栏中单击 ◎（渲染）工具，在弹出的面板中开启 Advanced Lighting（高级照明）为 Light Tracer（光跟踪器），见图 2-117。

步骤 11 在主工具栏中单击 ◎（渲染）工具，预览天光产生的效果，见图 2-118。

步骤 12 将制作的动画渲染为视频，最终变形效果见图 2-119。

> **贴心提示**
>
> 光跟踪器会模拟出更加柔和的照明效果，但 Rays/Sample（光线 / 采样数）值将直接控制渲染效果和速度，增大该值可以增加效果的平滑度，但同时也会增加渲染时间。

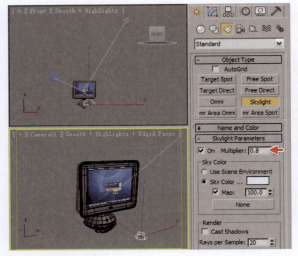

图 2-116　建立天光

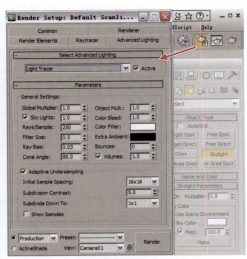

图 2-117　开启光跟踪器

图 2-118　渲染效果

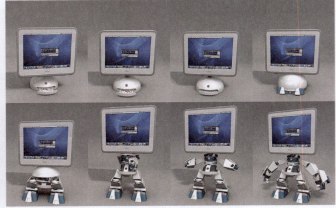

图 2-119　最终变形效果

第八节　范例制作 2-2　动画角色特效《魔法女战士》

一、范例简介

本例介绍的是如何使用 3ds Max 两足骨骼系统、体格命令和蒙皮制作动画角色特效《魔法女战士》的流程、方法和实施步骤。范例制作中所需素材，位于本书配套光盘中的"范例文件 /2-2 魔法女战士"文件夹中。

二、预览范例

打开本书配套光盘中的范例文件 /2-2 魔法女战士 /2-2 魔法女战士 .mpg 文件。通过观看视频了解本节要讲的大致内容，见图 2-120。

图 2-120　动画角色特效《魔法女战士》预览

三、制作流程（步骤）及技巧分析

　　本例主要使用两足骨骼与角色进行匹配，然后分别使用体格和蒙皮两种方式将模型与骨骼进行绑定，最后再为骨骼设置动作，制作总流程（步骤）分为 6 部分：第 1 部分为建立两足骨骼；第 2 部分为调节上身骨骼；第 3 部分为调节下身骨骼；第 4 部分为调节骨骼细节；第 5 部分为设置蒙皮；第 6 部分为设置动作，见图 2-121。

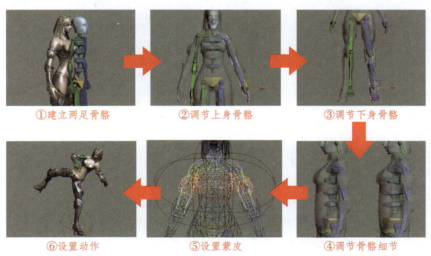

①建立两足骨骼　　②调节上身骨骼　　③调节下身骨骼

⑥设置动作　　⑤设置蒙皮　　④调节骨骼细节

图 2-121　动画角色特效《魔法女战士》制作总流程（步骤）图

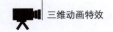
四、具体操作

总流程 1　建立两足骨骼

制作动画角色特效《魔法女战士》的第一个流程（步骤）是建立两足骨骼，制作又分为 3 个流程：①建立骨骼、②匹配位置、③设置模型冻结，见图 2-122。

①建立骨骼　　　　　②匹配位置　　　　　③设置模型冻结

图 2-122　建立两足骨骼流程图（总流程 1）

步骤 1　将多边形制作并赋予材质的魔法女战士文件开启，见图 2-123。

步骤 2　在 ✳（创建）面板 ☷（系统）中选择 [Biped]（两足骨骼）按钮，然后在视图中角色的位置建立骨骼，见图 2-124。

图 2-123　文件开启

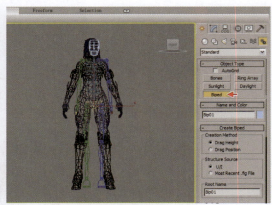

图 2-124　建立两足骨骼

步骤 3　调整视图的观察角度，发现骨骼与角色没有完全地对齐，见图 2-125。

步骤 4　在 ◉（运动）面板开启两足骨骼的 ☀（体形）按钮，然后选择最中心的骨骼，沿 Y 轴向角色模型对齐，见图 2-126。

步骤 5　选择角色模型并配合"Alt+X"快捷键，将角色模型呈现半透明效果，便于观察骨骼的结构与位置，见图 2-127。

步骤 6　在 ◻（显示）面板中单击 Freeze（冻结）卷展栏的 [Freeze Selected]（冻结选定对象）按钮，将透明的角色模型进行冻结处理，见图 2-128。

图 2-125　调整观察角度

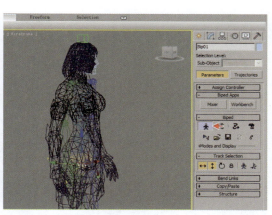

图 2-126　对齐调节

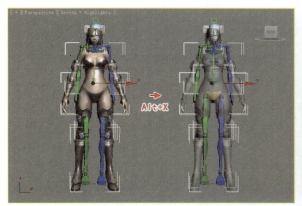

图 2-127　模型透明处理

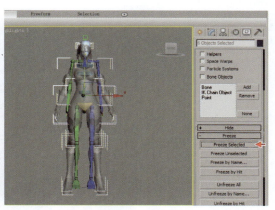

图 2-128　冻结选定对象

总流程 2　调节上身骨骼

制作动画角色特效《魔法女战士》的第二个流程（步骤）是调节上身骨骼，制作又分为 3 个流程：①调节胳膊骨骼、②调节手掌骨骼、③调节头发骨骼，见图 2-129。

①调节胳膊骨骼　　　　②调节手掌骨骼　　　　③调节头发骨骼

图 2-129　调节上身骨骼流程图（总流程 2）

步骤 1　骨骼与模型匹配的调节必须在 模式完成，选择身体的骨骼，使用 ![icon]（缩放）工具将身体模型填满，见图 2-130。

步骤2 在主工具栏使用 ⟳（旋转）工具将肩膀骨骼进行调节，使其与模型肩膀的位置相匹配，见图2-131。

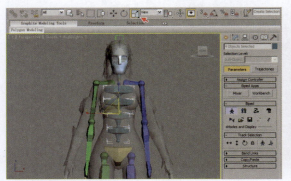

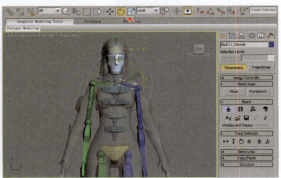

图2-130 缩放身体骨骼　　　　　　　　　图2-131 旋转肩膀骨骼

步骤3 将大臂骨骼旋转到与模型位置相匹配的角度，见图2-132。

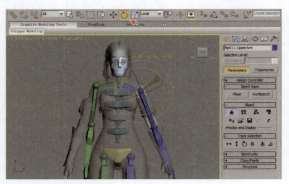

图2-132 旋转大臂骨骼

贴心提示

结构卷展栏中的项目可以设置各骨骼原件数量，更好地与角色模型匹配。

步骤4 在 ◎（运动）面板设置Structure（结构）中的Fingers（手指）值为5、Finger Links（手指链接）值为3，见图2-133。

步骤5 使用 ⟳（旋转）和 ⬚（缩放）工具将手部骨骼与手部模型进行匹配，见图2-134。

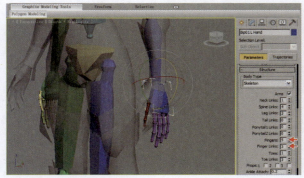

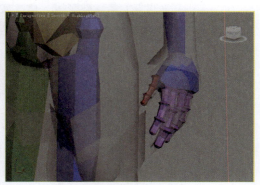

图2-133 设置手部骨骼结构　　　　　　　图2-134 匹配手部骨骼和模型

步骤 6 设置完右侧的骨骼后，双击右侧的肩膀骨骼，系统会自动将其下的子级别骨骼选择，然后在 Copy/Paste（复制 / 粘贴）卷展栏单击 ☀（创建集合）按钮，见图 2-135。

步骤 7 创建集合后先单击 ☑（复制姿态）按钮，再单击 🗔（向对面粘贴姿态）按钮，将选择的右侧骨骼复制到左侧，见图 2-136。

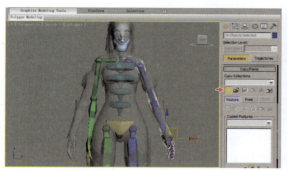

图 2-135 创建集合

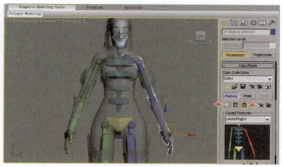

图 2-136 复制粘贴骨骼

步骤 8 在 ◎（运动）面板设置 Structure（结构）中的 Neck Links（颈部链接）值为 2，见图 2-137。

步骤 9 使用 🔲（缩放）工具将颈部骨骼与颈部模型进行匹配，见图 2-138。

图 2-137 设置颈部骨骼结构

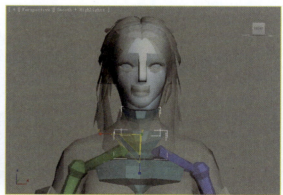

图 2-138 匹配颈部骨骼和模型

步骤 10 在 ◎（运动）面板设置 Structure（结构）中的 Ponytail1 Links（马尾辫 1 链接）值为 2、Ponytail2 Links（马尾辫 2 链接）值为 2，见图 2-139。

步骤 11 使用 ⟳（旋转）工具将马尾辫骨骼与头发模型进行匹配，见图 2-140。

> **贴心提示**
>
> 除了设置头发骨骼以外，像头顶触角、大耳朵、大嘴巴等头部器官也可使用马尾辫。

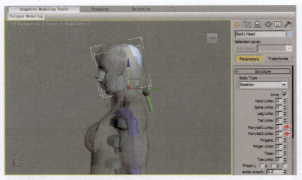

图 2-139　设置马尾辫骨骼结构

图 2-140　匹配旋转马尾辫骨骼和模型

总流程 3　调节下身骨骼

　　制作动画角色特效《魔法女战士》的第三个流程（步骤）是调节下身骨骼，制作又分 3 个流程：
①调节腿部骨骼、②增加脚趾骨骼、③镜像腿部骨骼，见图 2-141。

①调节腿部骨骼　　　②增加脚趾骨骼　　　③镜像腿部骨骼

图 2-141　调节下身骨骼流程图（总流程 3）

　　步骤 1　使用 ⟳（旋转）工具将脚部的骨骼与模型进行匹配，见图 2-142。

　　步骤 2　在 ◎（运动）面板设置 Structure（结构）中的 Toes（脚趾）值为 2，准备设置脚尖和脚跟
的骨骼，见图 2-143。

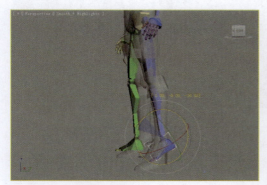

图 2-142　匹配脚部骨骼和模型

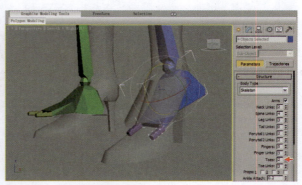

图 2-143　设置脚趾骨骼结构

　　步骤 3　使用 ⟳（旋转）工具将脚趾骨骼分别调节至脚尖和脚跟的位置，见图 2-144。

　　步骤 4　使用 ▣（缩放）工具将脚趾骨骼变大，使其与模型的脚尖部分相匹配，见图 2-145。

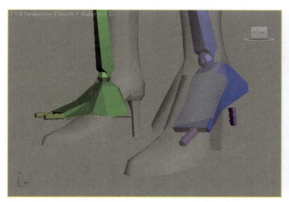

图 2-144　旋转脚趾骨骼

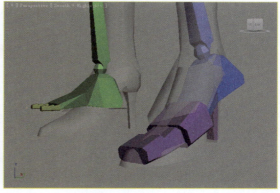

图 2-145　缩放脚趾骨骼

步骤 5　设置完右侧的骨骼后，双击右侧的大腿骨骼，系统会自动将选择其下的子级别骨骼，然后在 Copy/Paste（复制 / 粘贴）卷展栏单击■（复制姿态）按钮，见图 2-146。

步骤 6　复制后单击■（向对面粘贴姿态）按钮，将选择的右侧骨骼复制到左侧，见图 2-147。

步骤 7　将所有的骨骼设置完成后，可以预览到角色模型与两足骨骼的关系，见图 2-148。

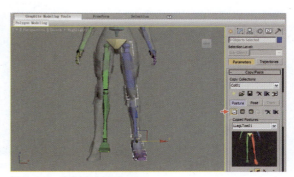

图 2-146　复制姿态设置

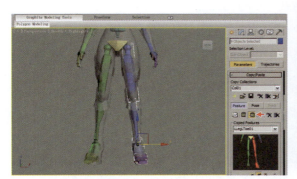

图 2-147　粘贴姿态设置

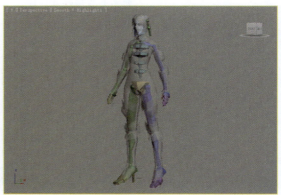

图 2-148　预览角色与骨骼关系

总流程 4　调节骨骼细节

制作动画角色特效《魔法女战士》的第四个流程（步骤）是调节骨骼细节，制作又分为 3 个流程：①调节身体骨骼、②调节腿部骨骼、③设置骨骼透明，见图 2-149。

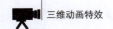

①调节身体骨骼　　　　②调节腿部骨骼　　　　③设置骨骼透明

图 2-149　调节骨骼细节流程图（总流程 4 ）

步骤 1　调节视图的观察角度，使用 ⬚（缩放）工具将身体骨骼与胸部模型相匹配，见图 2-150。

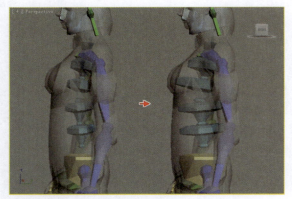

图 2-150　匹配身体骨骼和模型

步骤 2　为了使蒙皮操作的范围更加准确，使用 ⬚（缩放）工具将大臂骨骼与大臂模型相匹配，见图 2-151。

步骤 3　使用 ⬚（缩放）工具将大腿骨骼与大腿模型相匹配，见图 2-152。

图 2-151　匹配大臂骨骼和模型

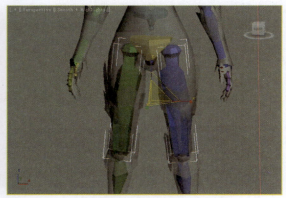

图 2-152　匹配大腿骨骼和模型

步骤 4　在主工具栏中单击 ⬚（渲染）工具，预览当前身体模型与骨骼的效果，见图 2-153。

步骤5　角色身体模型被骨骼穿插出来，选择所有的骨骼并单击鼠标右键，在弹出的菜单中选择 Object Properties（对象属性）命令，见图 2-154。

图 2-153　渲染预览效果

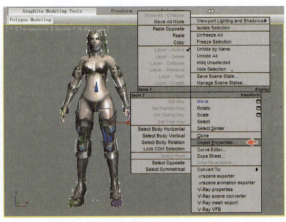

图 2-154　选择对象属性

步骤6　在弹出的对象属性对话框中关闭 Renderable（可渲染）项目，见图 2-155。

步骤7　再次渲染预览当前的效果，只留下了角色身体模型，骨骼将不会被渲染出来，见图 2-156。

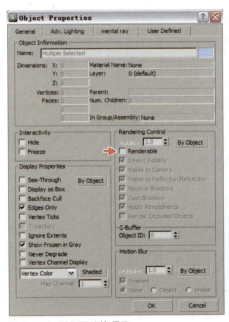

图 2-155　关闭可渲染项目

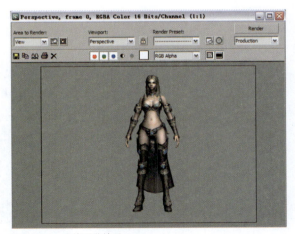

图 2-156　渲染预览效果

总流程5　设置蒙皮

制作动画角色特效《魔法女战士》的第五个流程（步骤）是设置蒙皮，制作又分为 3 个流程：①设置角色体格、②设置角色蒙皮、③调节蒙皮区域，见图 2-157。

①设置角色体格　　　　　②设置角色蒙皮　　　　　③调节蒙皮区域

图 2-157　蒙皮设置流程图（总流程 5）

> **贴心提示**
>
> 体格蒙皮可以附加到任何骨骼结构上，体格蒙皮默认会进行自动设置，将决定骨骼每个组成部分如何影响每个蒙皮顶点。

步骤 1　选择角色的身体模型，在 （修改）面板中为其增加 Physique（体格）蒙皮修改命令，见图 2-158。

步骤 2　在 （修改）面板的体格蒙皮修改命令中开启 （附加到节点）按钮，然后拾取骨骼的中心节点，见图 2-159。

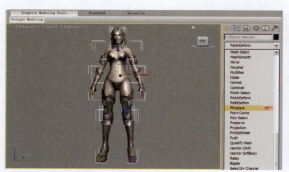

图 2-158　增加体格修改命令

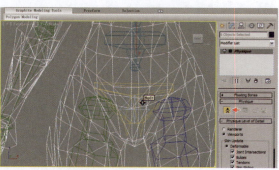

图 2-159　附加到节点

> **贴心提示**
>
> 体格初始化对话框中可以指定链接的参数，为体格蒙皮链接创建默认封套的类型和大小。

步骤 3　附加到节点后，系统将自动弹出 Physique Initialization（体格初始化）对话框，然后单击 Initialize（初始化）按钮将模型附加到骨骼，见图 2-160。

步骤 4　体格蒙皮操作后会显示出骨骼线，可以将原始的骨骼在 （显示）面板中隐藏掉，见图 2-161。

图 2-160　体格初始化设置

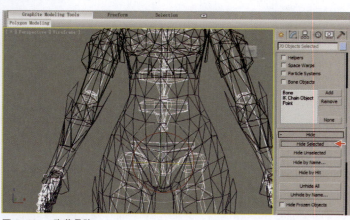

图 2-161　隐藏骨骼

步骤 5 在 ☑ (修改) 面板中可以设置体格蒙皮后的骨骼范围，见图 2-162。

步骤 6 除了使用 Physique (体格) 蒙皮设置以外，还可以使用 Skin (蒙皮) 修改命令进行设置。在 ☑ (修改) 面板中先将 Physique (体格) 蒙皮修改命令删除，然后再增加 Skin (蒙皮) 修改命令，见图 2-163。

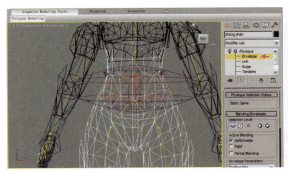

图 2-162　骨骼范围设置

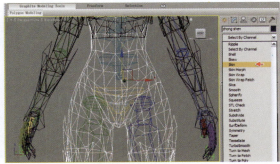

图 2-163　蒙皮修改命令

步骤 7 在 Skin (蒙皮) 修改命令中单击 Add 按钮添加需要的骨骼，见图 2-164。

步骤 8 选择手臂模型也增加 Skin (蒙皮) 修改命令，然后再单击 Add 按钮添加需要的骨骼，见图 2-165。

图 2-164　添加骨骼

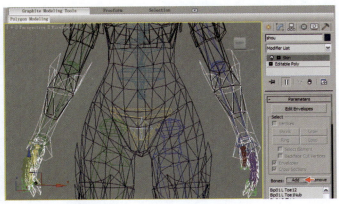

图 2-165　手臂蒙皮修改

步骤 9 使用 ◐ (旋转) 工具将大腿的骨骼进行调节，测试角色身体的蒙皮效果，看到旋转右侧大腿时，左侧的皮肤被错误地带动，见图 2-166。

步骤 10 在 Skin (蒙皮) 修改命令中单击 Edit Envelopes (编辑封套) 按钮，控制腿部骨骼的控制区域，见图 2-167。

贴心提示

蒙皮范围是靠颜色区分的，红色的区域可以被完全控制，橘色的区域为半控制，蓝色的区域为微弱控制。

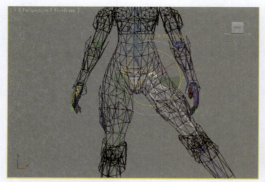

图 2-166　测试蒙皮效果

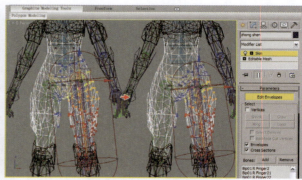

图 2-167　编辑封套操作

步骤 11　在 Skin（蒙皮）修改命令中开启 Vertices（顶点）选择，然后选择超出范围的点，在权重属性中单击 (权重工具) 按钮，控制腿部骨骼的控制区域，见图 2-168。

步骤 12　在权重工具对话框中将选择的范围顶点进行数值设置，见图 2-169。

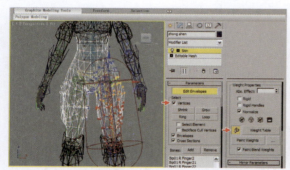

图 2-168　权重工具控制

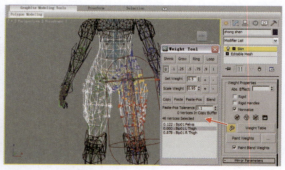

图 2-169　权重数值设置

步骤 13　使用 (旋转) 工具再次测试角色腿部的蒙皮效果，见图 2-170。

步骤 14　使用 (旋转) 工具再次测试角色胳膊的蒙皮效果，见图 2-171。

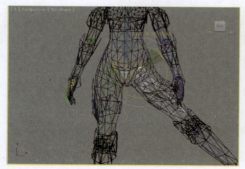

图 2-170　测试腿部蒙皮效果

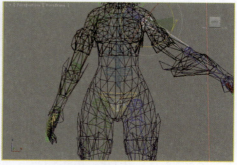

图 2-171　测试胳膊蒙皮效果

步骤 15 手臂被腹部的骨骼所影响，在 Skin（蒙皮）修改命令中使用 Remove （移除）将多余的腹部骨骼清除，见图 2-172。

步骤 16 手臂被大腿的骨骼所影响，在 Skin（蒙皮）修改命令中使用 Remove （移除）将多余的腿部骨骼清除，见图 2-173。

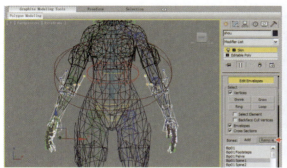

图 2-172　移除多余腹部骨骼

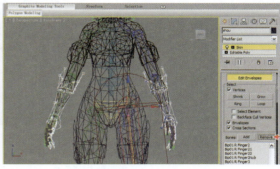

图 2-173　移除多余腿部骨骼

步骤 17 手臂被腰部的骨骼所影响，在 Skin（蒙皮）修改命令中使用 Remove （移除）将多余的腰部骨骼清除，见图 2-174。

步骤 18 再次使用 （旋转）工具测试角色胳膊的蒙皮效果，错误的绑定效果已经消失，见图 2-175。

步骤 19 在身体的 Skin（蒙皮）修改命令中单击 Edit Envelopes （编辑封套）按钮，胸部骨骼不仅影响身体模型，还超范围地影响到了双臂，见图 2-176。

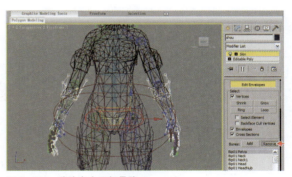

图 2-174　移除多余腰部骨骼

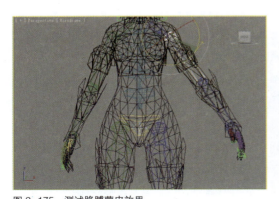

图 2-175　测试胳膊蒙皮效果

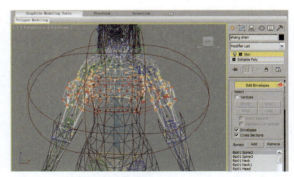

图 2-176　胸部骨骼影响范围

步骤 20 胸部骨骼的影响范围可以通过两侧控制方块调节影响距离，距离缩小就不会影响到双臂了，见图 2-177。

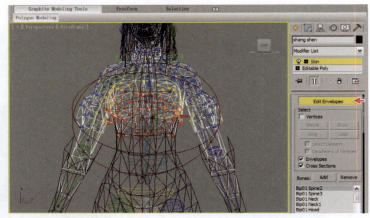

图 2-177　调节影响范围

总流程 6　设置动作

制作动画角色特效《魔法女战士》的第六个流程（步骤）是设置动作，制作又分为 3 个流程：①设置步迹动画、②添加动作文件、③设置运动流，见图 2-178。

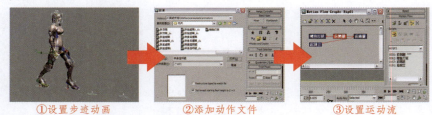

①设置步迹动画　　　　②添加动作文件　　　　③设置运动流

图 2-178　设置动作流程图（总流程 6）

步骤 1　蒙皮设置完成后开启 （步迹模式），然后切换至 （行走）状态，再单击 （创建多个步迹）按钮，准备进行角色动作的设置，见图 2-179。

步骤 2　在弹出的创建多个步迹对话框中可以设置 Number of Footsteps（步迹数），也就是设置人物角色需要走的步数，见图 2-180。

图 2-179　步迹模式设置

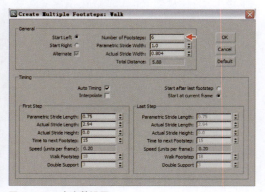

图 2-180　步迹数设置

步骤 3 创建多个步迹后，单击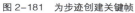（步迹创建关键帧）按钮，将角色与骨骼放置在步迹上，见图 2-181。

步骤 4 为步迹创建关键帧后，骨骼将带动角色产生行走的动画，见图 2-182。

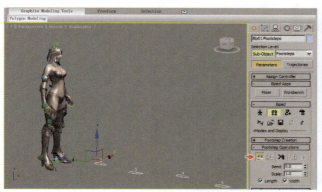

图 2-181　为步迹创建关键帧

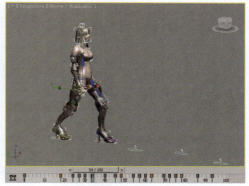

图 2-182　产生行走动画

步骤 5 两足骨骼不仅可以设置自动步迹动画，还可以单击 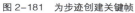（载入）动作捕捉的 .bip 动作文件，见图 2-183。

步骤 6 载入 .bip 动作文件后将自动生成关键帧动画，见图 2-184。

> **贴心提示**
>
> .bip 文件包含 Biped 的骨骼大小和肢体旋转数据，它们采用的是原有 Character Studio 运动文件格式。

图 2-183　载入动作文件

图 2-184　自动生成的动画

步骤 7 切换至 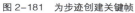（运动流模式）可以将多个 .bip 动作文件进行链接，但需要先单击 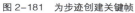（显示图形）按钮，见图 2-185。

步骤 8 在运动流对话框中添加多个 .bip 动作文件，然后再单击 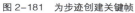（定义脚本）按钮，拾取剪辑顺序的动作文件，见图 2-186。

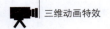

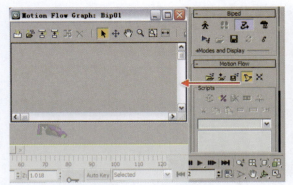

图 2-185　运动流设置

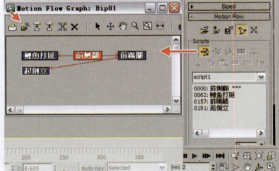

图 2-186　定义脚本

步骤 9　设置运动流的 .bip 动作后，骨骼将带动角色按定义脚本的顺序产生动画，见图 2-187。

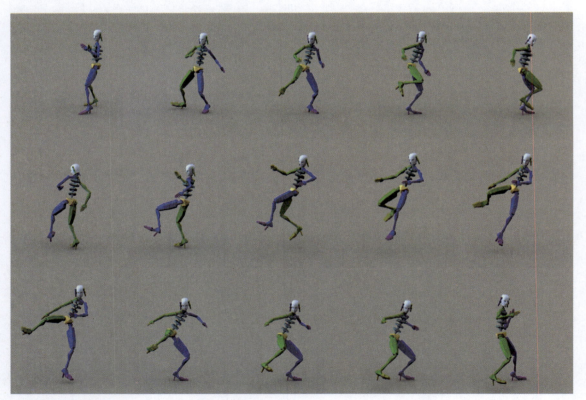

图 2-187　运动流的动画

本章小结

动画与蒙皮可以使呆板的模型变得生动，本章讲解创建三维动画的原理与方法，包括如何创建动画关键帧，动画自动关键点模式创建动画的流程和动画效果特点，设置关键点模式的工作流程，如何查看和复制变换关键点、时间配置、轨迹视图、动画约束、层次链接和调整轴；接着介绍 3ds Max 中的骨骼系统，内容包括创建骨骼的流程，IK 链指定卷展栏、骨骼参数卷展栏和 IK 解算器的功能和用法；蒙皮系统主要介绍参数卷展栏、镜像参数卷展栏、显示卷展栏、高级参数卷展栏和 Gizmo 卷展栏的功能和用法；两足动物包括创建 Biped 两足动物方法、Biped 两足动物卷展栏的功能和用法；Physique 体格修改器的基本功能和用法。最后介绍变形动画特效《电脑变形金刚》和角色动画特效《魔法女战士》的制作流程、方法和全部实施步骤，进行了综合应用，旨在帮助读者快速学会和掌握三维动画特效与蒙皮设置的基本方法和技能。

本章作业

一、举一反三

通过对本章的基础知识和范例的学习，读者可以自己动手制作很多类别的动画特效，比如变形动画"机器狗"、"机器蜜蜂飞舞"、"机器人运动"、"工程吊车"等特效，以充分理解和掌握本章的核心内容。

二、练习与实训

项目编号	实训名称	实训页码
实训 2-1	动画道具特效《台灯》	见《动画特效实训》P4
实训 2-2	动画道具特效《机械手臂》	见《动画特效实训》P7
实训 2-3	动画角色特效《大黄蜂》	见《动画特效实训》P10
实训 2-4	动画角色特效《顽皮男孩》	见《动画特效实训》P13
实训 2-5	动画角色特效《IK 精灵》	见《动画特效实训》P16
实训 2-6	动画角色特效《绿巨人》	见《动画特效实训》P19

* 详细内容与要求请看配套练习册《动画特效实训》。

3

空间扭曲与粒子系统特效技法

关键知识点
● 空间扭曲
● 粒子系统

内容提要

本章由 6 节组成。主要讲解 3ds Max 中的空间扭曲和粒子系统特效的原理、功能和特效技法。特效范例《神秘粒子》、《浓烟火山》和《PF 粒子》将空间扭曲和粒子系统的功能进行了综合应用，以便使读者快速学习和掌握像火山爆发、粒子等特效的制作流程、方法和具体步骤。最后是本章小结和本章作业。

本章教学环境：多媒体教室、软件平台 3ds Max
本章学时建议：20 学时（含 13 学时实践）

第一节　艺术指导原则

空间扭曲和粒子系统是附加的工具。空间扭曲是使其他对象变形的"力场",从而创建出涟漪、波浪和风吹等效果。粒子系统能生成粒子对象,从而达到模拟雪、雨、灰尘等效果的目的。如果需要清除物体绑定的空间扭曲,则需要选择物体并在修改面板中将空间扭曲删除。

第二节　空间扭曲

一、基本概念

空间扭曲是影响其他对象外观的不可渲染对象。空间扭曲能创建使其他对象变形的力场,从而创建出涟漪、波浪和风吹等效果,见图3-1。空间扭曲的行为方式类似于修改器,不过空间扭曲影响的是视图场景内的空间,而几何体修改器影响的是对象空间。

创建空间扭曲对象时,视图中会显示一个线框来表示它,可以像对其他 3ds Max 对象那样改变空间扭曲。空间扭曲的位置、旋转和缩放会影响其作用,见图3-2。

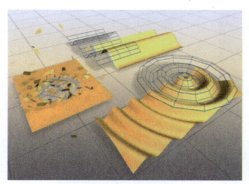

图 3-1　空间扭曲效果

图 3-2　空间扭曲面板

空间扭曲只会影响和它绑定在一起的对象。扭曲绑定显示在对象修改器堆栈的顶端。空间扭曲总是在所有变换或修改器之后应用。当把多个对象和一个空间扭曲绑定在一起时,空间扭曲的参数会平等地影响所有对象。不过,每个对象距空间扭曲的距离或者它们相对于扭曲的空间方向都可以改变扭曲的效果。由于该空间效果的存在,只要在扭曲空间中移动对象就可以改变扭曲的效果,也可以在一个或多个对象上使用多个空间扭曲。

要使用空间扭曲把对象和空间扭曲绑定在一起。在主工具栏中单击 绑定到空间扭曲按钮,然后在空间扭曲和对象之间拖动。空间扭曲不具有在场景上的可视效果,除非把它和对象、系统或选择集绑定在一起。

二、力空间扭曲

力空间扭曲用来影响粒子系统和动力学系统,可以和粒子一起使用,而且其中一些可以和动力学一起使用,对象类型卷展栏中指明了各个空间扭曲所支持的系统,见图3-3。

图 3-3　力空间扭曲面板

- **Push（推力）空间扭曲**：将力应用于粒子系统或动力学系统，根据系统的不同，其效果略有不同。对粒子正向或负向应用均匀的单向力，正向力向液压传动装置上的垫块方向移动，力没有宽度界限，其宽幅与力的方向垂直，使用范围选项可以对其进行限制。对动力学提供与液压传动装置图标的垫块相背离的点力（也叫点载荷），负向力以相反的方向施加拉力，在动力学中，力的施加方式和用手指推动物体相同，见图 3-4。

- **Motor（马达）空间扭曲**：工作方式类似于推力，但前者对受影响的粒子或对象应用的是转动扭曲而不是定向力。马达图标的位置和方向都会对围绕其旋转的粒子产生影响，当在动力学中使用时，图标相对于受影响对象的位置没有任何影响，但图标的方向有影响，见图 3-5。

图 3-4　推力空间扭曲效果

图 3-5　马达空间扭曲效果

- **Vortex（漩涡）空间扭曲**：将力应用于粒子系统，使它们在急转的漩涡中旋转，然后让它们向下移动成一个长而窄的喷流或者旋涡井。漩涡在创建黑洞、涡流、龙卷风和其他漏斗状对象时很有用。使用空间扭曲设置可以控制漩涡外形、井的特性以及粒子捕获的比率和范围。粒子系统设置（如速度）也会对漩涡的外形产生影响，见图 3-6。

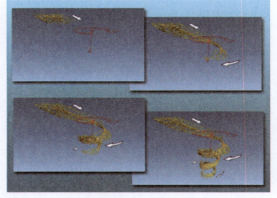

图 3-6　漩涡空间扭曲效果

- **Drag（阻力）空间扭曲**：是一种在指定范围内按照指定量来降低粒子速率的粒子运动阻尼器。应用阻尼的方式可以是线性、球形或者柱形。阻力在模拟风阻、致密介质（如水）中的移动、力场的影响以及其他类似的情景时非常有用。针对每种阻尼类型，可以沿若干向量控制阻尼效果。粒子系统设置（如速度）也会对阻尼产生影响，见图3-7。

- **PBomb（粒子爆炸）空间扭曲**：能创建一种使粒子系统爆炸的冲击波，它有别于使几何体爆炸的爆炸空间扭曲。粒子爆炸尤其适合粒子类型设置为对象碎片的粒子阵列系统，该空间扭曲还会将冲击作为一种动力学效果加以应用，见图3-8。

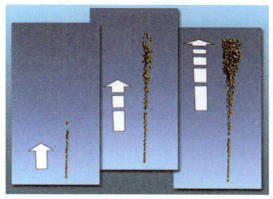

图3-7　阻力空间扭曲效果

图3-8　粒子爆炸空间扭曲效果

- **Path Follow（路径跟随）空间扭曲**：可以强制粒子沿螺旋形路径运动，见图3-9。

- **Displace（置换）空间扭曲**：以力场的形式推动和重塑对象的几何外形。位移对几何体（可变形对象）和粒子系统都会产生影响。应用位图的灰度生成位移量，二维图像的黑色区域不会发生位移，较白的区域会往外推进，从而使几何体发生三维位移，见图3-10。

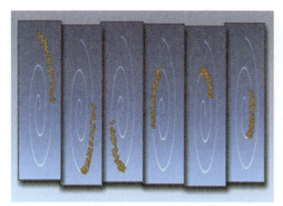

图3-9　路径跟随空间扭曲效果

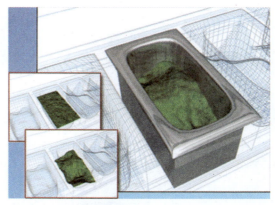

图3-10　置换空间扭曲效果

- **Gravity（重力）空间扭曲**：可以在粒子系统所产生的粒子上对自然重力的效果进行模拟。重力具有方向性，沿重力箭头方向的粒子加速运动，逆着箭头方向运动的粒子呈减速状。在球形重力下，运动朝向图标，重力也可以用做动力学模拟中的一种效果，见图3-11。

- Wind（风力）空间扭曲：可以模拟风吹动粒子系统所产生的粒子效果。风力具有方向性，顺着风力箭头方向运动的粒子呈加速状，逆着箭头方向运动的粒子呈减速状。在球形风力情况下，运动朝向或背离图标，风力在效果上类似于"重力"空间扭曲，但前者添加了一些湍流参数和其他自然界中风的功能特性，风力也可以用做动力学模拟中的一种效果，见图 3-12。

图 3-11　重力空间扭曲效果　　　　　图 3-12　风力空间扭曲效果

三、导向器空间扭曲

导向器空间扭曲用来给粒子导向或影响动力学系统，可以和粒子以及动力学一起使用。对象类型卷展栏中指明了各个空间扭曲所支持的系统，其中包括动力学导向板空间扭曲、泛方向导向板空间扭曲、动力学导向球空间扭曲、泛方向导向球空间扭曲、通用动力学导向器空间扭曲、通用泛方向导向器空间扭曲、导向球空间扭曲、通用导向器空间扭曲和导向板空间扭曲，见图 3-13。

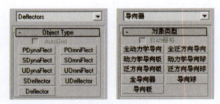

图 3-13　导向器空间扭曲面板

- UDeflector（导向球）空间扭曲：起着球形粒子导向器的碰撞作用，见图 3-14。
- Deflector（导向板）空间扭曲：起着平面防护板的作用，它能排斥由粒子系统生成的粒子，见图 3-15。

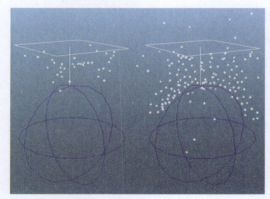 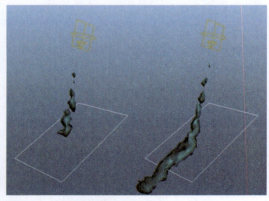

图 3-14　导向球空间扭曲效果　　　　　图 3-15　导向板空间扭曲效果

四、几何／可变形空间扭曲

几何／可变形空间扭曲用于使几何体变形，其中包括 FFD（长方体）空间扭曲、FFD（圆柱体）空间扭曲、波浪空间扭曲、涟漪空间扭曲、置换空间扭曲、适配变形空间扭曲和爆炸空间扭曲，见图 3-16。

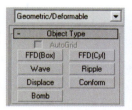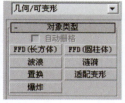

图 3-16　几何／可变形空间扭曲面板

- **Wave**（波浪）空间扭曲：可以在整个视图空间中创建线性波浪。它影响几何体和产生作用的方式与波浪修改器相同。当想让波浪影响大量对象，或想要相对于其在视图空间中的位置影响某个对象时，应该使用波浪空间扭曲，见图 3-17。
- **Ripple**（涟漪）空间扭曲：可以在整个视图空间中创建同心波纹，它影响几何体和产生作用的方式与涟漪修改器相同。当想让涟漪影响大量对象，或想要相对于其在视图空间中的位置影响某个对象时，应该使用涟漪空间扭曲，见图 3-18。

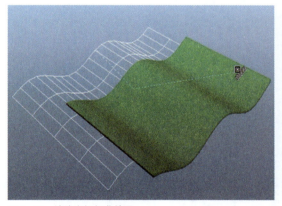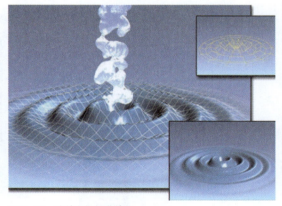

图 3-17　波浪空间扭曲效果　　　　　　　　图 3-18　涟漪空间扭曲效果

第三节　粒子系统

在为大量的小型对象设置动画时可使用粒子系统，例如创建暴风雪、水流或爆炸等，见图 3-19。

3ds Max 提供了两种不同类型的粒子系统——事件驱动和非事件驱动。事件驱动粒子系统，又称为粒子流，它测试粒子属性，并根据测试结果将其发送给不同的事件。粒子位于事件中时，每个事件都指定粒子的不同属性和行为。在非事件驱动粒子系统中，粒子通常在动画过程中显示类似的属性。

一、PF 粒子流

PF 粒子流（PF Source）是一种新型、多功能且强大的 3ds Max 粒子系统，主要使用一种称为粒子视图的特殊对话框来使用事件驱动模型。在粒子视图中可将一定时期内描述粒子属性（如形状、速度、方向和旋转）的单独操作符合并到称为事件的组中。每个操作符都提供一组参数，其中多数参数可以设置动画，以更改事件期间的粒子行为。

图 3-19　粒子系统面板

随着事件的发生，粒子流会不断地计算列表中的每个操作符，并相应更新粒子系统。要实现更多粒子属性和行为方面的实质性更改，可创建流。此流使用测试将粒子从一个事件发送至另一个事件，这可用于将事件以串联方式关联在一起。

- Setup（设置）卷展栏：可打开或关闭粒子系统，以及打开粒子视图，见图 3-20。

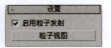

图 3-20　设置卷展栏

- Particle View（粒子视图）面板：提供了用于创建和修改粒子流中的粒子系统的主用户界面。主窗口包含描述粒子系统的粒子图表，粒子系统包含一个或多个相互关联的事件，每个事件包含一个具有一个或多个操作符和测试的列表，见图 3-21。

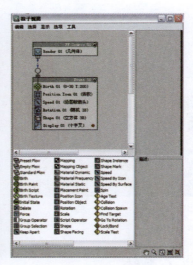

图 3-21　粒子视图面板

- Emission（发射）卷展栏：设置发射器（粒子源）图标的物理特性，以及渲染时视图中生成的粒子的百分比，见图 3-22。
- Selection（选择）卷展栏：基于每个粒子或事件来选择粒子，事件级别粒子的选择用于调试和跟踪。在粒子级别中选定的粒子可由删除操作符和分割选定测试操纵。无法直接通过标准的 3ds Max 工具（移动和旋转）操纵选定粒子，见图 3-23。

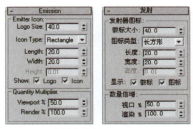
图 3-22 发射卷展栏

图 3-23 选择卷展栏

- System Management（系统管理）卷展栏：通过设置可限制系统中的粒子数，以及指定更新系统的频率，见图 3-24。
- Script（脚本）卷展栏：可以将脚本应用于每个积分步长以及查看的每帧的最后一个积分步长处的粒子系统。使用每步更新脚本可设置依赖于历史记录的属性，而使用最后一步更新脚本可设置独立于历史记录的属性，见图 3-25。

图 3-24 系统管理卷展栏

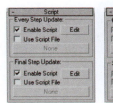
图 3-25 脚本卷展栏

二、喷射粒子

喷射粒子（Spray）主要模拟雨、喷泉、水龙头等水滴效果，简便的参数设置是此粒子系统的优点之一，见图 3-26。

三、雪粒子

雪粒子（Snow）模拟降雪或投撒的纸屑。雪系统与喷射类似，但是雪系统提供了其他参数来生成翻滚的雪花，渲染选项也有所不同，见图 3-27。

图 3-26 喷射粒子效果

图 3-27 雪粒子效果

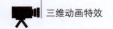
四、暴风雪粒子

暴风雪粒子（Blizzard）是雪粒子系统的高级版本，适合用于高要求的雪粒子制作，见图3-28。

五、粒子云

粒子云（PClound）可以填充特定的体积，粒子云可以创建一群鸟、一片星空或一队在地面行军的士兵。可以使用提供的基本体积（长方体、球体或圆柱体）限制粒子，也可以使用场景中的任意可渲染对象作为体积，只要该对象具有深度，见图3-29。

图3-28 暴风雪粒子效果

图3-29 粒子云效果

六、粒子阵列

粒子阵列（PArray）系统提供两种类型的粒子效果，一种可用于将所选几何体对象用作发射器模板（或图案）发射粒子，另一种可用于创建复杂的对象爆炸效果，见图3-30。

● Basic Parameters（基本参数）卷展栏：可以创建和调整粒子系统的大小，并拾取分布对象。此外，还可以指定粒子相对于分布对象几何体的初始分布，以及分布对象中粒子的初始速度。在此处也可以指定粒子在视图中的显示方式，见图3-31。

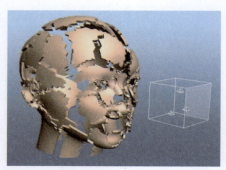

图3-30 粒子阵列效果

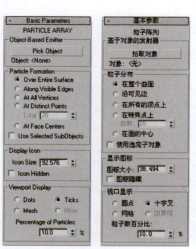

图3-31 基本参数卷展栏

- Particle Generation（粒子生成）卷展栏：控制粒子产生的时间和速度、粒子的移动方式以及不同时间粒子的大小，见图3-32。
- Particle Type（粒子类型）卷展栏：可以指定所用的粒子类型，以及对粒子执行贴图的类型，见图3-33。

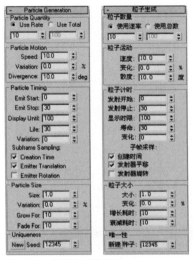

图3-32　粒子生成卷展栏

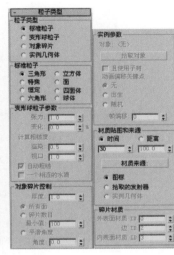

图3-33　粒子类型卷展栏

- Rotation and Collision（旋转和碰撞）卷展栏：主要影响粒子的旋转，提供运动模糊效果和粒子间的碰撞，见图3-34。
- Object Motion Inheritance（对象运动继承）卷展栏：可以通过发射器的运动影响粒子的运动，因为每个粒子的移动位置和方向都是由发射器的位置和方向决定的。如果发射器穿过场景，那么粒子将沿着发射器的路径散开，见图3-35。
- Bubble Motion（气泡运动）卷展栏：提供了在水下气泡上升时所看到的摇摆效果。通常在粒子设置为在较窄的粒子流中上升时，会使用该效果。气泡运动与波形类似，气泡运动参数可以调整气泡"波"的振幅、周期和相位，见图3-36。
- Partide Spawn（粒子繁殖）卷展栏：指定粒子消亡或与粒子导向器碰撞发生的情况，使粒子再繁殖出其他粒子，见图3-37。

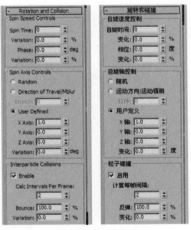

图3-34　旋转和碰撞卷展栏

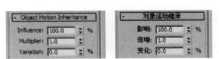

图3-35　对象运动继承卷展栏

图3-36　气泡运动卷展栏

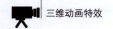

● **Load Save Presets**（加载保存预设）卷展栏：可以存储预设值，以便在其他相关的粒子系统中使用。例如，在设置粒子阵列的参数并使用特定名称保存后，可以选择其他粒子阵列系统，然后将预设值加载到新系统中，见图3-38。

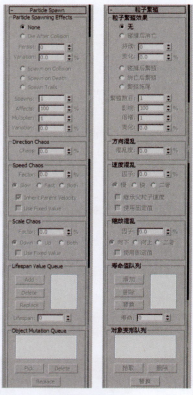

图3-37 粒子繁殖卷展栏

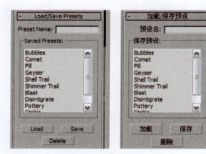

图3-38 加载保存预设卷展栏

七、超级喷射粒子

超级喷射（Super Spray）是发射受控制的粒子喷射，此粒子系统与简单的喷射粒子系统类似，只是增加了所有新型粒子系统提供的功能，见图3-39。

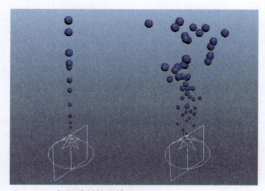

图3-39 超级喷射粒子效果

第四节　范例制作 3–1　动画粒子特效《神奇粒子》

一、范例简介

　　本例讲解的是用喷射粒子、超级喷射粒子和粒子阵列模拟喷泉、液体和礼花神秘效果的流程、方法和具体实施步骤。范例制作中所需素材，位于本书配套光盘中的"范例文件 /3-1 神奇粒子"文件夹中。

二、预览范例

　　打开本书配套光盘中的范例文件 /3-1 神奇粒子 /3-1 神奇粒子 .mpg 文件。通过观看视频了解本节要讲的大致内容，见图 3-40。

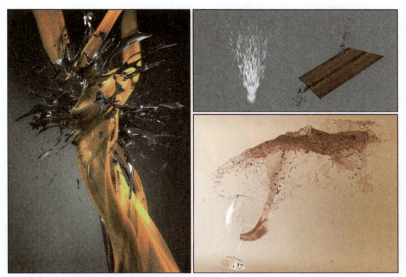

图 3–40　动画特效《神奇粒子》预览效果

三、制作流程（步骤）及技巧分析

　　本例制作主要用到喷射粒子、超级喷射粒子、粒子阵列，配合力学与反弹板使粒子更加真实。制作总流程（步骤）分为 3 部分：第 1 部分为创建粒子喷泉效果；第 2 部分为创建液体反弹效果；第 3 部分为创建阵列礼花效果，见图 3-41。

①创建粒子喷泉效果　　　　②创建液体反弹效果　　　　③创建阵列礼花效果

图 3–41　动画特效《神奇粒子》制作总流程（步骤）图

四、具体操作

总流程 1　创建粒子喷泉效果

制作动画特效《神奇粒子》的第一个流程（步骤）是创建粒子喷泉效果，制作又分为 3 个流程：①建立粒子发射器、②设置力学与材质、③复制喷射器，见图 3-42。

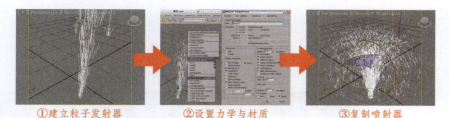

①建立粒子发射器　　　②设置力学与材质　　　③复制喷射器

图 3-42　创建粒子喷泉效果流程图（总流程 1）

步骤 1　在 ☀（创建）面板 ◎（几何体）中选择 Particle Systems（粒子系统）的 Spray （喷射）按钮，然后在视图中建立，见图 3-43。

步骤 2　在主工具栏中使用 ◎（旋转）工具将喷射发射器调节至几何体的表面，见图 3-44。

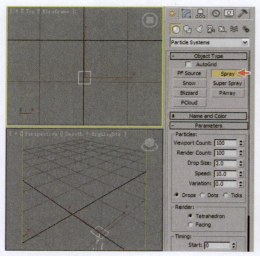

图 3-43　建立喷射

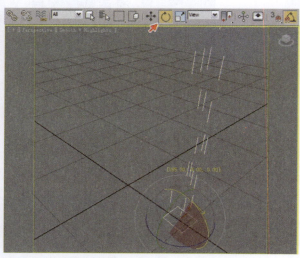

图 3-44　旋转喷射器角度

贴心提示

视图计数是在视图中显示的最大粒子数。视图显示数量少于渲染计数，可以提高视图的性能。

步骤 3　在 ◢（修改）面板中设置 Viewport Count（视图计数）为 500、Render Count（渲染计数）为 500、Drop Size（水滴大小）为 2、Speed（速度）为 5、Variation（速度变化）为 0.5，再设置粒子时间 Start（开始）为 -30，使粒子在第 0 帧就已经产生喷射，见图 3-45。

步骤 4　在 ☀（创建）面板 ≈（空间扭曲）中选择 Forces（力学）的 Gravity 重力按钮，然后设置 Strength（强度）值为 0.7，见图 3-46。

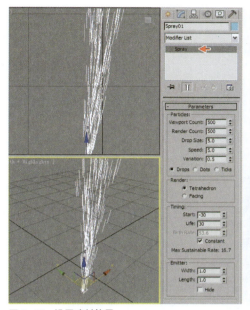

图 3-45　设置喷射粒子

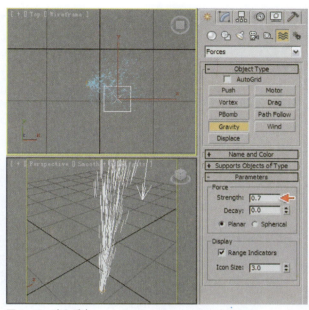

图 3-46　建立重力

步骤 5　在工具栏中使用 （空间扭曲）工具将重力链接给粒子发射器，使喷射粒子产生掉落的效果，见图 3-47。

步骤 6　设置喷射粒子的材质，使粒子中心区域偏实体、边缘区域偏透明，见图 3-48。

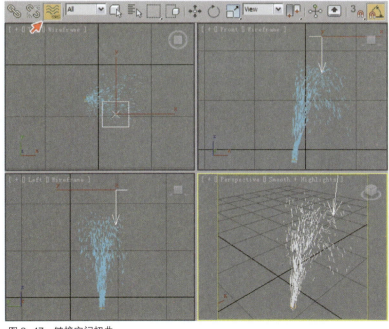

图 3-47　链接空间扭曲

图 3-48　设置粒子材质

三维动画特效

贴心提示

图像方式运动模糊与物体方式运动模糊是有差别的，图像方式不管运动物体的快慢都会得到相同模糊效果，而物体方式则会根据运动物体的快慢，使模糊效果产生强弱变化。

步骤7 在主工具栏中单击 🖼（渲染）工具，预览当前产生的喷泉效果，见图 3-49。

步骤8 在喷射粒子上单击鼠标右键，在弹出的四元菜单中选择 Object Properties（物体属性）项目，然后在物体属性对话框中将运动模糊设置为 Image（图像）类型，见图 3-50。

步骤9 再次渲染喷射粒子，可以看到喷泉产生了运动模糊的效果，见图 3-51。

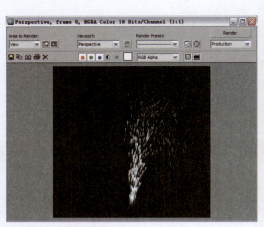

图 3-49　渲染喷泉效果

图 3-50　设置物体属性

步骤10 在主工具栏中使用 🔄（旋转）工具配合"Shift"键，将喷射粒子进行 180 度旋转复制，见图 3-52。

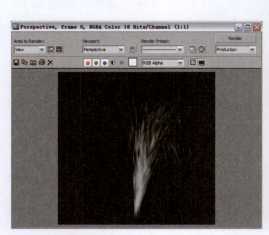

图 3-51　渲染喷泉效果

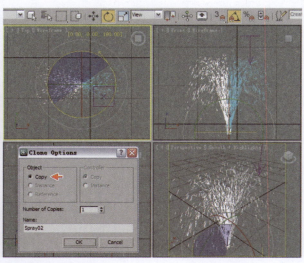

图 3-52　旋转复制粒子

步骤 11 继续使用 ◎（旋转）工具配合"Shift"键，将 2 个喷射粒子复制为 4 个，使喷射粒子向四方发射，见图 3-53。

步骤 12 在主工具栏中单击 ◎（渲染）工具，预览最终产生的喷泉效果，见图 3-54。

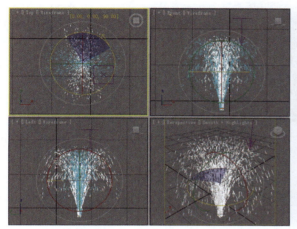

图 3-53　旋转复制粒子

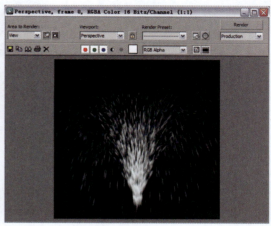

图 3-54　最终渲染效果

总流程 2　创建液体反弹效果

制作动画特效《神奇粒子》的第二个流程（步骤）是创建液体反弹效果，制作又分为 3 个流程：①建立超级喷射粒子、②设置粒子反弹板、③设置粒子风力，见图 3-55。

①建立超级喷射粒子　　　②设置粒子反弹板　　　③设置粒子风力

图 3-55　创建液体反弹效果流程图（总流程 2）

步骤 1 在 ☀（创建）面板 ◎（几何体）中选择 Particle Systems（粒子系统）的 Super Spray（超级喷射）按钮，然后在视图中建立粒子喷射器，见图 3-56。

步骤 2 在 ◢（修改）面板中设置超级粒子喷射的 Particle Formation（粒子分布）、Viewport Display（视图显示）、Particle Motion（粒子运动）、Particle Timing（粒子计时）、Particle Size（粒子大小）和 Particle Types（粒子类型），见图 3-57。

> **贴心提示**
>
> 粒子类型中提供了 Standard Particles（标准粒子）、Meta Particles（变形球粒子）和 Instanced Geometry（实例几何体）。

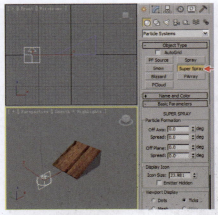

图 3-56　建立超级喷射

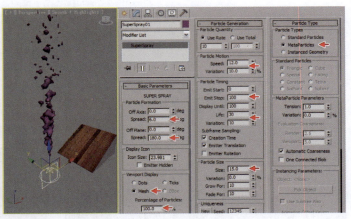

图 3-57　设置超级喷射

贴心提示

导向器可以控制粒子的反弹和阻挡效果，但需进行空间扭曲链接设置。

步骤3　使用 （旋转）工具将超级喷射粒子向倾斜板位置发射，见图 3-58。

步骤4　在 （创建）面板 （空间扭曲）中选择导向器的 Deflector （导向器）按钮，然后在"Top 顶视图"中建立，见图 3-59。

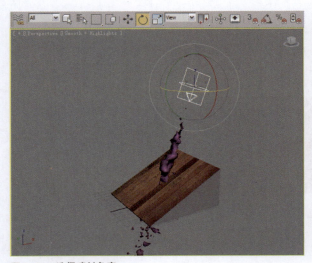

图 3-58　选择喷射角度

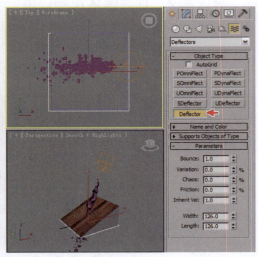

图 3-59　建立导向器

步骤5　切换至"Front 前视图"，使用 （旋转）工具将导向器调节至倾斜板的表面，见图 3-60。

步骤6　在工具栏中使用 （空间扭曲）工具将导向器链接给粒子发射器，使超级喷射粒子碰到倾斜板而产生折向的效果，见图 3-61。

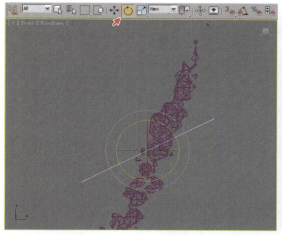

图 3-60　旋转导向器

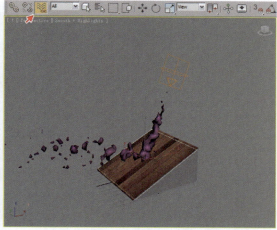

图 3-61　链接空间扭曲

步骤 7　选择导向器并在 ☑（修改）面板中设置 Bounce（反弹）为 0.1、Variation（变化）为 50、Friction（摩擦力）为 20，见图 3-62。

步骤 8　在 ☀（创建）面板 ≋（空间扭曲）中选择 Forces（力学）的 ▭Wind（风）按钮，再设置 Strength（强度）值为 0.2，然后在工具栏中使用 ≋（空间扭曲）工具将风链接给粒子发射器，使导向器下的粒子再次被风影响，见图 3-63。

> **贴心提示**
>
> 反弹是控制粒子从导向器反弹的效果。变化是每个粒子所能偏离反弹设置的量。摩擦力是粒子沿导向器表面移动时减慢的量。

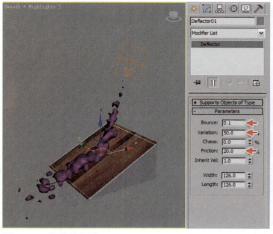

图 3-62　设置导向器

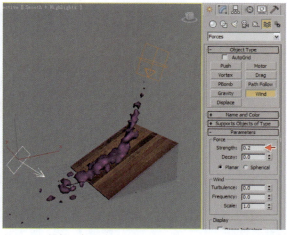

图 3-63　添加风力

步骤 9　链接导向器和风力后，粒子由喷射器产生掉落到倾斜木板上，然后由导向器阻挡着摩擦滑落，再由风力吹起向下滑落的粒子，见图 3-64。

步骤 10　为粒子添加水的材质，然后在主工具栏中单击 ▭（渲染）工具，预览最终液体反弹效果，见图 3-65。

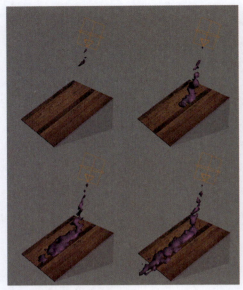

图 3-64　粒子动画效果

图 3-65　最终渲染效果

总流程 3　创建阵列礼花效果

制作动画特效《神奇粒子》的第三个流程(步骤)是创建阵列礼花效果,
制作又分为 3 个流程:①建立粒子阵列、②材质与属性、③设置视频合成,
见图 3-66。

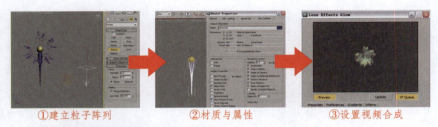

①建立粒子阵列　　　　②材质与属性　　　　③设置视频合成

图 3-66　创建阵列礼花效果流程图(总流程 3)

贴心提示

路径变形修改命令会根据图形、样条线或 NURBS 曲线路径对几何体进行变形,除了在界面部分有所不同之外,世界空间修改命令与对象空间路径变形修改命令工作方式完全相同。

　　步骤 1　为了制作礼花升起的路径,先建立一段垂直线形,然后再建立一个球体,见图 3-67。

　　步骤 2　在　(修改)面板中为球体增加 FFD 4×4×4(自由变形)命令,
然后将球体编辑成上大、下小的拖尾模型,见图 3-68。

　　步骤 3　在　(修改)面板中为球体增加 Path Deform(路径变形)命令,
然后单击　Pick Path　拾取路径按钮选择垂直线形并移动至路径上,在第 30
帧位置记录 Percent(百分比)和 Stretch(拉伸),见图 3-69。

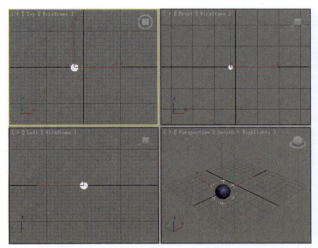

图 3-67　建立线与球体

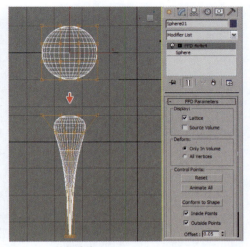

图 3-68　编辑球体

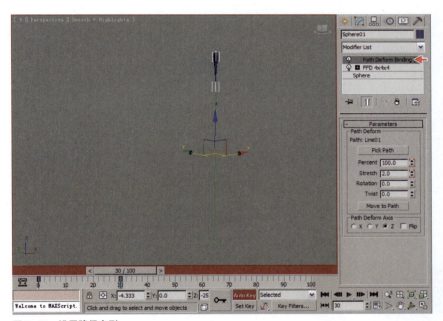

图 3-69　设置路径变形

步骤 4　在 ☀（创建）面板 ◯（几何体）中选择 Particle Systems（粒子系统）的 `PArray`（阵列粒子）按钮，然后在视图中建立阵列喷射器，再单击 `Pick Object`（拾取物体）按钮选择黄色的球体，使球体变为发射器产生喷射效果，见图 3-70。

步骤 5　在粒子的 Particle Spawn（粒子繁殖）卷展栏中将繁殖效果切换为 Spawn Trails（繁殖拖尾），然后再设置 Multiplier（倍增）为 2、开启 Inherit Parent Velocity（继承父粒子速度）、Lifespan（寿命）为 30，见图 3-71。

> **贴心提示**
>
> 粒子繁殖卷展栏中的碰撞后消亡主要控制粒子在碰撞到绑定的导向器时消失的效果。

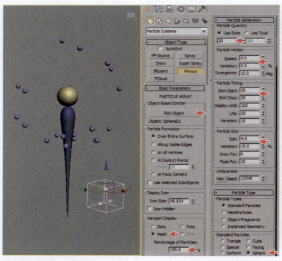

图 3-70　建立阵列粒子

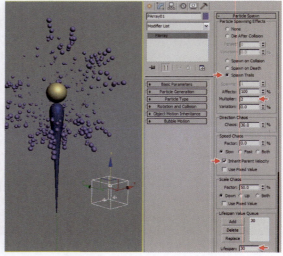

图 3-71　设置粒子繁殖

贴心提示

除了使用重力控制粒子的下落外，还可以使用风力控制粒子下落。

步骤 6　在 ❋（创建）面板 ≋（空间扭曲）中选择 Forces（力学）的 Gravity （重力）按钮，再设置 Strength（强度）值为 0.2，然后在工具栏中使用 ≋（空间扭曲）工具将重力链接给粒子发射器，使阵列爆破后向下掉落，见图 3-72。

步骤 7　设置阵列粒子的材质，使粒子中心区域偏实体、边缘区域偏透明，见图 3-73。

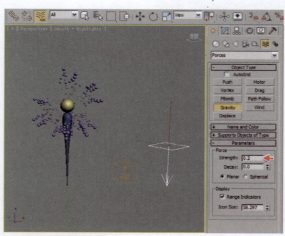

图 3-72　添加重力

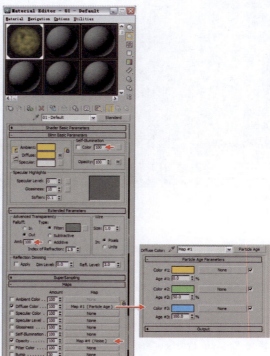

图 3-73　设置粒子材质

步骤8 在主工具栏中单击 （渲染）工具，预览阵列粒子的效果，见图 3-74。

步骤9 在球体上单击鼠标右键，在弹出的四元菜单中选择 Object Properties（物体属性）项目，然后在物体属性对话框中将 Renderable（可渲染）关闭，使其在渲染时为不可见，见图 3-75。

贴心提示

关闭物体属性中的可渲染项目将在视图中显示，而在渲染操作时不可见。

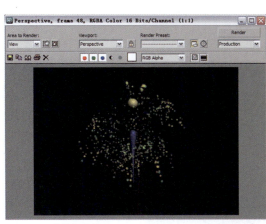

图 3-74 渲染粒子效果

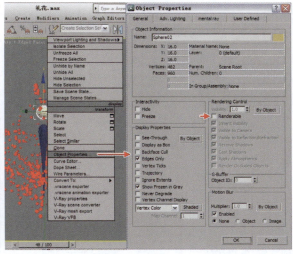

图 3-75 设置可渲染选项

步骤10 在拖尾条上单击鼠标右键，在弹出的四元菜单中进入物体属性，然后记录 Visibility（可见性）值的动画和运动模糊，使其第 29 帧显示、第 31 帧隐藏，见图 3-76。

步骤11 当前的效果是由底部上升一个拖尾条，到达顶部时产生礼花的爆炸，然后阵列粒子慢慢掉落并消失，见图 3-77。

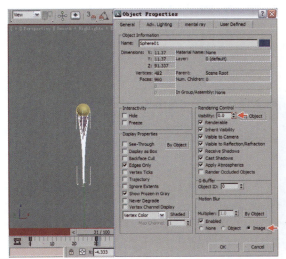

图 3-76 设置可见性选项

图 3-77 当前礼花效果

三维动画特效

步骤 12 在阵列粒子上单击鼠标右键，在弹出的四元菜单中进入物体属性，然后设置 G 缓冲区的 Object ID（对象 ID）为 1，见图 3-78。

步骤 13 在菜单中选择【Rendering（渲染）】→【Video Post（视频合成）】命令，准备添加阵列粒子的发光效果，见图 3-79。

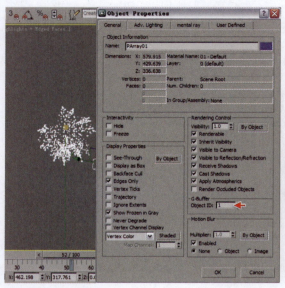

图 3-78 设置对象 ID

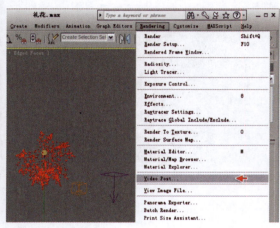

图 3-79 合成视频

步骤 14 在弹出的视频合成对话框中添加场景事件为"Perspective 透视图"，见图 3-80。

步骤 15 在透视图场景事件中继续添加 Lens Effects Glow（镜头效果光晕）过滤事件，见图 3-81。

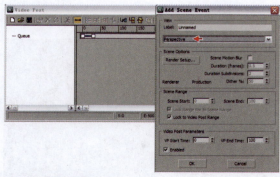

图 3-80 添加场景事件

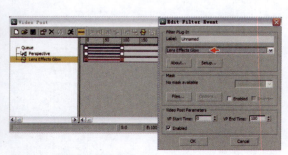

图 3-81 添加镜头效果光晕

步骤 16 在镜头效果光晕过滤事件中默认的 Object ID（对象 ID）即为 1，没必要在过滤事件中再次设置，然后设置 Size（大小）为 1、Intensity（强度）为 3，见图 3-82。

步骤 17 过滤事件设置后添加图像输出事件，然后设置文件输出的路径、格式和名称，见图 3-83。

步骤 18 设置视频合成后，渲染的阵列礼花效果见图 3-84。

> **贴心提示**
>
> 设置不同颜色类型使控制光晕的强弱产生变化，Gradient（渐变）颜色类型使用的是 Softness（柔化），而 Pixel（像素）和 User（用户）颜色类型使用的是 Intensity（强度）。

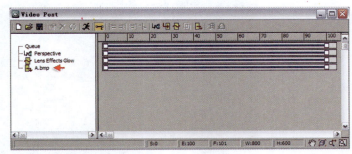

图 3-83 添加图像输出事件

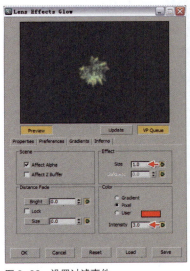

图 3-82 设置过滤事件

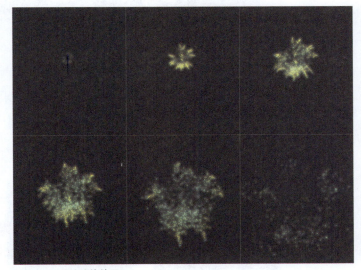

图 3-84 最终渲染效果

第五节 范例制作 3-2 动画粒子特效《浓烟火山》

一、范例简介

本例介绍如何使用置换修改命令对几何体产生起伏凹凸模型效果，然后建立 PF 粒子模拟火山喷发的浓烟特效的制作流程、方法和实施步骤。范例制作中所需素材，位于本书配套光盘中的"范例文件 /3-2 浓烟火山"文件夹中。

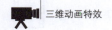
二、预览范例

打开本书配套光盘中的范例文件 /3-2 浓烟火山 /3-2 浓烟火山 .mpg 文件。通过观看视频了解本节要讲的大致内容，见图 3-85。

图 3-85　动画特效《浓烟火山》预览效果

三、制作流程（步骤）及技巧分析

本例制作时先使用置换修改命令对几何体产生起伏凹凸模型效果，然后建立 PF 粒子模拟火山喷发的浓烟，制作总流程（步骤）分为 6 部分：第 1 部分为制作火山模型；第 2 部分为设置场景灯光；第 3 部分为制作火山灰效果；第 4 部分为控制摄影机与环境；第 5 部分为调节模型材质；第 6 部分为设置特效渲染，见图 3-86。

①制作火山模型　　②设置场景灯光　　③制作火山灰效果

⑥设置特效渲染　　⑤调节模型材质　　④控制摄影机与环境

图 3-86　动画特效《浓烟火山》制作总流程（步骤）图

四、具体操作

总流程 1　制作火山模型

制作动画特效《浓烟火山》的第一个流程（步骤）是火山模型，制作又分为 3 个流程（步骤）：①创建平面几何体、②制作火山模型、③复制小火山口，见图 3-87。

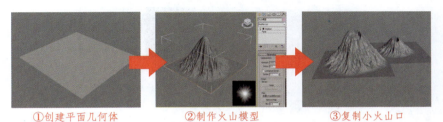

①创建平面几何体　　②制作火山模型　　③复制小火山口

图 3-87　制作火山模型流程图（总流程 1）

步骤 1　在 ☀（创建）面板 ◯（几何体）中选择 Plane （平面）按钮，然后在 "Perspective 透视图" 中建立，设置 Length（长度）为 2000、Width（宽度）为 2000、Length Segs（长度段数）为 300、Width Segs（宽度段数）为 300，见图 3-88。

步骤 2　在 ▱（修改）面板中增加 Displace（置换）命令，见图 3-89。

图 3-88　建立平面

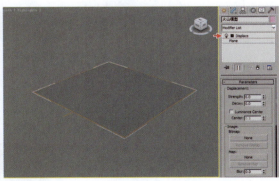

图 3-89　增加置换命令

步骤 3　在置换修改命令中为 Map（贴图）项目赋予本书配套光盘中的 "火山置换 .bmp" 火山黑白凹凸贴图，然后设置 Strength（强度）为 1000，使平面几何体产生凸起的模型效果，见图 3-90。

步骤 4　为了制作火山口的凹陷效果，继续在 ▱（修改）面板中增加 Displace（置换）命令，为 Map（贴图）项目赋予 Gradient Ramp（渐变坡度）贴图，然后再设置 Strength（强度）为 600，见图 3-91。

贴心提示
在置换中可以选择位图和对置换使用的贴图控制模型起伏，图像中的浅色区域置换出的效果明显强于深色区域。

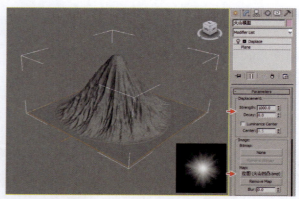

图 3-90 设置置换

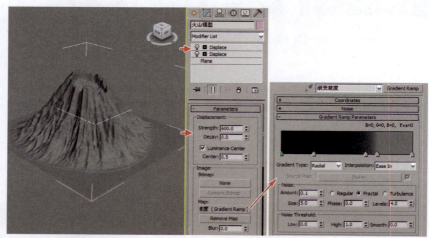

图 3-91 增加置换命令

步骤 5 火山模型制作完成后，为了丰富场景内容，使用"Shift+ 移动"的方式进行模型复制操作，然后再修改下置换的强度和高度比例，使复制出的小火山模型与大火山模型稍有不同，见图 3-92。

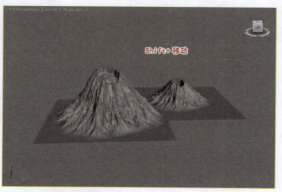

图 3-92 复制模型操作

总流程 2　设置场景灯光

制作动画特效《浓烟火山》的第二个流程（步骤）是设置场景灯光，制作又分为 3 个流程：①创建平行光、②制作平行光阵列、③测试照明效果，见图 3-93。

①创建平行光　　②制作平行光阵列　　③测试照明效果

图 3-93　设置场景灯光流程图（总流程 2）

步骤 1　在 （创建）面板 （灯光）中选择 Target Direct（目标平行光）命令，然后在视图中建立，再设置阴影为 On（启用）、Multiplier（倍增）为 0.1、颜色为橘黄色、光锥为 Overshoot（泛光化）、Falloff/Field（衰减 / 区域）为 1487、Contrast（对比度）为 50、Bias（偏移）为 0.001、Size（大小）为 256、Sample Range（采样范围）为 64，见图 3-94。

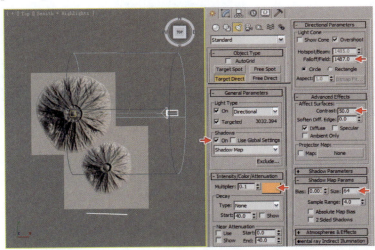

图 3-94　建立目标平行光

步骤 2　选择目标平行光，然后配合"Shift+ 移动"方式对称复制，在弹出的克隆物体对话框中设置为 Instance（关联）复制类型，见图 3-95。

步骤 3　选择左右两个目标平行光，然后配合"Shift+ 旋转"方式进行旋转复制，在弹出的克隆物体对话框中设置为 Instance（关联）复制类型、Number of Copies（副本数）为 7，使目标平行光均匀地照射在火山上，见图 3-96。

步骤 4　选择所有的目标平行光，然后配合"Shift+ 移动"方式沿 Y 轴向上复制，在弹出的克隆物体对话框中设置为 Copy（复制）类型，使目标平行光产生两层照射，见图 3-97。

> **贴心提示**
>
> 选择两个灯光后，选择轴将在两者的中心位置显示，然后就可以复制出圆形分布的灯光设置。

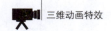

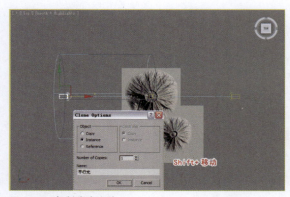

图3-95 复制移动关联

图3-96 复制旋转关联

步骤5 继续使用"Shift+移动"方式沿 Y 轴向上复制，使目标平行光产生上、中、下的三层照射，见图3-98。

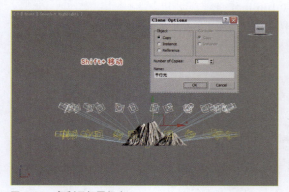

图3-97 复制目标平行光

图3-98 复制目标平行光

步骤6 选择最上部的目标平行光，在 (修改)面板中设置 Multiplier（倍增）为0.03、颜色为灰色，见图3-99。

步骤7 在主工具栏中单击 （渲染）工具，预览测试当前灯光照明的效果，见图3-100。

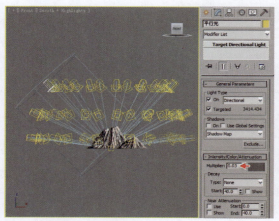

图3-99 设置目标平行光

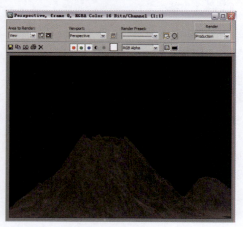

图3-100 渲染灯光效果

步骤 8 在预览的主视角建立三个目标平行光，设置 Multiplier（倍增）为 1、颜色为乳白色，作为火山场景被太阳照射的主光，见图 3-101。

步骤 9 再次进行渲染预览操作，可以在火山模型上观察到从右侧照明的主光效果，使火山模型的三维层次更加丰富，见图 3-102。

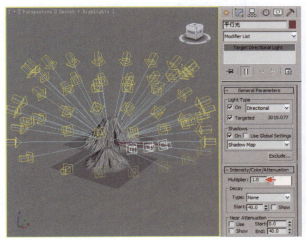

图 3-101 建立目标平行光

图 3-102 渲染灯光效果

总流程 3 制作火山灰效果

制作动画特效《浓烟火山》的第三个流程（步骤）是制作火山灰效果，制作又分为 3 个流程：①创建粒子发射器、②设置发射器参数、③测试渲染粒子效果，见图 3-103。

①创建粒子发射器 　　②设置发射器参数 　　③测试渲染粒子效果

图 3-103 制作火山灰效果流程图（总流程 3）

步骤 1 在 （创建）面板 （几何体）的粒子系统中选择 PF Source （粒子流）按钮，然后在"Perspective 透视图"中建立，见图 3-104。

步骤 2 将粒子流发射器移动至火山口，然后在 （修改）面板中设置 Logo Size（标志大小）为 450、Icon Type（图标类型）为 Rectangle（长方形）、Length（长度）为 550、Width（宽度）为 550，见图 3-105。

图 3-104　建立粒子流

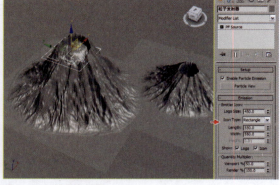

图 3-105　设置发射器

步骤3　单击 Particle View （粒子视图）按钮,在弹出的粒子视图中提供了用于创建和修改粒子流的主用户界面,见图 3-106。

步骤4　在粒子事件中将立方体项目删除,只留下 Birth（出生）、Position（位置）、Speed（速度）、Rotation（旋转）、Display（显示）,见图 3-107。

图 3-106　粒子视图

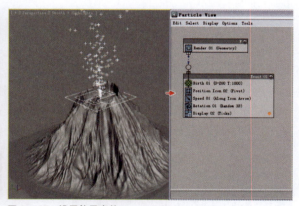

图 3-107　设置粒子事件

步骤5　在视图中建立一个模拟浓烟的几何体,然后添加一个 Shape Instance（形状实例）粒子事件,设置 Particle Geometry Object（粒子几何体对象）为建立的模拟浓烟几何体,再设置 Number Of Shapes（图形数）的 Variation（变化）为 25,见图 3-108。

步骤6　在 （创建）面板 （空间扭曲）中选择力学中的 Drag （阻力）按钮并在视图建立,然后在粒子视图中添加一个 Force（力）和 Spin（自旋转）粒子事件,再为力的 Force Space Warps（力空间扭曲）添加阻力,设置自旋转的 Spin Rate（自旋转速率）为 25、Variation（变化）为 25,见图 3-109。

图 3-108　设置形状实例粒子事件

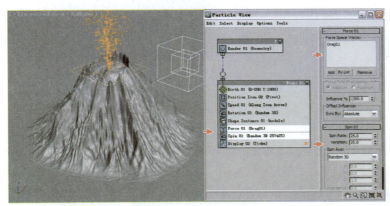

图 3-109　设置力与自旋转粒子事件

步骤 7　在 ☀（创建）面板 ≋（空间扭曲）中选择力学中的 ▭ Wind （风）按钮并在视图建立,然后在粒子视图中继续添加一个 Force（力）和 Scale（缩放）粒子事件,再为力的 Force Space Warps（力空间扭曲）添加风,设置缩放的 Type（类型）为 Relative First（相对最初）、Scale Factor（缩放变化）为 300,见图 3-110。

贴心提示

使用缩放操作符可以设置事件期间的粒子大小及其动画,并且可设置粒子大小的随机变化。应用缩放和动画方式的选项为此操作符提供了很大的灵活性。

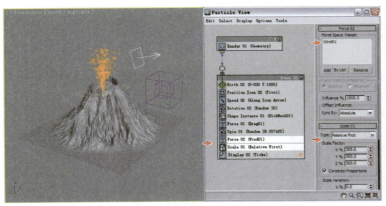

图 3-110　设置力与缩放粒子事件

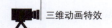

步骤 8　在粒子视图中添加一个 Spawn（卵）粒子事件，见图 3-111。

步骤 9　在主工具栏中单击 🖰（渲染）工具，预览测试设置粒子流的效果，见图 3-112。

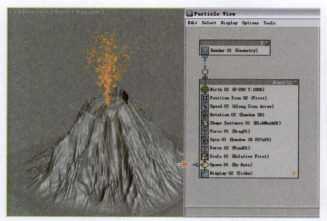

图 3-111　添加卵粒子事件

图 3-112　渲染粒子流效果

总流程 4　控制摄影机与环境

制作动画特效《浓烟火山》的第四个流程（步骤）是控制摄影机与环境，制作又分为 3 个流程：①创建摄影机视图、②制作环境背景、③渲染摄影机视图，见图 3-113。

①创建摄影机视图　　②制作环境背景　　③渲染摄影机视图

图 3-113　控制摄影机与环境流程图（总流程 4）

步骤 1　在视图提示文字位置单击鼠标右键，在弹出的菜单中选择 Show Safe Frames（显示安全框）命令，得到更加准确的视图与渲染构图，见图 3-114。

步骤 2　为场景建立摄影机，然后在菜单中选择【Views（视图）】→【Create Camera From View（从视图创建摄影机）】命令，将摄影机与视图匹配，见图 3-115。

步骤 3　设置摄影机的 Lens（镜头）为 35，略微产生些广角透视，使火山的场景更加具有气势，见图 3-116。

步骤 4　在菜单中选择【Rendering（渲染）】→【Environment（环境）】命令，在弹出的环境面板中赋予本书配套光盘中的"环境.jpg"背景图片，见图 3-117。

> **贴心提示**
>
> 摄影机的镜头越小，得到的场景透视效果越强；摄影机的镜头越大，得到的场景透视效果越弱。

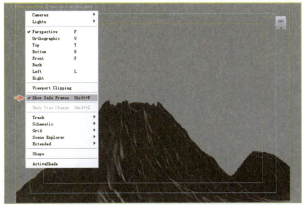

图 3-114 显示安全框

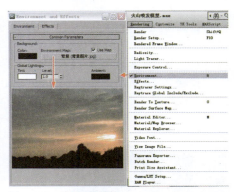

图 3-115 从视图创建摄影机

图 3-116 设置镜头

图 3-117 设置环境背景

步骤 5 在菜单中选择【Views（视图）】→【ViewPort Background（视图背景）】→【Show Background（显示背景）】命令，见图 3-118。

步骤 6 调节火山场景与背景的构图，在主工具栏中单击 ⬚（渲染）工具，预览测试当前火山场景的效果，见图 3-119。

图 3-118 选择显示背景

图 3-119 渲染火山效果

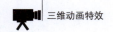

总流程5　调节模型材质

制作动画特效《浓烟火山》的第五个流程（步骤）是调节模型材质，制作又分为3个流程（步骤）：①控制粒子材质、②测试粒子材质效果、③调节火山材质，见图3-120。

①控制粒子材质　　　　②测试粒子材质效果　　　　③调节火山材质

图3-120　调节模型材质流程图（总流程5）

步骤1　为火山灰设置材质明暗器为 Oren-Nayar-Blinn（明暗处理），然后设置 Specular（高光）颜色为淡黄，再为 Diffuse Color（漫反射颜色）赋予 Falloff（衰减）类型、为 Self Illumination（自发光）赋予 Falloff（衰减）类型、为 Bump（凹凸）赋予 Smoke（烟雾）类型，见图3-121。

步骤2　在菜单中选择【Graph Editors（图形编辑器）】→【Particle View（粒子视图）】命令，见图3-122。

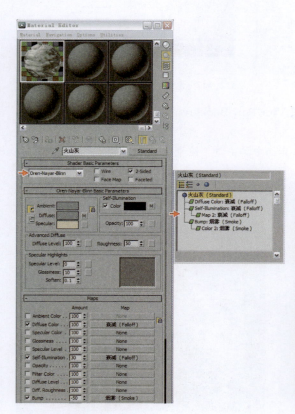

图3-121　设置火山灰材质

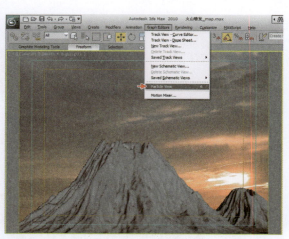

图3-122　开启粒子视图

步骤 3 选择粒子流并在粒子视图中添加一个 Material Static（静态材质）粒子事件，再将提前设置好的火山灰材质拖拽至静态材质粒子事件中，见图 3-123。

静态材质操作符用于为粒子提供整个事件期间保持恒定的材质 ID，还允许根据材质 ID 将材质指定给每个粒子。该操作符可以将相同的材质 ID 指定给所有粒子，或者以循环或随机的方式将不同的 ID 指定给连续的粒子。后一功能的最常见用法是使用多维 / 子对象材质，用于对每个粒子应用不同的材质。

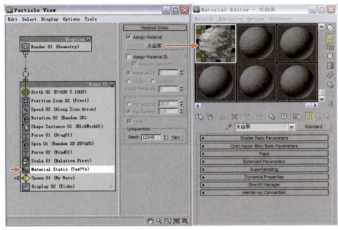

图 3-123 添加静态材质粒子事件

步骤 4 在主工具栏中单击 ⬚（渲染）工具，预览测试场景背景与粒子材质的效果，见图 3-124。

步骤 5 为火山顶部设置 Standard（标准）材质，再为 Specular Level（高光级别）赋予 Smoke（烟雾）类型、为 Bump（凹凸）赋予本书配套光盘中的"火山置换 .bmp"贴图，见图 3-125。

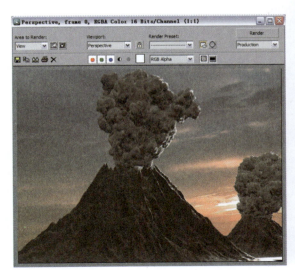

图 3-124 渲染背景与材质效果

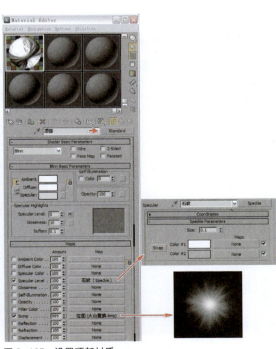

图 3-125 设置顶部材质

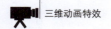

步骤 6　为火山底部设置 Blend（混合）材质，再设置 Material1（材质 1）为标准材质类型、Material2（材质 2）为标准材质类型、Mask（遮罩）为输出材质类型，见图 3-126。

步骤 7　选择一个新材质球，设置火山材质为 Top/Bottom（顶 / 底）材质类型，再将前面设置的顶部和底部材质分别拖拽至新材质的顶项目和底项目上，见图 3-127。

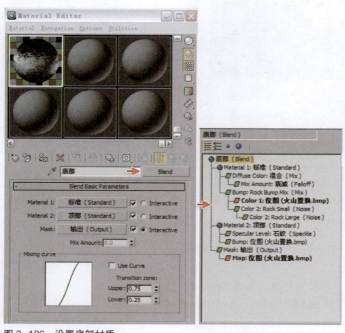

图 3-126　设置底部材质

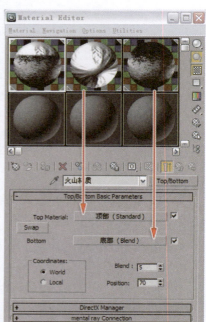

图 3-127　设置火山材质

步骤 8　在主工具栏中单击 ⚙（渲染）工具，预览测试火山材质的效果，见图 3-128。

图 3-128　渲染火山材质效果

总流程6　设置特效渲染

制作动画特效《浓烟火山》的第六个流程（步骤）是设置特效渲染，制作又分为3个流程（步骤）：①控制亮度对比度、②制作镜头效果、③制作模糊效果，见图3-129。

①控制亮度对比度　　　②制作镜头效果　　　③制作模糊效果

图3-129　设置特效渲染流程图（总流程6）

步骤1　在主工具栏中单击 （渲染设置）按钮，在 Render（渲染器）项目中设置 Filter（过滤器）为 Blend（混合），然后再设置全局超级采样为 Max 2.5 Star（星图案），见图3-130。

步骤2　在菜单中选择【Rendering（渲染）】→【Environment（环境）】命令，在弹出的环境对话框中单击 Add... 添加按钮选择 Brightness and Contrast（亮度与对比度）特效，然后设置 Brightness（亮度）为0.3、Contrast（对比度）为1，使火山场景的颜色层次更加强烈，见图3-131。

> **贴心提示**
>
> 混合过滤器可以在清晰区域和高斯柔化过滤器之间进行混合。

图3-130　设置渲染

图3-131　选择亮度与对比度特效

步骤3　在主工具栏中单击 （渲染）工具，预览测试亮度与对比度特效产生的效果，见图3-132。

步骤 4　在环境对话框中单击 Add...（添加）按钮选择 Lens Effects（镜头效果）特效，然后添加 Manual Secondary（手动二级光斑）效果，见图 3-133。

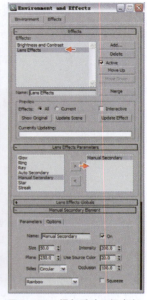

图 3-132　渲染特效效果　　　　　　　　　图 3-133　添加手动二级光斑

步骤 5　在主工具栏中单击 （渲染）工具，预览测试添加手动二级光斑的效果，见图 3-134。

步骤 6　在环境对话框中单击 Add...（添加）按钮选择 Blur（模糊）特效，然后将模糊类型设置为 Radial（径向型），设置 Pixel Radius（像素半径）为 3、Trail（拖痕）为 -100、X Origin（X 轴原点）为 250、Y Origin（Y 轴原点）为 220，见图 3-135。

图 3-134　渲染手动二级光斑效果　　　　　　图 3-135　设置模糊效果

步骤7 在主工具栏中单击 ⬜（渲染）工具，预览最终产生镜头模糊的效果，见图 3-136。

图 3-136　渲染最终模糊效果

第六节　范例制作 3-3　动画粒子特效《PF 粒子球》

一、范例简介

本例介绍在电视广告和电影特效中使用颇多的 PF 粒子球特效的制作流程、方法和实施步骤。范例制作中所需素材，位于本书配套光盘中的"范例文件 /3-3 PF 粒子球"文件夹中。

二、预览范例

打开本书配套光盘中的范例文件 /3-3 PF 粒子球 /3-3 PF 粒子球 .mpg 文件。通过观看视频了解本节要讲的大致内容，见图 3-137。

图 3-137　动画特效《PF 粒子球》预览效果

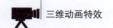

三、制作流程（步骤）及技巧分析

本例制作的特效 PF 粒子球主要使用 PF 粒子将角色与足球模型进行替换，完成角色是由多个粒子包裹，然后产生踢球的动画，足球被踢出又爆破出更多的粒子，制作总流程（步骤）分为 3 部分：第 1 部分为创建模型动画；第 2 部分为创建粒子动画；第 3 部分为设置场景渲染，见图 3-138。

①创建模型动画　　　　②创建粒子动画　　　　③设置场景渲染

图 3-138　动画特效《PF 粒子球》制作总流程（步骤）图

总流程 1　创建模型动画

制作动画特效《PF 粒子球》的第一个流程（步骤）是创建模型动画，制作又分为 3 个流程（步骤）：①制作基础模型、②匹配角色骨骼、③调节踢球动画，见图 3-139。

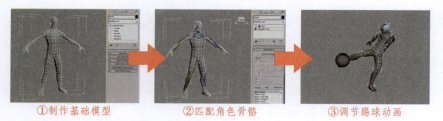

①制作基础模型　　　　②匹配角色骨骼　　　　③调节踢球动画

图 3-139　创建模型动画流程图（总流程 1）

步骤 1　对几何体进行 Edit Poly（编辑多边形）调节，编辑出男性人体的基础模型，见图 3-140。

步骤 2　在 ▓（创建）面板 ▓（系统）中单击 Biped （两足骨骼）按钮，然后在视图中角色的位置建立，见图 3-141。

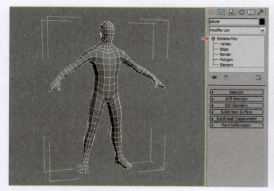

图 3-140　编辑人体模型

图 3-141　建立两足骨骼

步骤3 在◎（运动）面板开启两足骨骼的★（体形）按钮，然后选择最中心的骨骼与角色模型对齐，再按角色模型的姿态将骨骼进行角度调节，见图3-142。

步骤4 选择角色的模型，在✐（修改）面板中增加 Skin（蒙皮）修改命令，见图3-143。

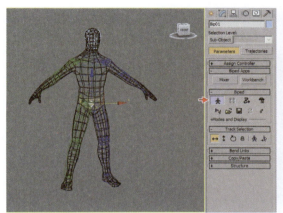

图3-142　对齐骨骼与模型

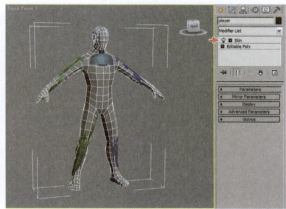

图3-143　增加蒙皮命令

步骤5 在 Skin（蒙皮）修改命令中单击 Add 按钮添加需要的所有骨骼，见图3-144。

步骤6 单击🕓（时间配置）按钮，在弹出的对话框中将帧速率设置为 PAL 制式，然后再设置动画的时间，见图3-145。

> **贴心提示**
>
> PAL 是中国使用的电视制式，默认状态为每秒25帧。

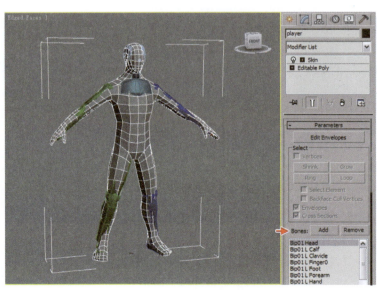

图3-144　添加骨骼

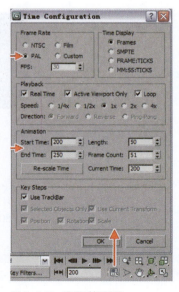

图3-145　设置时间配置

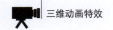

步骤7 设置骨骼从站立到踢球的动画，骨骼会自动影响角色模型产生动画，见图3-146。

步骤8 建立一个几何球体，然后设置球的动画与角色动作相匹配，见图3-147。

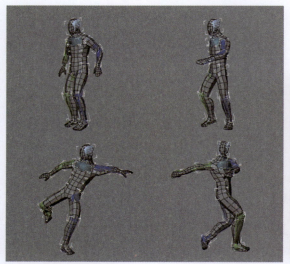

图3-146 设置骨骼动画

图3-147 设置球体动画

贴心提示

设置动画也可以直接载入.bip动作数据控制骨骼的动画，也可以将手工设置的动画存储为.bip动作数据，方便其他场景加载使用。

总流程2 创建粒子动画

制作动画特效《PF粒子球》的第二个流程（步骤）是创建粒子动画，制作又分为3个流程（步骤）：①制作人物与球粒子、②制作踢球散落粒子、③制作环境粒子，见图3-148。

①制作人物与球粒子　　　②制作踢球散落粒子　　　③制作环境粒子

图3-148 创建粒子动画流程图（总流程2）

步骤1 在 （创建）面板 （几何体）的粒子系统中选择 PF Source （粒子流）按钮，然后在"Perspective 透视图"中建立，设置Logo Size（标志大小）为20、Icon Type（图标类型）为Rectangle（长方形）、Length（长度）为60、Width（宽度）为60，见图3-149。

步骤2 选择Birth（出生）与Position Object（物体位置）项目，设置Emit Start（发射开始）为200、Emit Stop（发射停止）为200、Amount（数量）为600，然后开启Lock On Emitter（锁定发射器）项目，再添加Emitter Objects（发射器对象），见图3-150。

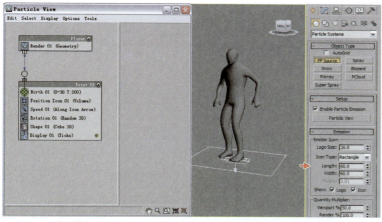

图 3-149 建立粒子流

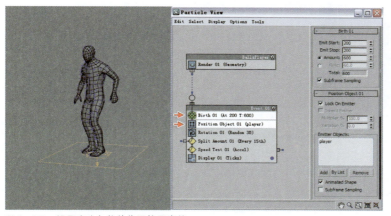

图 3-150 设置出生与物体位置粒子事件

步骤3 在粒子事件中添加 Split Amount（分裂数量）与 Speed Test（速度测试），然后设置测试值的 Every Nth Particle（每 N 个粒子）为 15、Test Value（测试值）为 197、Variation（变化）为 39，见图 3-151。

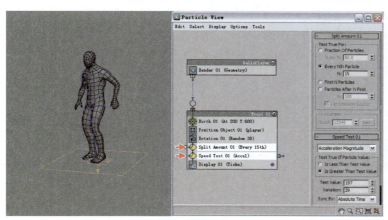

图 3-151 设置分裂数量与速度测试粒子事件

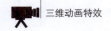

贴心提示

通过年龄测试操作符可以检查开始动画后是否已过了指定时间，某个粒子已存在多长时间，或某个粒子在当前事件中已存在多长时间，并相应导向不同分支。

步骤4　在粒子事件中添加 Display（显示）、Position Object（物体位置）与 Age Test（年龄测试），设置测试 Test Value（测试值）为 10、Variation（变化）为 40，然后开启 Lock On Emitter（锁定发射器）项目，再添加 Emitter Objects（发射器对象），见图 3-152。

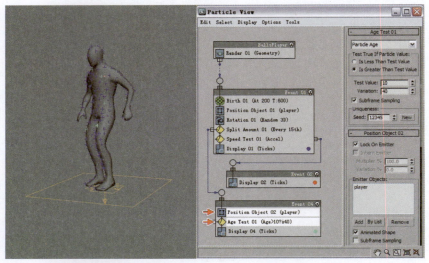

图 3-152　设置物体位置与年龄测试粒子事件

步骤5　设置两个 Display（显示）粒子事件的链接，一个 Display（显示）粒子事件链接给 Speed Test（速度测试），将另一个 Display（显示）粒子事件链接给 Split Amount（分裂数量），见图 3-153。

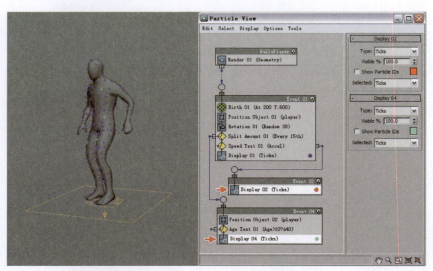

图 3-153　链接粒子事件

步骤6　在视图中可以看到粒子产生的效果，见图 3-154。

图3-154　视图粒子效果

步骤7　在粒子事件中添加 Cache（缓存），见图 3-155。

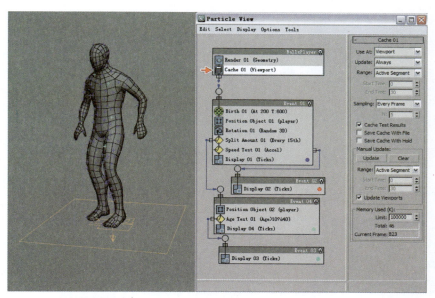

图3-155　添加缓存粒子事件

步骤8　在视图中建立一个几何球体，然后添加一个 Shape Instance（形状实例）粒子事件，设置 Partide Geometry Object（粒子几何体对象）为建立的几何球体，再设置 Number Of Shapes（图形数）的 Scale（比例）为 90、Variation（变化）为 25，见图 3-156。

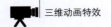

贴心提示

形状实例操作符允许将场景中的任一参考对象用作粒子。只能为每个事件定义一个有效参考对象，但此对象可以包含任意数量的子对象，粒子流可以将其中每个子对象作为单独粒子。此外，如果使用测试，可以将粒子流拆分为多个分支，并为每个分支定义不同的粒子图形。

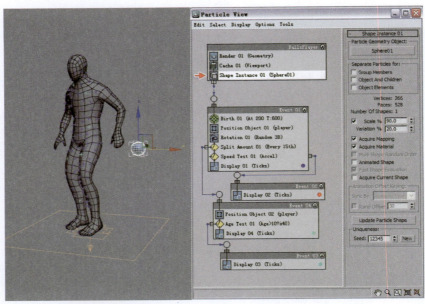

图 3-156　设置形状实例粒子事件

步骤9　在粒子事件中添加 Material Static（静态材质），再为静态材质指定设置的黄色渐变材质，见图 3-157。

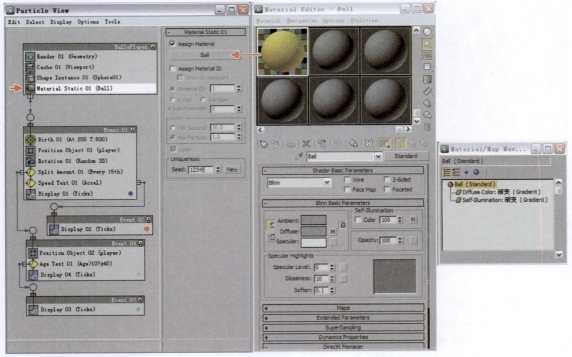

图 3-157　设置静态材质粒子事件

步骤 10 在主工具栏中单击 ⚙ （渲染）工具，预览测试场景中粒子产生的效果，见图 3-158。

步骤 11 在 ☀ （创建）面板 ≋ （空间扭曲）中选择力学中的 Gravity （重力）按钮，然后在视图中建立，使粒子产生垂落的效果，见图 3-159。

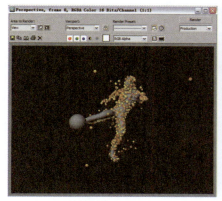

图 3-158　渲染粒子效果

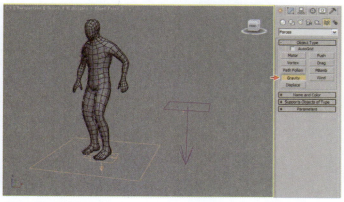

图 3-159　建立重力

步骤 12 在粒子事件中添加 Force（力），然后在力的 Force Space Warps（力空间扭曲）中添加重力，再设置 Influence（影响）为 200，见图 3-160。

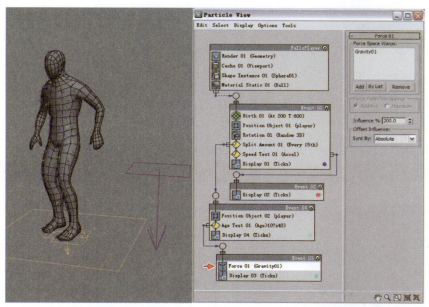

图 3-160　设置力粒子事件

步骤 13 设置角色身体的粒子后，再设置足球的粒子效果。选择 Birth（出生）与 Material Static（静态材质）项目，设置 Emit Start（发射开始）为 200、Emit Stop（发射停止）为 200、Amount（数量）为 200，然后再为静态材质指定设置的黄色渐变材质，见图 3-161。

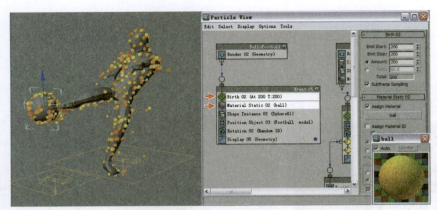

图 3-161　设置出生与静态材质粒子事件

步骤 14　设置足球粒子的 Position Object（物体位置）与 Shape Instance（形状实例）粒子事件，见图 3-162。

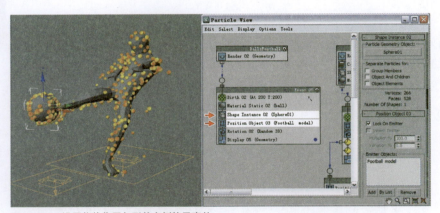

图 3-162　设置物体位置与形状实例粒子事件

步骤 15　设置足球粒子的 Rotation（旋转）与 Display（显示）粒子事件，见图 3-163。

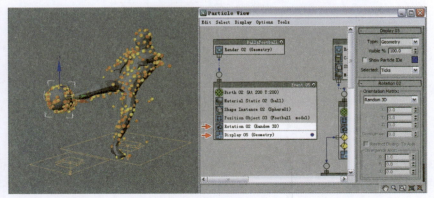

图 3-163　设置旋转与显示粒子事件

步骤16 选择角色的身体模型和足球模型，然后再单击鼠标右键进入 Object Properties（物体属性）面板，将 Renderable（渲染）项目关闭，使场景中只能看到粒子效果，见图3-164。

步骤17 在主工具栏中单击 （渲染）工具，预览测试当前设置粒子流的效果，见图3-165。

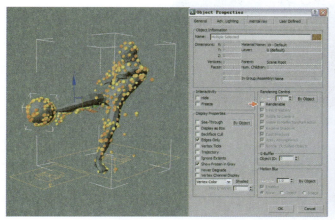

图3-164 关闭渲染项目

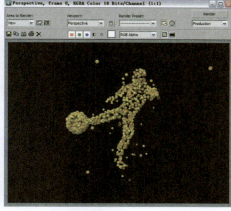

图3-165 渲染粒子效果

步骤18 足球被踢出没有产生扩散的效果，再次建立一个新的PF粒子发射器，然后在 Position Object（物体位置）粒子事件中添加 Emitter Objects（发射器对象）为足球，见图3-166。

> **贴心提示**
>
> 发射器对象可以指定用作粒子发射器的对象，此组中的列表显示了对象或参考几何体，操作符将其用做发射器。

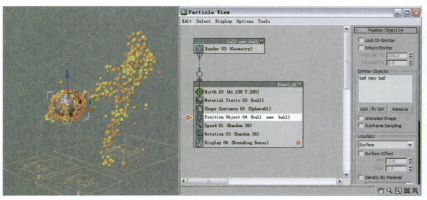

图3-166 建立 PF 粒子发射器

步骤19 在主工具栏中单击 （渲染）工具，预览测试足球产生粒子流扩散的效果，见图3-167。

步骤20 当前场景中只有角色与足球的粒子效果，再次建立一个新的 PF 粒子发射器，然后设置粒子事件作为周围的装饰粒子，见图3-168。

步骤21 在粒子事件中添加 Material Static（静态材质），再为静态材质指定设置周围装饰粒子的材质，见图3-169。

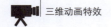

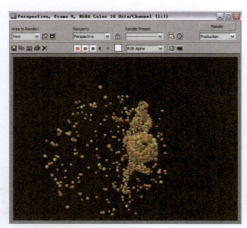

图 3-167　渲染粒子效果

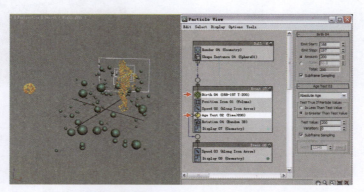

图 3-168　建立 PF 粒子发射器

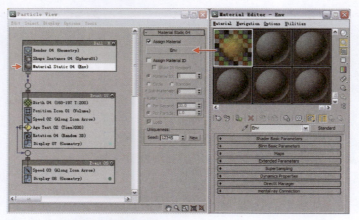

图 3-169　设置静态材质粒子事件

步骤 22　设置周围装饰粒子的 Diffuse Color（漫反射颜色）为渐变贴图、Opacity（透明）为衰减贴图，见图 3-170。

步骤 23　在主工具栏中单击 （渲染）工具，渲染最终场景的粒子流效果，见图 3-171。

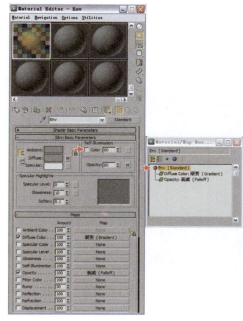

图 3-170　设置粒子材质

图 3-171　渲染最终粒子效果

总流程 3　设置场景渲染

　　制作动画特效《PF 粒子球》的第三个流程（步骤）是设置场景渲染，制作又分 3 个流程（步骤）：
①创建摄影机视图、②调节渲染背景材质、③设置渲染动画，见图 3-172。

①创建摄影机视图　　②调节渲染背景材质　　③设置渲染动画

图 3-172　设置场景渲染流程图（总流程 3）

　　步骤 1　在视图提示文字位置单击
鼠标右键，在弹出的菜单中选择 Show
Safe Frames（显示安全框）命令，得
到更加准确的视图与渲染构图，见图
3-173。

　　步骤 2　为场景建立摄影机，然后
在菜单中选择【Views（视图）】→【Create
Camera From View（从视图创建摄影
机）】命令，将摄影机与视图进行匹配，
见图 3-174。

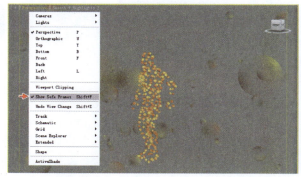

图 3-173　显示安全框

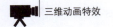

步骤3 调节摄影机的透视角度，然后在主工具栏中单击 ▣（渲染）工具，渲染为场景添加摄影机的效果，见图3-175。

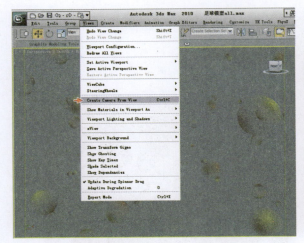

图3-174 从视图创建摄影机

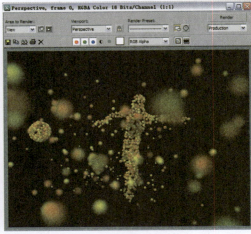

图3-175 渲染摄影机效果

步骤4 在菜单中选择【Rendering（渲染）】→【Environment（环境）】命令，在弹出的环境面板中赋予 Gradient（渐变）材质类型，见图3-176。

步骤5 在主工具栏中单击 ▣（渲染）工具，渲染添加背景的效果，见图3-177。

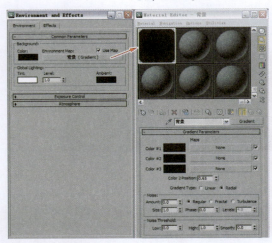

图3-176 设置环境材质

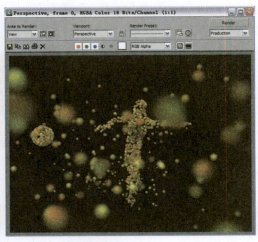

图3-177 渲染背景效果

贴心提示

米切尔·奈特拉瓦利是两个参数的过滤器，可以在模糊、圆环化和各向异性之间交替使用。如果圆环化的值设置大于0.5，则将影响图像的 Alpha 通道。

步骤6 在主工具栏中单击 ▣（渲染设置）按钮，在 Render（渲染器）项目中设置 Filter（过滤器）为 Mitchell-Netravali（米切尔·奈特拉瓦利），然后再设置全局超级采样为 Hammersley（哈默斯利），见图3-178。

步骤7 设置渲染输出的文件路径、文件名称和文件格式，最终渲染完成的动画效果见图3-179。

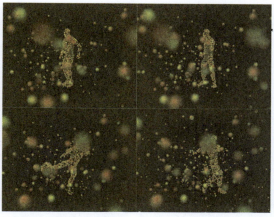

图 3-178　设置渲染　　图 3-179　渲染动画效果

本章小结

　　本章用图文并茂的方式，讲解了 **3ds Max** 中的空间扭曲和粒子系统的原理、功能和用法。空间扭曲包括力空间扭曲、导向器空间扭曲和几何 / 可变形空间扭曲；粒子系统包括 **PF** 粒子流、喷射粒子、雪粒子、暴风雪粒子、粒子云、粒子阵列和超级喷射粒子；特效范例《神秘粒子》、《浓烟火山》和《**PF**粒子球》将空间扭曲和粒子系统的功能进行了综合应用，以便使读者快速学习和掌握像火山爆发、喷泉等特效的制作流程、方法和具体步骤。

本章作业

一、举一反三

　　通过对本章的基础知识和范例的学习，希望读者可以举一反三，自己动手制作很多类别的动画特效，比如"烟雾"、"喷水"、"爆炸"、"旋风"、"下雪"等，以充分理解和掌握本章的主要内容。

二、练习与实训

项目编号	实训名称	实训页码
实训 3-1	动画粒子特效《喷泉》	见《动画特效实训》P23
实训 3-2	动画粒子特效《消防栓》	见《动画特效实训》P26
实训 3-3	动画粒子特效《燃气灶》	见《动画特效实训》P29
实训 3-4	动画粒子特效《燃烧香烟》	见《动画特效实训》P32
实训 3-5	动画粒子特效《机器爆炸》	见《动画特效实训》P35
实训 3-6	动画粒子特效《折叠激光》	见《动画特效实训》P38

　　＊详细内容与要求请看配套练习册《动画特效实训》。

4

reactor动力学特效技法

关键知识点
- reactor 的分布位置
- 动力学集合
- 辅助力学对象
- reactor 工具

内容提要

本章由 8 节组成。主要讲解 3ds Max 中的 reactor 动力学系统中的分布位置、动力学集合、辅助力学对象、reactor 工具的理论知识、基本原理和运用方法,动画特效《毛绒布料》和《滚落篮球》的制作流程、方法和具体步骤。最后是本章小结和本章作业。

本章教学环境:多媒体教室、软件平台 3ds Max
本章学时建议:23 学时(含 14 学时实践)

第一节　艺术指导原则

　　reactor 动力学系统可以使动画师和美术师能够轻松地控制并模拟复杂物理场景，支持完全整合的刚体 / 软体动力学，布料模拟和流体模拟，可以模拟关联物体的约束，还可以模拟诸如风和马达之类的物理行为，从而创建丰富的动态环境，见图 4-1。

图 4-1　reactor 动力学系统

　　一旦在 3ds Max 中创建了对象，就可以用 reactor 向其指定物理属性。这些属性可以包括诸如质量、摩擦力和弹力之类的特性。对象可以是固定的、自由的、连在弹簧上的，或者使用多种约束连在一起。通过给对象指定物理特性，可以快速简便地进行真实场景的建模。之后可以对这些对象进行模拟以生成在物理效果上非常精确的关键帧动画。

　　设置好 reactor 场景后，可以使用实时模拟显示窗口对其进行快速预览，允许交互式测试和播放场景。可以改变场景中所有物理对象的位置，以大幅度减少设计时间。通过一次按键操作把该场景传输回 3ds Max，同时保留动画所需的全部属性。

　　reactor 让制作人员不必再手动设置耗时的二级动画效果，如爆炸的建筑物和悬垂的窗帘。reactor 还支持诸如关键帧和蒙皮之类的所有标准 3ds Max 功能，因此可以在相同的场景中同时使用常规和物理动画，诸如自动关键帧减少之类的方便工具，使制作人员能够在创建动画之后调整和改变其在物理过程中生成的部分。

第二节　reactor 的分布位置

　　reactor 的分布位置主要有命令面板、reactor 工具栏、Animation 菜单、reactor 四元菜单、辅助对象图标。

一、命令面板

　　可以使用 ☀（创建）面板 ◎（辅助对象）查找大多数 reactor 对象，见图 4-2。

图 4-2　辅助对象下的 reactor 动力学对象

　　使用 ☀（创建）面板 ≋（空间扭曲）下的 reactor 选项，其中还有一个空间扭曲（用于水），见图 4-3。

　　一旦创建了 reactor 对象并选择对象，然后打开 ◢（修改）面板就可以对其属性进行设置，见图 4-4。

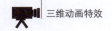

还有 3 个 reactor 修改器，用来对可变形体进行模拟，见图 4-5。

在命令面板中可以找到大多数 reactor 功能。在这里可以访问诸如预览模拟、更改世界、显示参数和分析对象凸面性之类的功能。使用它还能查看和编辑与场景中的对象相关联的刚体属性，见图 4-6。

图 4-3　空间扭曲下的 reactor 动力学选项

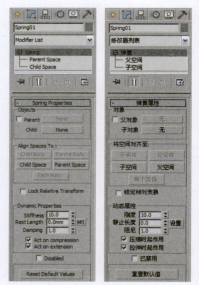

图 4-4　修改面板

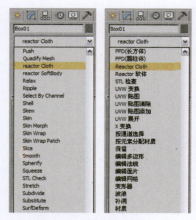

图 4-5　reactor 动力学修改器

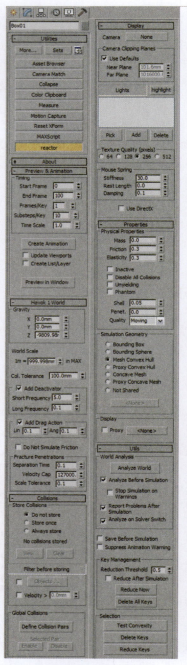

图 4-6　命令面板

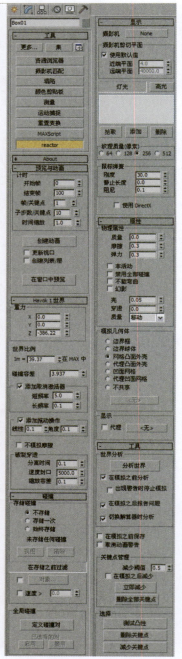

二、reactor 工具栏

　　reactor 工具栏是访问动力学诸多功能的一种便捷方式，其中的按钮用于快速创建约束和其他辅助对象、显示物理属性、生成动画以及运行实时预览，见图 4-7。

三、reactor 菜单

　　在菜单中选择【Animation（动画）】→【reactor（动力学）】命令，是访问 reactor 功能的另一种方法，见图 4-8。

图 4-7　reactor 动力学工具栏

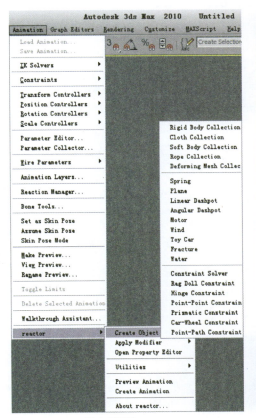

图 4-8　reactor 动力学菜单

四、reactor 四元菜单

　　访问动力学选项的一种更快捷方法是 reactor 四元菜单。按住"Shift+Alt"键的同时在任意视图中单击鼠标右键，可以弹出 reactor 的四元菜单，见图 4-9。

五、辅助对象图标

正如在开始使用动力学时看到的，很多 reactor 元素（例如约束和刚体集合）都有其自身的特殊辅助对象图标，当把它们添加到场景中时，这些图标就会出现在视图中，见图 4-10。

图 4-9   reactor 动力学四元菜单   图 4-10   辅助对象图标

虽然辅助对象图标不会出现在渲染的场景中，但图标的外观（在某些情况下，指其位置和方向）将帮助制作人员正确设置 reactor 场景。

视图中所有选定的 reactor 图标都是白色的，选定的图标要比未选定的图标大，且使用所提供的显示选项可以进一步缩放。未被选定时，有效元素的图标将为蓝色，无效元素的图标为红色。有效性的构成取决于特定的 reactor 元素，如果铰链上附加有正确的对象数目，则它就是有效的。无效元素不会包含在模拟中，并会作为错误加以报告。某些图标会提供有关元素在模拟中行为方式的附加信息。例如，有效铰链的显示会表明铰链的位置、铰链轴（被选定时）以及针对铰链连接体的移动所指定的任何限制。

第三节   动力学集合

动力学集合包括了刚体、布料、柔体等集合。通过 reactor 动力学工具条进行创建，见图 4-11。

图 4-11   reactor 动力学
工具条

一、刚体集合

刚体集合（Rigid Body Collection）是一种作为刚体容器的 reactor 辅助对象。在场景中添加了刚体集合，就可以将场景中的任何有效刚体添加到集合中。当运行模拟时，软件将检查场景中的刚体集合，如果没有禁用集合，会将它们包含的刚体添加到模拟中。在较低级别，集合也允许指定用于解决该集合中实体的刚体行为的数学方法。

刚体是 reactor 模拟的基本构建块，其外形不会改变任何真实对象，可以使用 3ds Max 场景中的任何几何体创建刚体。reactor 随后会指定该对象将在模拟中所拥有的属性，如质量、摩擦力，或者该实体是否可与其他刚体相碰撞。还可以使用铰链和弹簧之类的约束限制刚体在模拟中可能出现的移动，刚体效果见图 4-12。

图 4-12　刚体效果

二、布料集合

布料集合（Cloth Collection）是一个 reactor 辅助对象，用于充当布料对象的容器。在场景中添加了布料集合，场景中的所有布料对象（带布料修改器的对象）都可添加到该集合中。在运行模拟时，将检查场景中的布料集合，如果这些集合未禁用，则集合中包含的布料对象将被添加到模拟中。

reactor 中的布料对象是二维的可变形体。可以利用布料对象模拟旗帜、窗帘、衣服（如裙子、帽子和衬衫等）以及横幅，还可以模拟一些类似纸张和金属片的材质，布料效果见图 4-13。

三、软体集合

软体集合（Soft Body Collection）是一个 reactor 辅助对象，用于充当软体的容器。将软体集合添加到场景中后，场景中的所有软体均可以添加到该集合中。在运行模拟时，将检查场景中的软体集合，如果没有禁用集合，集合中包含的软体将被添加到模拟中。

软体是三维的可变形体，软体与布料的主要区别是软体有形状的概念，即软体在某种程度上会尝试保持其最初的形状。可以使用软体模拟如水皮球、水袋、果冻和水果等软而湿的对象。如果向对象和角色（如松软的耳朵、鼻子、尾巴等）添加逼真的二级运动，软体也很有用。

模拟软体有两种方法：基于网格的方法使用网格中的顶点进行操作；FFD 软体则操纵 FFD 栅格中的控制点。根据对象的复杂性以及所需的效果，可以使用任意一种方法，软体效果见图 4-14。

图 4-13　布料效果

图 4-14　软体效果

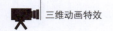

四、绳索集合

绳索集合（Rope Collection）是一个 reactor 辅助对象，用于充当绳索的容器。将绳索集合添加到场景中后，场景中的所有绳索均可以添加到该集合中。在运行模拟时，将检查场景中的绳索集合，如果没有禁用集合，集合中包含的绳索将被添加到模拟中。

绳索是一维的可变形体，可以使用绳索来模拟粗绳、细绳、头发等，绳索必须加到绳索集合中，才能进行模拟，绳索效果见图 4-15。

图 4-15 绳索效果

五、变形网格集合

变形网格集合（Deforming Mesh Collection）是一个 reactor 辅助对象，可充当变形网格的容器。将变形网格集合添加到场景中后，场景中的所有变形网格均可以添加到该集合中。在运行模拟时，将检查场景中的变形网格集合，如果没有禁用集合，集合中包含的变形网格将被添加到模拟中。

变形网格是其顶点行为已设置关键帧的网格。带蒙皮的角色的蒙皮（其中的所有变形来自于基本的动画角色装备）可以作为 reactor 中的变形网格使用，变形网格效果见图 4-16。

图 4-16 变形网格效果

第四节 辅助力学对象

辅助力学对象包括了风、水、平面等。通过 reactor 动力学工具条进行创建，见图 4-17。

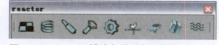

图 4-17 reactor 辅助力学对象工具条

一、平面

reactor 平面对象是一种刚体。在模拟操作中，用做固定的无限平面，不应将它与标准的 3ds Max 平面相混淆，reactor 平面只在一个方向发挥作用，这表示从错误方向接近平面的刚体将直接通过此平面，当然也可以使用两个相反的平面。可以检查平面法线的指向，此方向在图标中显示为箭头，并且指向远离平面的固体表面的方向。此平面本身在图标中显示为平面栅格，创建图标见图 4-18。

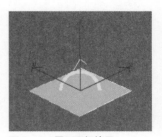

图 4-18　平面图标效果

二、弹簧

弹簧辅助对象可用于在模拟的两个刚体之间创建弹簧，或在刚体和世界空间中的一点之间创建弹簧。在模拟过程中，弹簧会向相连的实体施加作用力，试图保持其静止长度。

通过指定弹簧的刚度、阻尼和静止长度来配置其行为。reactor 允许选择弹簧是在受拉力（附着点被拉开）时还是在受压力（附着点被推近）时起作用，或在两种情况下都起作用（默认设置）。在受拉时起作用的弹簧的行为方式就好像将对象与橡皮圈相连一样，创建图标见图 4-19。

图 4-19　弹簧图标效果

三、线性缓冲器

利用线性缓冲器，可以在模拟中将两个刚体约束在一起，或将一个实体约束于世界空间中的一点。其行为方式与静止长度为 0 且阻尼很大的弹簧相似。可以指定缓冲器的强度和阻尼，以及是否禁止附着实体之间发生碰撞。

reactor 可以在每个实体的局部空间中指定缓冲器附着点。在模拟过程中，缓冲器将推力作用于附着实体上，试图让这些点在世界空间中匹配，从而将实体保持在相对于彼此的同一位置。实体仍然可以自由地绕附着点旋转，创建图标见图 4-20。

图 4-20　线性缓冲器图标效果

四、角度缓冲器

可以使用角度缓冲器来约束两个刚体的相对方向，或约束刚体在世界空间中的绝对方向。当模拟时，缓冲器将角冲量作用于其附着的实体，试图保持对象之间的指定旋转。可以指定缓冲器的强度和阻尼，以及是否禁止系统实体之间发生碰撞。

角度缓冲器有两套轴作为子对象，对于双实体的缓冲器，它们被指定为缓冲器实体的偏移旋转。对于单实体的缓冲器，一个子对象是偏移旋转，另一个是世界旋转。在模拟中，缓冲器设法为这些轴保持公共旋转，创建图标见图 4-21。

图 4-21　角度缓冲器图标效果

图4-22 马达图标效果

图4-23 风图标效果

图4-24 玩具车图标效果

图4-25 破裂图标效果

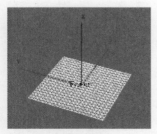

图4-26 水图标效果

五、马达

马达辅助对象允许将旋转力应用于场景中任何非固定刚体，可以指定目标角速度以及马达用于实现此速度的最大角冲量。

默认情况下，场景中所有有效的马达都会添加到模拟中，因此不必将马达显示添加到模拟中。如果马达的刚体属性已被设置为场景中有效的刚体，则此马达有效。没有选定时，无效的马达在视图中呈现为红色，创建图标见图4-22。

六、风

使用风（Wind）辅助对象可以向 reactor 场景中添加风效果，将该辅助对象添加到场景中后，可以配置效果的各种属性，可以设置大多数参数的动画。辅助对象图标的方向指示风的方向，即沿着风向标箭头的方向吹。还可以通过设置图标方向的动画，来设置此方向的动画，创建图标见图4-23。

七、玩具车

reactor 玩具车是创建和模拟简单车型的快速而有效的方法，使用此方法不必手动分别设置每个约束。玩具车辅助对象允许选择车的底盘和车轮，调整各种属性（如其悬挂的强度）以及指定模拟期间是否用 reactor 转动车轮。reactor 会设置模拟此车的所有必要约束，创建图标见图4-24。

八、破裂

破裂辅助对象碰撞后刚体断裂为许多较小碎片的情形，为此需要提供粘合在一起的碎片以创建整个对象。破裂辅助对象组成部分的多个刚体可聚集为单个实体。

当属于破裂辅助对象的刚体与另一实体发生碰撞时，会对碰撞信息进行分析，如果超过阈值，会将刚体从破裂辅助对象中移除。刚体被移除后，它就可以独立于破裂对象进行移动，并可与仍为破裂对象组成部分的刚体自由碰撞，创建图标见图4-25。

九、水

可以使用水（Water）空间扭曲在 reactor 场景中模拟液面的行为，可以指定水的大小以及密度、波速和粘度等物理属性。无须将水添加到任何种类的集合，它即可参与模拟。不过，尽管水会出现在预览窗口中，但是除非将扭曲空间绑定到平面或其他几何体上，否则不会出现在渲染的动画中，创建图标见图4-26。

第五节　约束

使用 reactor 可以简单地将刚体属性指定给对象并将这些对象添加到刚体集合中，从而轻松创建简单物理模拟。当运行模拟时，对象可以从空中降落、互相滑动、相互反弹等。当要模拟真实世界场景时需要使用约束。使用约束可以限制对象在物理模拟中可能出现的移动。根据使用的约束类型，可以将对象铰接在一起，或用弹簧将它们连在一起（如果对象被拉开的话，弹簧会迅速恢复），甚至可以模拟人体关节的移动。可以使对象彼此约束，或将其约束到空间中的点。

约束用于人为指定对象移动的限制。如果没有约束，对象的移动仅由碰撞和变形限制。

约束包括了车轮约束、碎布玩偶约束、点到路径约束等。通过 reactor 动力学工具条进行创建，见图 4-27。

图 4-27　reactor 动力学工具条

一、约束解算器

约束解算器在特定刚体集合中充当合作式约束的容器，并为约束执行所有必要的计算以协同工作。

若要在场景中对合作式约束进行模拟，必须将这些约束包括在有效约束解算器中，且包含的任何刚体应在与此解算器关联的刚体集合中。要使约束解算器有效，应将此解算器与有效刚体集合关联，创建图标见图 4-28。

二、碎布玩偶约束

碎布玩偶约束可用于模拟实际的实体关节行为，一旦确定关节应具备的移动程度，就可通过指定碎布玩偶约束的限制值来进行建模，创建图标见图 4-29。

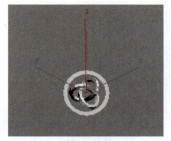

图 4-28　约束解算器图标效果

图 4-29　碎布玩偶约束图标效果

三、铰链约束

铰链约束可以在两个实体之间模拟类似铰链的动作，reactor 可在每个实体的局部空间中按位置和方向指定一根轴。模拟时，两根轴会试图匹配位置和方向，创建一根两个实体均可围绕其旋转的轴，创建图标见图 4-30。

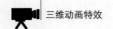

四、点到点约束

点到点约束可将两个对象连在一起，或将一个对象附着至世界空间的某点。强制对象设法共享空间中的一个公共点，对象可相对自由旋转，但始终共用一个附着点。设置点到点约束时，涉及到的每个对象的对象空间定义该点。模拟期间，点到点约束会设法为对象施加力，以便由两个对象定义的两个轴点相匹配，创建图标见图4-31。

五、棱柱约束

棱柱约束是一种两个刚体之间、或刚体和世界之间的约束，它允许其实体相对于彼此仅沿一根轴移动、旋转，其余两根平移轴都被固定，创建图标见图4-32。

图 4-30 铰链约束图标效果　　　　图 4-31 点到点约束图标效果　　　　图 4-32 棱柱约束图标效果

六、车轮约束

车轮约束将轮子附着至另一个对象，可将轮子约束至世界空间中的某个位置。模拟期间，轮子对象可围绕在每个对象空间中定义的自旋轴自由旋转。同时可将轮子沿悬挂轴进行线性运动，也可将限制添加至轮子沿该轴移动。约束的子实体始终充当轮子，而父实体充当底盘。

车轮约束也具有自旋参数，如果这些值非零，在模拟期间约束会旋转轮子。若要将车轮约束添加至模拟，需要将其添加至有效的约束解算器，创建图标见图4-33。

七、点到路径约束

点到路径约束用于约束两个实体，使子实体可以沿相对于父实体的指定路径自由移动。也可创建一个单实体的约束，其中约束的实体可以沿世界空间中的路径移动，子实体的方向不受此约束的限制，创建图标见图4-34。

图 4-33 车轮约束图标效果　　　　图 4-34 点到路径约束图标效果

第六节　reactor工具

动力学的许多功能都可以通过reactor工具进行控制。通过reactor工具卷展栏可以调节预览模拟、更改世界参数和显示参数以及分析对象的凸度等。还可以查看和编辑与场景中的对象关联的刚体属性，见图4-35。

图4-35　reactor 动力学工具卷展栏

一、预览与动画卷展栏

通过预览与动画（Preview & Animation）卷展栏可以运行和预览 reactor 模拟，并指定模拟的计时参数，预览与动画卷展栏见图4-36。

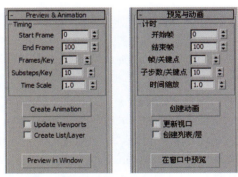

图4-36　预览与动画卷展栏

- Start Frame（开始帧）：设置要模拟或预览的场景的开始时间，reactor 需要在固定时点访问 3ds Max 中的对象。
- End Frame（结束帧）：生成的 reactor 模拟的结束帧。
- Frames/Key（帧 / 关键点）：reactor 创建的关键帧所间隔的帧数。
- Substeps/Key（子步数 / 关键点）：每个关键帧的 reactor 模拟子步长数。值越大，模拟越精确。
- Time Scale（时间缩放）：参数将模拟中的时间与 3ds Max 中的时间相对应。更改数值，可以人为地减慢或加快动画速度。
- Create Animation（创建动画）：单击此按钮可以运行物理模拟，并创建 3ds Max 关键帧。

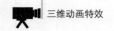

- Preview in Window（在窗口中预览）：在预览窗口中预览模拟的场景。

二、世界卷展栏

通过世界（World）卷展栏可以为模拟的世界设置强度和方向、世界的比例以及对象相互碰撞等参数，世界卷展栏见图 4-37。

- Gravity（重力）：使用世界单位数指定，定义场景中的对象因重力产生的加速度。

- World Scale（世界比例）：指定表示 reactor 世界中 1 米的 3ds Max 单位数距离，从而确定模拟中的每个对象的大小。

- Collision Tolerance（碰撞容差）：reactor 在每个模拟步骤中执行的任务之一就是检测场景中的对象是否发生碰撞，然后相应地更新场景。

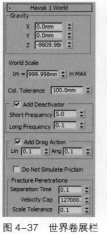

图 4-37 世界卷展栏

- Add Deactivator（添加取消激活器）：启用选项后，可以用取消激活器加入模拟。取消激活器将跟踪模拟中的对象，以及取消激活认为处于空闲状态的对象。

- Add Drag Action（添加拖动操作）：将阻力操作添加到系统可以确保刚体受持续阻力的影响。可降低线速度和角速度，使对象更快地停下来。

- Fracture Penetrations（破裂穿透）：用于调整模拟破裂对象的方式。

三、碰撞卷展栏

碰撞（Collisions）卷展栏可存储场景中的碰撞详细信息，并且可以启用或禁用对指定对象的碰撞检测。模拟时，禁用碰撞的对象只能相互穿越，碰撞卷展栏见图 4-38。

- Define Collision Pairs（定义碰撞对）：单击此按钮可以打开 Define Collision 对话框，可以启用或禁用指定对象之间的碰撞检测。在模拟时，禁用碰撞的对象只能相互穿越。Entities（实体）：列出场景中的 reactor 实体的名称。选择一个对象后，将相对于场景中其他实体为该对象填充实施和禁用列表。Enable（实施）：此列表中的任何对象均启用了碰撞。Disable（禁用）：此列表中的任何对象均禁用了碰撞。

图 4-38 碰撞卷展栏

四、显示卷展栏

显示（Display）卷展栏可以指定预览模拟时的显示选项，包括摄影机和照明，显示卷展栏见图 4-39。

- Camera（摄影机）：单击此按钮，然后从作为显示初始视图的视图中拾取摄影机，所选摄影机的名称将出现在该按钮上。
- Lights（灯光）：此列表框包含将加入场景的灯光。如果此列表为空，将使用摄影机的闪光灯，从预览窗口中也可以打开闪光灯。最多可以组合六个泛光灯或聚光灯，来创建场景中的照明。使用 Pick（拾取）按钮从场景中拾取灯光，也可使用 Add（增加）按钮从场景中的可用灯光列表中添加灯光。要将灯光从此列表中移除，在列表中选择相应灯光，然后单击 Delete（删除）按钮。

图 4-39 显示卷展栏

- Texture Quality（纹理质量）：定义为在显示中使用而生成的纹理的大小。
- Stiffness（刚度）：鼠标弹簧的刚度，默认值为 30。如果鼠标弹簧过硬，就可以将一个对象拖到另一个对象中。
- Rest Length（静止长度）：鼠标弹簧的静止长度，默认值为 0。
- Damping（阻尼）：鼠标弹簧的阻尼值。

五、辅助工具卷展栏

reactor 提供了许多有用的工具，可以用于分析和优化模拟。通过 Utils（辅助工具）卷展栏可以激活工具进行使用，辅助工具卷展栏见图 4-40。

- Analyze World（分析世界）：从创建模拟开始，如果在建立模拟时发现任何错误，这些错误会在对话框中报告。在创建模拟时，总是会执行这些错误检查，如果其中的任何测试失败，模拟将无法继续。
- Analyze Before Simulation（在模拟之前分析）：选择此选项后，在预览或运行模拟之前，总是会调用分析世界。
- Report Problems After Simulation（在模拟之后报告问题）：选定此复选框，在模拟之后将报告模拟期间检测到的问题。

图 4-40 辅助工具卷展栏

- Save Before Simulation（在模拟之前保存）：选择此选项后，场景将总是在模拟之前保存。
- Reduction Threshold（减少阈值）：指定减少关键点的程度。
- Reduce After Simulation（在模拟之后减少）：每次模拟时自动减少关键帧。
- Reduce Now（立即减少）：减少模拟中所有刚体的关键帧。
- Delete All Keys（删除全部关键点）：删除模拟中所有刚体的所有关键帧。

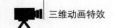

- Test Convexity（测试凸面性）：在选择模拟几何体之前，对视图中当前选定对象执行凸面性测试，以检查对象是凸面的还是凹面的。
- Delete Keys（删除关键点）：删除视图中当前选定对象的所有关键帧。
- Reduce Keys（减少关键点）：减少视图中当前选定对象的关键帧。

六、属性卷展栏

通过属性（Properties）卷展栏可以指定刚体的物理属性，属性卷展栏见图4-41。

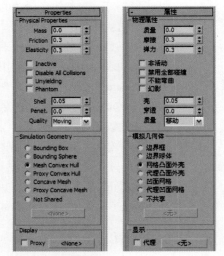

图4-41　属性卷展栏

- Mass（质量）：刚体的质量控制该对象与其他对象的交互方式。当将其质量设置为0（默认值）时，对象将在模拟过程中保持空间上的固定。
- Friction（摩擦）：对象表面的摩擦系数，影响刚体相对于与其接触表面的移动平滑程度。
- Elasticity（弹力）：控制碰撞对刚体速度的作用。
- Inactive（非活动）：启用后，刚体会在一个非活动状态下开始进行模拟。
- Disable All Collisions（禁用全部碰撞）：启用后，对象不会和场景中的其他对象发生碰撞。
- Unyielding（不能弯曲）：启用后，刚体的运动源自已经存在于3ds Max中的动画，而非物理模拟。模拟中的其他对象可以和它发生碰撞，并对其运动作出反应，它的运动只受3ds Max中当前动画的控制，reactor不会创建关键帧。
- Phantom（幻影）：启用后，对象在模拟中没有物理作用。
- Shell（壳）：刚体的质量控制该对象与其他对象的交互方式。
- Penet（穿透）：reactor允许的突起数量，它会影响刚体相对于与其接触表面的移动平滑程度。
- Quality（质量）：控制碰撞对刚体速度的作用。
- Bounding Box（边界框）：将对象作为长方体进行模拟。
- Bounding Sphere（边界球体）：将对象作为隐含的球体进行模拟。球体以对象的轴点为中心，然后用最小的体积围住对象的几何体。
- Mesh Convex Hull（网格凸面外壳）：对象的几何体会使用一种算法，该算法会使用几何体的顶点创建一个凸面几何体，并完全围住原几何体的顶点。
- Proxy Convex Hull（代理凸面外壳）：使用另一个对象的凸面外壳作为对象在模拟中的物理表示。
- Concave Mesh（凹面网格）：使用对象的实际网格进行模拟。
- Proxy Concave Mesh（代理凹面网格）：使用另一个对象的凹面网格作为对象的物理表示。
- Not Shared（不共享）：选项仅在选择多个设置不同的对象时才会显示。
- Proxy（代理）：启用后，刚体的显示体取自于用代理拾取按钮指定的对象。在预览窗口中，将显示选定的代理几何体，而不是该对象。

第七节　范例制作 4-1　动力学特效《毛绒布料》

一、范例简介

　　本例讲解使用动力学系统和毛发修改命令制作特效《毛绒布料》的流程、方法和实施步骤。范例制作中所需素材，位于本书配套光盘中的"范例文件 /4-1 毛绒布料"文件夹中。

二、预览范例

　　打开本书配套光盘中的范例文件 /4-1 毛绒布料 /4-1 毛绒布料 .mpg 文件。通过观看视频了解本节要讲的大致内容，见图 4-42。

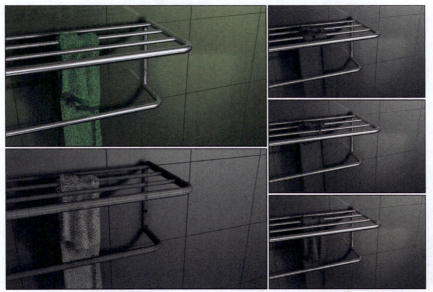

图 4-42　动画特效《毛绒布料》预览效果

三、制作流程（步骤）及技巧分析

　　本例制作时主要使用动力学系统设置毛巾的动画，然后配合毛发修改命令制作出毛巾表面的毛绒效果，最后完成毛绒布料动画效果，制作总流程（步骤）分为 3 部分：第 1 部分为创建布料；第 2 部分为制作布料动画；第 3 部分为添加毛发效果，见图 4-43。

①创建布料　　　　　②制作布料动画　　　　　③添加毛发效果

图 4-43　动画特效《毛绒布料》制作总流程（步骤）图

四、具体操作

总流程 1　创建布料

制作动画特效《毛绒布料》的第一个流程（步骤）是创建布料，制作又分为 3 个流程：①导入场景模型、②创建布料模型、③设置布料状态，见图 4-44。

①导入场景模型　　②创建布料模型　　③设置布料状态

图 4-44　创建布料流程图（总流程 1）

步骤 1　打开 Autodesk 3ds Max 软件，导入配套光盘中 "4-1 毛绒布料 .max" 毛巾架模型，也可以使用多边形和几何体制作墙壁与毛巾架模型，见图 4-45。

步骤 2　设置瓷砖与金属架的材质，然后在主工具栏中单击 ⬜（渲染）工具，预览制作完成的模型效果，见图 4-46。

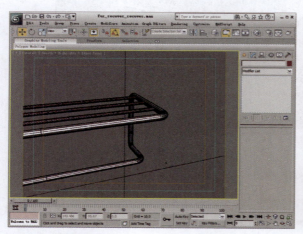

图 4-45　导入场景模型

图 4-46　渲染模型效果

> **贴心提示**
>
> 布料集合是一个 reactor 辅助对象，用于充当布料对象的容器。在场景中添加了布料集合后，就可以将场景中的布料对象添加到该集合中。

步骤 3　在 ✳（创建）面板 ◯（几何体）中选择 Plane （平面）按钮，然后在 "Perspective 透视图" 中建立，设置 Length（长度）为 80、Width（宽度）为 200、Length Segs（长度段数）为 20、Width Segs（宽度段数）为 40，作为模拟布料的物体，见图 4-47。

步骤 4　在 ✳（创建）面板 ◢（辅助对象）中单击 reactor 动力学模块下的 CLCollection （布料集合）命令，然后在视图中再建立布料集合，见图 4-48。

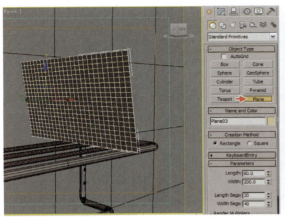

图 4-47 建立平面物体

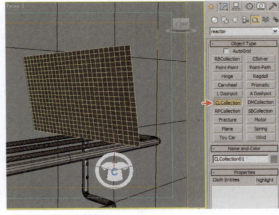

图 4-48 建立布料集合

步骤5 选择模拟布料的物体，在 （修改）面板中为其添加 reactor Cloth（动力学布料）修改命令，见图 4-49。

步骤6 选择布料集合并在 （修改）面板中单击 Add... （添加）按钮，将创建模拟布料的物体添加到布料集合，见图 4-50。

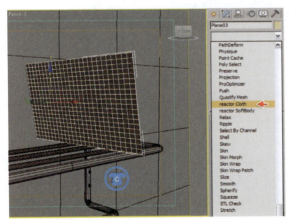

图 4-49 添加动力学布料命令

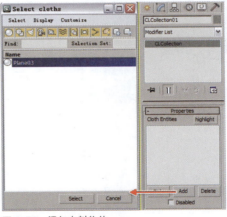

图 4-50 添加布料物体

步骤7 在 （程序）面板中展开 reactor 动力学卷展栏，在 Preview & Animation（预览与动画）卷展栏中单击 Preview in Window （预览窗口）按钮，见图 4-51。

步骤8 在弹出的预览窗口中使用键盘上的"P"键播放动画，观察布料下落的动画效果，见图 4-52。

步骤9 在 （创建）面板 （辅助对象）中单击 reactor 动力学模块下的 RBCollection （刚体集合）命令，然后在视图中建立刚体集合，见图 4-53。

步骤10 选择刚体集合并在 （修改）面板中单击 Add... （添加）按钮，将与布料物体产生碰撞的模型添加到刚体集合中，见图 4-54。

> **贴心提示**
>
> 从 3ds Max 中预览动力学模拟非常实用，预览窗口能够实时查看模拟并与之交互。可以在预览中运行模拟，使用鼠标与场景中的对象交互以及使用预览中的当前状态更新 3ds Max 中的对象。

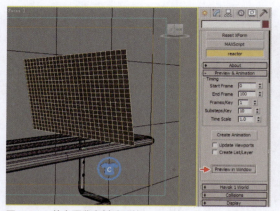

图 4-51　单击预览布料动画按纽

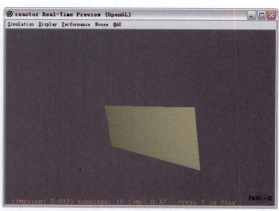

图 4-52　打开预览窗口

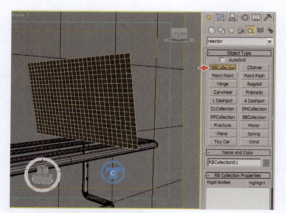

图 4-53　建立刚体集合

图 4-54　添加碰撞刚体

贴心提示

在预览窗口中的播放和暂停可以使用 P 键执行，设置重置可以使用 R 键执行。

步骤 11　在 ✐（程序）面板中展开 reactor 动力学卷展栏，在 Preview & Animation（预览与动画）卷展栏中单击 Preview in Window （预览窗口）按钮，见图 4-55。

贴心提示

在运行模拟时，reactor 将检查场景中的刚体集合，如果这些集合未禁用，则集合中包含的刚体将被添加到模拟中。

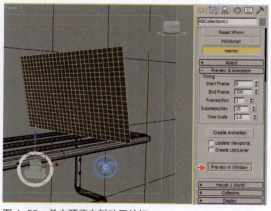

图 4-55　单击预览布料动画按纽

步骤 12 　在弹出的预览窗口中使用键盘上的"P"键播放动画，观察布料下落产生碰撞的效果，见图 4-56。

步骤 13 　选择布料物体并在 ✏️（修改）面板中设置 Friction（摩擦）为 0.2、Rel Density（相对密度）为 0.01、Air Resistance（空气阻力）为 6、Stiffness（刚度）为 0.1、Damping（阻尼）为 0.2，见图 4-57。

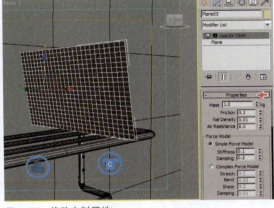

图 4-56　预览布料动画效果

图 4-57　修改布料属性

步骤 14 　在 ✏️（修改）面板中勾选布料修改命令下的 Avoid Self-Intersections（避免自相交）项，见图 4-58。

步骤 15 　在 📐（程序）面板中展开 reactor 动力学卷展栏，在 Preview & Animation（预览与动画）卷展栏中单击 Preview in Window （预览窗口）按钮，在弹出的预览窗口中使用键盘上的"P"键预览动画，观察布料产生的碰撞效果，见图 4-59。

> **贴心提示**
>
> 启用避免自相交时，在模拟期间布料将不会自相交。这样可以使模拟效果更加逼真，但可能会增加模拟时间。

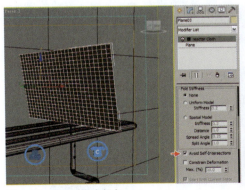
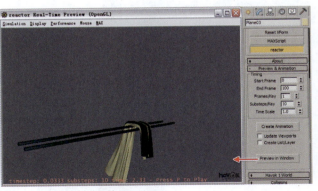

图 4-58　设置避免自相交

图 4-59　预览布料动画效果

步骤 16 　在预览窗口中使用键盘上的"P"键暂停动画模拟，然后在视图菜单中选择【MAX】→【Update MAX（更新）】命令，设置布料最初时的形状，见图 4-60。

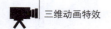

图 4-60　设置布料形状

步骤 17　关闭预览窗口,观察当前的布料模拟形状,见图 4-61。

步骤 18　在主工具栏中单击 ![render]（渲染）按钮,渲染模拟出的毛巾模型效果,见图 4-62。

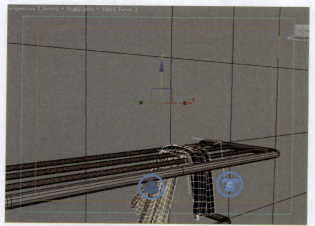

图 4-61　观察布料形状

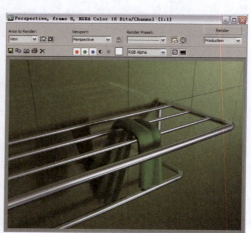

图 4-62　渲染布料效果

总流程 2　制作布料动画

制作动画特效《毛绒布料》的第二个流程(步骤)是制作布料动画,制作又分为 3 个流程:①锁定布料顶点、②制作碰撞模型、③生成布料动画,见图 4-63。

①锁定布料顶点　　　②制作碰撞模型　　　③生成布料动画

图 4-63　制作布料动画流程图(总流程 2)

步骤1　选择布料物体并在 ∥（修改）面板中选择毛巾与毛巾架相碰撞处的顶点，然后在 Constraints（约束）卷展栏单击 Fix Vertices （固定顶点）按钮，见图4-64。

步骤2　在 ∥（程序）面板中展开reactor动力学卷展栏，在Preview & Animation（预览与动画）卷展栏中单击 Preview in Window （预览窗口）按钮，在弹出的预览窗口中使用键盘上的"P"键预览动画，观察布料产生的碰撞效果，见图4-65。

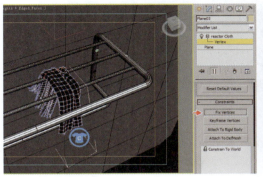
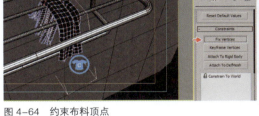

图4-64　约束布料顶点　　　　　　　　　　图4-65　预览布料动画效果

步骤3　在 ☀（创建）面板 ○（几何体）中选择 Cylinder （圆柱体）命令，然后在视图中建立再设置Radius（半径）为10、Height（高度）为50，创建与布料碰撞的物体，见图4-66。

步骤4　在动画控制面板开启 Auto Key （自动关键点）按钮，在第0帧位置设置圆柱体的位置，然后将时间滑块移动到第30帧位置，再将圆柱体沿Z轴向下移动，产生碰撞物体的动画，见图4-67。

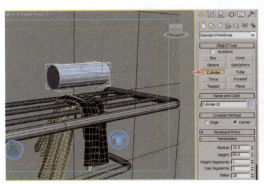
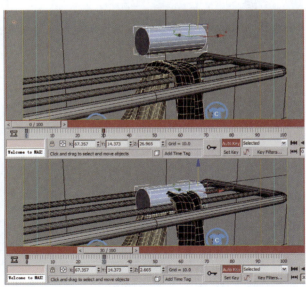

图4-66　建立圆柱体　　　　　　　　　　图4-67　记录圆柱体动画

步骤5　在动力学的Preview & Animation（预览与动画）卷展栏中单击 Preview in Window （预览窗口）按钮，在预览窗口中使用键盘上的"P"键暂停动画模拟，然后在视图菜单中选择【MAX】→【Update MAX（更新）】命令，设置布料在最初的形状，见图4-68。

图 4-68　设置布料形状

步骤 6　选择圆柱体，在 （程序）面板动力学的 Properties（属性）卷展栏中勾选 Unyielding（不能弯曲）选项，见图 4-69。

步骤 7　选择刚体集合并在 （修改）面板中单击 Pick （拾取）按钮，将圆柱物体添加到刚体集合中，产生动力学碰撞动画，图 4-70。

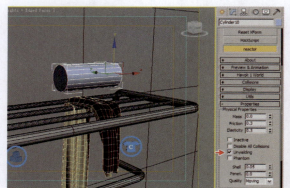

图 4-69　勾选不能弯曲选项

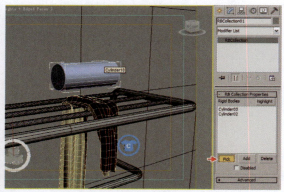

图 4-70　添加刚体

步骤 8　在动力学的 Preview & Animation（预览与动画）卷展栏中单击 Preview in Window （预览窗口）按钮，在预览窗口中使用键盘上的 "P" 键暂停动画模拟，然后在视图菜单中选择【MAX】→【Update MAX（更新）】命令，设置布料在最初的形状，见图 4-71。

步骤 9　关闭预览窗口，选择产生碰撞的圆柱物体，然后单击键盘上的 "Delete" 键将圆柱物体删除，见图 4-72。

步骤 10　选择毛巾物体，在 （修改）面板中为其增加 Turbo Smooth（涡轮平滑）命令，见图 4-73。

步骤 11　在 （程序）面板动力学中展开 Havok1 World 卷展栏，然后设置 Gravity（重力）的 Z（轴）为 -500、Col Tolerance（碰撞容差）为 1.5，见图 4-74。

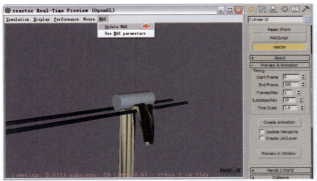

图 4-71　设置保存布料形态

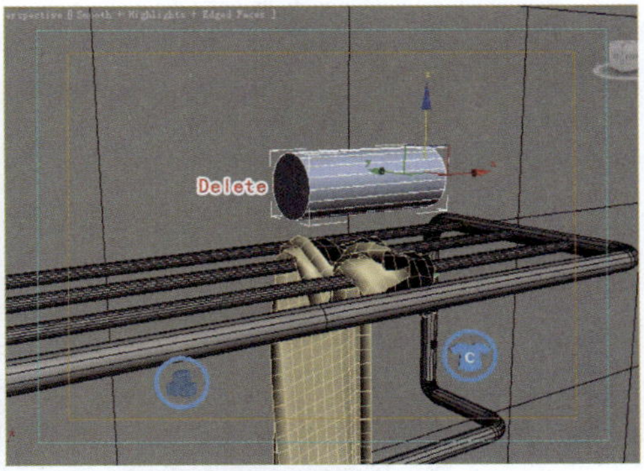

图 4-73　增加涡轮平滑命令

图 4-72　删除圆柱物体

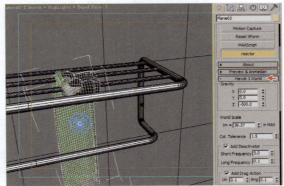

图 4-74　设置碰撞参数

　　步骤 12　在 （程序）面板中 Preview & Animation（预览与动画）卷展栏下单击 Create Animation （创建动画）按钮，生成模拟布料碰撞的动画，见图 4-75。

　　步骤 13　在单击完创建动画按钮后，在弹出的创建信息窗口单击 OK 按钮，生成毛巾的运动动画，见图 4-76。

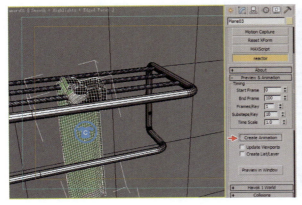

图 4-75　创建动画

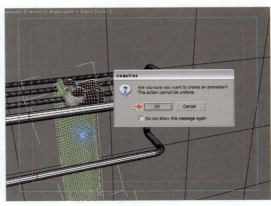

图 4-76　生成毛巾动画

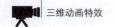

步骤 14 在主工具栏中单击 <svg>（渲染）按钮，渲染制作完成的毛巾动画效果，见图 4-77。

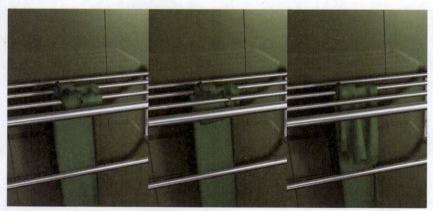

图 4-77　渲染动画效果

总流程 3　添加毛发效果

制作动画特效《毛绒布料》的第三个流程（步骤）是添加毛发效果，制作又分为 3 个流程：①毛发修改器、②调节毛发质量、③调节毛巾材质，见图 4-78。

①毛发修改器　　　　②调节毛发质量　　　　③调节毛巾材质

图 4-78　添加毛发效果流程图（总流程 3）

步骤 1 在 <svg>（修改）面板中为毛巾模型增加 Hair and Fur（毛发和头发）修改命令，见图 4-79。

步骤 2 在主工具栏中单击 <svg>（渲染）按钮，渲染预设的毛发效果，见图 4-80。

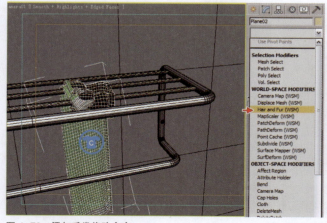

图 4-79　添加毛发修改命令

图 4-80　渲染毛发效果

步骤3 选择毛巾模型并在 Selection（选择）卷展栏中开启 ▣（多边形模式），然后选择毛巾中间区域的多边形面，再单击 Update Selection （更新选择）按钮，将毛发只生长在选择区域，见图 4-81。

步骤4 在 ✎（修改）面板的 General Parameters（常规参数）卷展栏中设置 Hair Count（头发数量）为 50000、Hair Segments（头发段数）为 20、Scale（比例）为 3、Rand Thick（跟厚度）为 6、Tip Thick（梢厚度）为 0.2，使毛发的效果更加贴近真实毛巾，见图 4-82。

贴心提示

更新选择是根据当前子对象选择重新计算毛发生长的区域，然后再刷新显示。

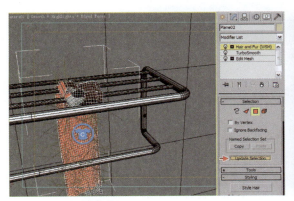

图 4-81 修改毛发位置

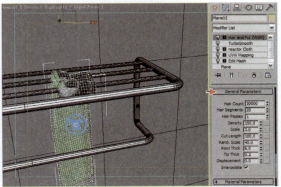

图 4-82 调节毛发参数

步骤5 在主工具栏中单击 ⟳（渲染）按钮，渲染设置完成的毛发效果，见图 4-83。

步骤6 在 ✎（修改）面板的 Material Parameters（材质参数）卷展栏中设置 Tip Color（梢颜色）、Root Color（根颜色）与 Mutant Color（变异颜色）为绿色，再设置 Mutant（变异）为 50、Specular（高光）为 70、Glossiness（光泽度）为 80、Specular Tint（高光反射染色）为绿色、Self Shadow（自身阴影）为 70、Geom Shadow（几何体阴影）为 70，见图 4-84。

图 4-83 渲染毛发效果

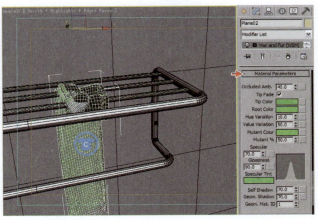

图 4-84 调节毛发颜色

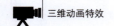

步骤7 在主工具栏中单击 （渲染）按钮，渲染最终完成的毛绒布料效果，见图4-85。

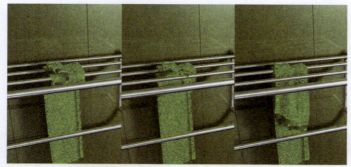

图4-85 最终渲染效果

第八节 范例制作4-2 动力学特效《滚落篮球》

一、范例简介

本例介绍使用动力学中的刚体碰撞原理和功能制作篮球下落的特效动画的流程、方法和实施步骤。范例制作中所需素材，位于本书配套光盘中的"范例文件/4-2滚落篮球"文件夹中。

二、预览范例

打开本书配套光盘中的范例文件/4-2滚落篮球/4-2滚落篮球.mpg文件。通过观看视频了解本节要讲的大致内容，见图4-86。

图4-86 动画特效《滚落篮球》预览效果

三、制作流程（步骤）及技巧分析

本例制作时主要使用动力学中的刚体碰撞，然后将动力学动画生成关键帧，完成篮球下落的动画特效，制作总流程（步骤）分为3部分：第1部分为制作刚体模型；第2部分为模拟动力学；第3部分为生成动画，见图4-87。

①制作刚体模型　　　　②模拟动力学　　　　③生成动画

图 4-87　动画特效《滚落篮球》制作总流程（步骤）图

四、具体操作

总流程 1　制作刚体模型

制作动画特效《滚落篮球》的第一个流程（步骤）是制作刚体模型，制作又分为 3 个流程：①导入场景模型、②创建篮球模型、③制作篮球材质，见图 4-88。

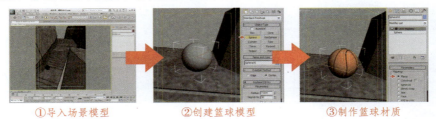

①导入场景模型　　　　②创建篮球模型　　　　③制作篮球材质

图 4-88　制作刚体模型流程图（总流程 1）

步骤 1　打开 Autodesk 3ds Max 软件，然后再打开配套光盘中的"4-2 滚落篮球 .max"楼体场景模型，见图 4-89。

步骤 2　在 ☀（创建）面板 ◯（几何体）中选择 Sphere （球体）命令，然后在"Perspective 透视图"中建立球体，再设置 Radius（半径）为 7、Segments（段数）为 30，创建出篮球的模型，见图 4-90。

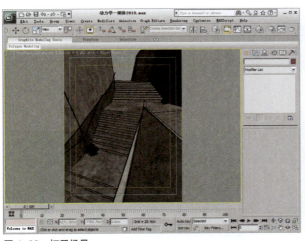

图 4-89　打开场景

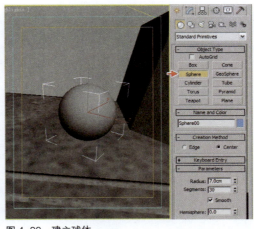

图 4-90　建立球体

步骤 3　在 ✐（修改）面板中为篮球模型增加 UVW Map（坐标贴图）修改命令，见图 4-91。

步骤 4　在主工具栏中单击（材质编辑器）按钮，从弹出的材质面板中选择一个空白材质并设置名称为"篮球.jpg"，然后为 Diffuse（漫反射）与 Displace（置换）赋予本书配套光盘中的"篮球.jpg"与"篮球_Bump.jpg"贴图，再为 Bump（凹凸）赋予细胞贴图，最后将调节完的材质赋予给篮球模型，见图 4-92。

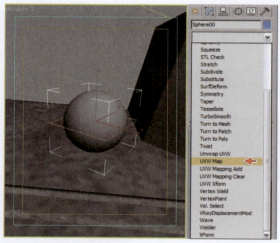

图 4-91　添加坐标贴图

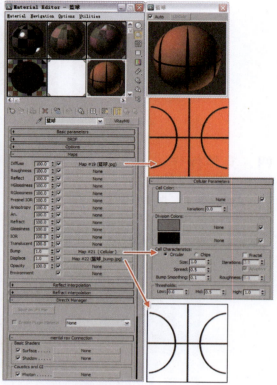

图 4-92　设置篮球材质

步骤 5　选择篮球模型，在（修改）面板中调节 Mapping（贴图）方式为 Planar（平面）方式，见图 4-93。

步骤 6　在主工具栏中单击（渲染）按钮，渲染设置篮球模型的材质效果，见图 4-94。

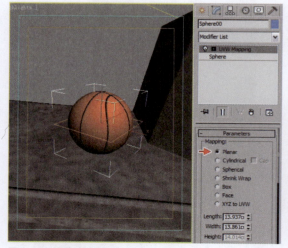

图 4-93　调节贴图坐标

图 4-94　渲染篮球效果

总流程 2　模拟动力学

制作动画特效《滚落篮球》的第二个流程（步骤）是模拟动力学，制作又分为 3 个流程：①创建刚体结合、②预览动力学动画、③调节物体质量，见图 4-95。

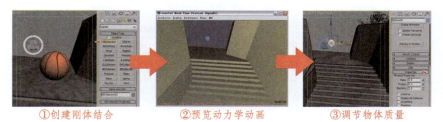

①创建刚体结合　　②预览动力学动画　　③调节物体质量

图 4-95　模拟动力学流程图（总流程 2）

步骤 1　进入 面板的 ![ ]（辅助对象）面板，然后选择 reactor 动力学模块，见图 4-96。

步骤 2　在动力学模块中单击 RBCollection （刚体集合）命令按钮，然后在视图中建立刚体集合，见图 4-97。

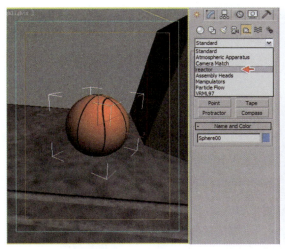

图 4-96　打开动力学面板

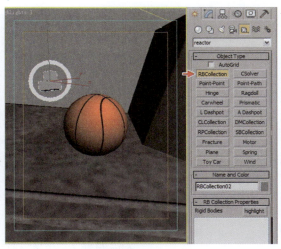

图 4-97　创建刚体集合

步骤 3　选择刚体集合并在 ![ ]（修改）面板中单击 Add... （添加）按钮，将产生碰撞的模型添加到刚体集合，见图 4-98。

步骤 4　在 ![ ]（程序）面板中展开 reactor 动力学卷展栏，在 Preview & Animation（预览与动画）卷展栏中单击 Preview in Window （预览窗口）按钮，在弹出的预览窗口中使用键盘上的"P"键预览动画，观察篮球的碰撞效果，见图 4-99。

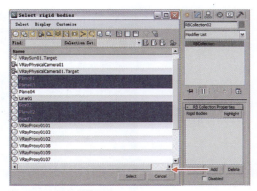

图 4-98　添加碰撞刚体

图4-99　预览篮球动画效果

步骤5　在 ✎（程序）面板中展开 Properties（属性）卷展栏，然后设置 Mass（质量）为3、Elasticity（弹力）为2.5，见图4-100。

步骤6　在 ✎（程序）面板中单击 Preview in Window（预览窗口）按钮，打开动力学的预览窗口，见图4-101。

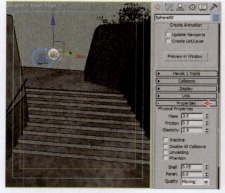

图4-100　调节篮球属性

图4-101　预览篮球动画效果

步骤7　在弹出的预览窗口中使用键盘上的"P"键预览动画，观察调节后的篮球碰撞效果，见图4-102。

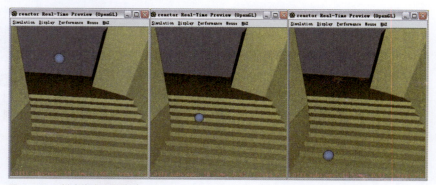

图4-102　创建篮球动画效果

步骤8 在主工具栏中单击 （渲染）按钮，渲染篮球产生碰撞的动画效果，见图4-103。

图4-103 渲染篮球动画

总流程3 生成动画

制作动画特效《滚落篮球》的第三个流程（步骤）是生成动画，制作又分为3个步骤：①复制篮球、②制作碰撞物体、③设置碰撞容差，见图4-104。

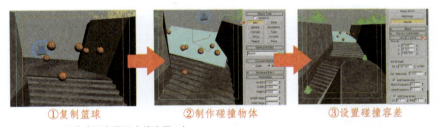

①复制篮球　　　　②制作碰撞物体　　　　③设置碰撞容差

图4-104 生成动画流程图（总流程3）

步骤1 选择制作完成的篮球模型，使用键盘上的"Shift"键复制产生多个篮球模型，见图4-105。

步骤2 选择刚体集合并在 （修改）面板中单击 Add... （添加）按钮，将复制出的篮球模型添加到刚体集合，见图4-106。

图4-105 复制篮球

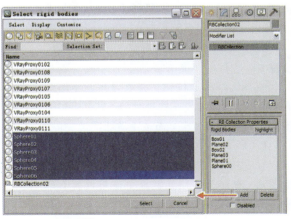

图4-106 添加刚体

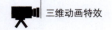
步骤3 在 ⚒ （程序）面板中单击 `Preview in Window` （预览窗口）按钮，打开动力学的预览窗口，见图4-107。

图4-107 打开预览窗口

步骤4 在弹出的预览窗口中使用键盘上的"P"键预览动画，观察篮球的碰撞效果，见图4-108。

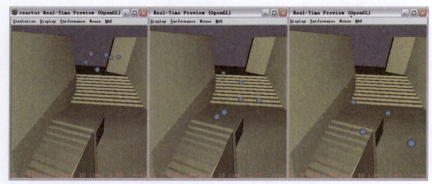

图4-108 预览篮球动画效果

步骤5 在 ⚒ （创建）面板 ◯（几何体）中选择 `Box` 长方体命令，然后在"Perspective透视图"中建立作为篮球碰撞的模型，见图4-109。

步骤6 选择刚体集合并在 ⚒（修改）面板中单击 `Add...` （添加）按钮，将长方体物体添加到刚体集合中，产生动力学的碰撞动画，图4-110。

步骤7 在 ⚒（程序）面板中单击 `Preview in Window` （预览窗口）按钮，打开动力学预览窗口，见图4-111。

步骤8 在弹出的预览窗口中使用键盘上的"P"键预览动画，观察篮球产生碰撞的效果，见图4-112。

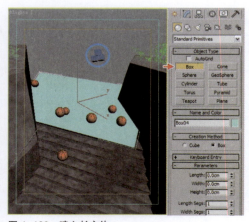

图4-109 建立长方体

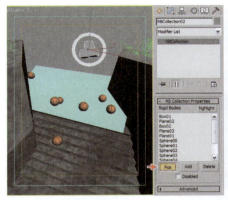

图 4-110 添加碰撞物体

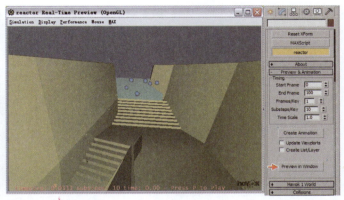

图 4-111 打开预览窗口

图 4-112 预览篮球动画效果

步骤 9 在（程序）面板的动力学中展开 Havok 1 World 卷展栏，然后设置 Gravity（重力）的 Z（轴）为 -400、Col Tolerance（碰撞容差）为 2，见图 4-113。

步骤 10 在（程序）面板中单击 Preview in Window （预览窗口）按钮，打开动力学的预览窗口，见图 4-114。

> **贴心提示**
> 场景中的对象因重力产生加速度，此参数是一个重要的值，因为会影响动力学模拟中比例的总体感觉。

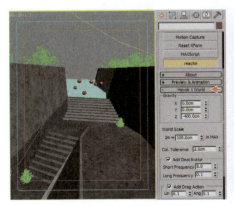

图 4-113 调节碰撞参数

图 4-114 打开预览窗口

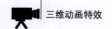

步骤 11   在弹出的预览窗口中使用键盘上的"P"键预览动画，观察篮球的碰撞效果，见图 4-115。

图 4-115   预览篮球动画效果

贴心提示

创建动画使其运行模拟并设置关键帧（从开始帧开始，到结束帧结束）。

步骤 12   在视图的提示文字位置单击鼠标右键，在弹出菜单中选择【Cameras(摄影机)】→【Vray Physical Camera01(Vray 物理学摄影机)】命令，切换至摄影机视图，见图 4-116。

步骤 13   在（程序）面板的 Preview & Animation（预览与动画）卷展栏下单击 Create Animation （创建动画）按钮，生成篮球的碰撞动画，见图 4-117。

图 4-116   切换至摄影机视图

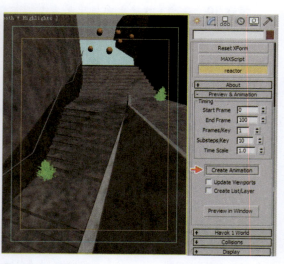

图 4-117   创建动画

步骤 14 在单击完创建动画按钮后，在弹出的创建信息窗口单击 OK 按钮，生成篮球的下落动画，见图 4-118。

步骤 15 选择产生碰撞的长方体，然后再单击鼠标右键，在弹出菜单中选择 Hide Selection（隐藏选择）命令，将长方体隐藏掉，见图 4-119。

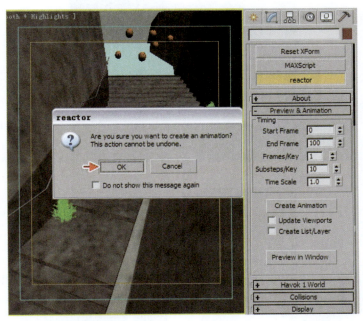

图 4-118 生成篮球动画

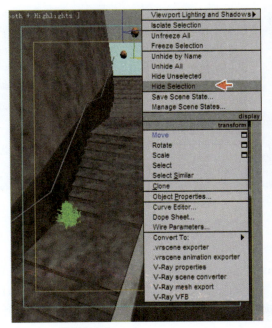

图 4-119 隐藏长方体

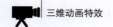

步骤 16 单击▶（播放）按钮，观察最终完成的篮球下落动画，见图 4-120。

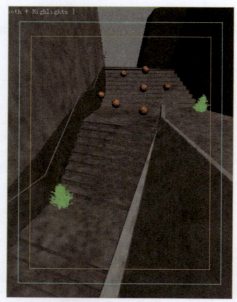

图 4-120 播放篮球动画

步骤 17 在主工具栏中单击🖐（渲染）按钮，渲染最终完成的滚落篮球动画效果，见图 4-121。

图 4-121 最终滚落篮球效果

本章小结

本章主要讲解 3ds Max 2010 中的 reactor 动力学系统，包括 reactor 的分布位置、动力学集合、辅助力学对象、reactor 工具的理论知识、基本原理和运用方法，配合实用的"毛绒布料"和"滚落篮球"特效范例的制作，读者可以更快地掌握布料集合和刚体集合的运用方法，从而能够更加轻松地控制并模拟复杂物理场景，使动画特效水平达到新的高度。

本章作业

一、举一反三

通过对本章的学习，参考书中的范例流程，读者可以自己动手制作很多类别的动力学模拟特效，比如"坍塌的墙壁"、"车辆碰撞"、"飘扬的旗帜"、"帆船游动"等，充分理解和掌握本章的基本内容。

二、练习与实训

项目编号	实训名称	实训页码
实训 4-1	动力学特效《灌装机》	见《动画特效实训》P42
实训 4-2	动力学特效《飘动长裙》	见《动画特效实训》P45
实训 4-3	动力学特效《安检机》	见《动画特效实训》P48
实训 4-4	动力学特效《跑道汽车》	见《动画特效实训》P51
实训 4-5	动力学特效《倒塌骨牌》	见《动画特效实训》P54
实训 4-6	动力学特效《汽车飞跃》	见《动画特效实训》P57

* 详细内容与要求请看配套练习册《动画特效实训》。

5

毛发与布料特效技法

关键知识点
● 毛发系统
● 布料系统

本章由 5 节组成。主要讲解毛发系统和布料系统中的理论知识、基本原理、基本功能和用法，毛发特效《丛林之王》和布料特效《夏日风情》的流程、方法和具体步骤。最后是本章小结和本章作业。

本章教学环境：多媒体教室、软件平台 3ds Max
本章学时建议：27 学时（含 20 学时实践）

第一节　艺术指导原则

　　3ds Max 中的毛发与布料一直是三维动画软件模拟真实效果的技术难点。自从 3ds Max 2010 增加了 Hair and Fur 和 Cloth 功能后，制作的效果也更加贴近真实，三维动画特效的制作效率和效果都有很大的提升。

第二节　毛发系统

　　头发和毛发（Hair and Fur）修改器是 3ds Max 毛发功能的核心所在。该修改器可应用于要生长头发的任意对象，即可为网格对象也可为样条线对象。如果对象是网格对象，则头发将从整个曲面生长出来，除非选择了子对象。如果对象是样条线对象，头发将在样条线之间生长，见图 5-1。

　　当选择"头发和毛发"修改的对象时，会在视图中显示头发。尽管当读者在导向子对象层级或样式头发（如下所述）上工作时，头发向导是可选的，但是显示在视图中的头发本身并不是可选的，见图 5-2。

图 5-1　3ds Max 毛发系统

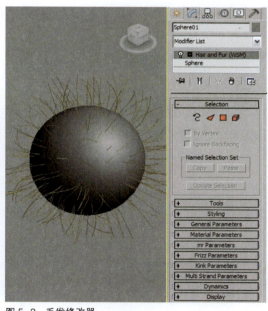

图 5-2　毛发修改器

一、毛发生长方式

1. 曲面生长头发

要从曲面生长头发可先选择对象，然后应用头发和毛发（Hair and Fur）修改器。

2. 样条线生长头发

要从样条线生长头发只需绘制几根样条线，并将它们组合为单一对象，然后应用修改器，读者

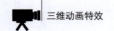
将会看到一些插补了头发的预览出现在视图中。样条线子对象的顺序很重要，因为头发使用此顺序在样条线之间插补头发。如果插补看起来不够连贯，则读者需要重新安排样条线的顺序，见图5-3。

3. 存储和操控头发

存储和操控数以百万计的动态模拟的头发对于当今技术是一个非常高的要求。因此，正如标准的三维图形技术使用类似曲面的边界来描述实体对象一样，"头发"使用头发"导向"来描述基本的头发形状和行为。当生长对象为曲面时，毛发在多边形的角点上生成导向头发，对于在曲面上生长的头发，可以使用设计工具操控导向，见图5-4。

头发和毛发（Hair and Fur）修改器的生长设置对头发的外观和行为有很大影响，可以直接操控导向头发的样式。对于在曲面上生长的头发，可以使用"设计"卷展栏上的工具进行控制，见图5-5。

头发和毛发（Hair and Fur）修改器可以从一个堆栈复制和粘贴到另一个堆栈，但需要尽可能紧地排列对象，因为毛发使用接近度来确定如何定位复制的导向。如果对象具有明显不同的几何体，则导向的转移可能会不精确。

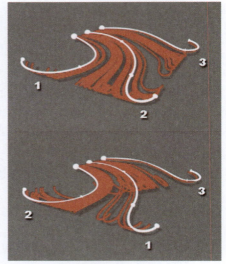

图5-3　样条线的顺序

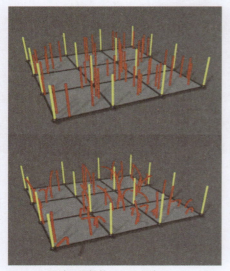

图5-4　设计工具操控导向毛发效果

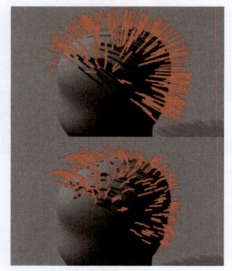

图5-5　"设计"卷展栏导向毛发效果

可使用贴图控制众多头发和毛发（Hair and Fur）修改器的参数，如果将贴图应用于非颜色参数（如密度），则毛发纹理将用灰度贴图。

4. 渲染头发

在使用默认的方法渲染时，毛发系统提供其自己的默认照明，除非场景中有一个或多个支持的灯。支持的灯光包括聚光灯、泛光灯、平行光和光度学灯光，**IES** 太阳和 **IES** 天空除外。对于 **mental ray** 渲染器和所支持的灯光，包括扫描线渲染器支持的灯光和 **mr** 区域泛光灯、**mr** 区域聚光灯、**mr** 天光以及 **mr** 太阳光。如果场景中存在支持的灯光，默认情况下将用于头发照明，且不使用内部的默认泛光灯。这是因为在毛发渲染效果中，默认情况下"渲染时使用所有灯光"选项为启用状态。此外，任意设置为投射贴图阴影的支持灯光也将从渲染的头发投射阴影。

5. 保存 3ds Max 场景文件

场景中的毛发数据在保存 3ds Max 场景文件时会自动保存，毛发的状态数据可能会消耗大量空间，因此应用毛发之后的场景文件可能会明显大于未应用毛发之前的场景文件。

默认状态不能设置头发样式的关键帧，但可以在修改面板上设置参数关键帧，以创建特定的毛发效果，例如头发生长等。但是要设置头发动作动画，可以使用卷发动画参数或动力学效果。

二、选择卷展栏

选择（Selection）卷展栏提供了各种工具，用于访问不同的子对象层级和显示设置以及创建与修改选定内容，此外还显示了与选定实体有关的信息。单击此处的按钮与在修改器堆栈显示中选择子对象层级等效，再次单击该按钮将其禁用并返回到对象选择层级，见图 5-6。

图 5-6　选择卷展栏

三、工具卷展栏

工具（Tools）卷展栏提供了使用毛发完成各种任务所需的工具，包括从现有的样条线对象创建发型和重置头发，以及为修改器和特定发型加载并保存一般预设，还可以从当前场景指定要用做头发的对象，比如创建花园时所用的花朵或一组花朵，见图 5-7。

图 5-7　工具卷展栏

四、设计卷展栏

使用头发和毛发（Hair and Fur）修改器的导向子对象层级，可以在视图中交互地设计发型。交互式发型控件位于设计（Styling）卷展栏中，该卷展栏提供了 Finish Styling （完成设计）按钮开始设计发型，见图 5-8。

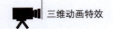

五、常规参数卷展栏

常规参数（General Parameters）卷展栏允许在根部和梢部设置头发数量和密度、长度、厚度以及其他各种综合参数，见图 5-9。

六、材质参数卷展栏

材质参数（Material Parameters）卷展栏上的参数均应用于由毛发系统生成的缓冲渲染毛发。如果是几何体渲染的毛发，则毛发颜色派生自生长对象。通过单击位于参数右侧的空白按钮，可将贴图应用于任意值，贴图中的值用作基值的乘数因子，见图 5-10。

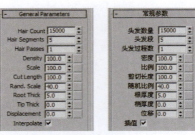

图 5-9　常规参数卷展栏

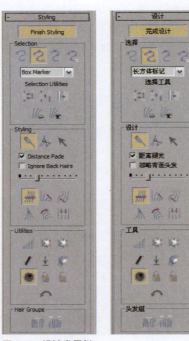

图 5-8　设计卷展栏

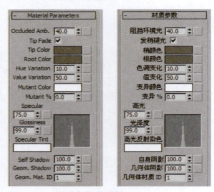

图 5-10　材质参数卷展栏

七、mr 参数卷展栏

mr 参数（mr Parameters）卷展栏用于指定要生成毛发的 mental ray 明暗器。3ds Max 可以将对象的 UV 坐标数据传递到 mental ray 明暗器，从严格意义上讲，明暗器生成毛发时使用的是这些 UV 和贴图数据，而不是对象几何体本身，见图 5-11。

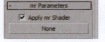

图 5-11　mr 参数卷展栏

八、卷发参数卷展栏

卷发参数（Frizz Parameters）卷展栏是通过在毛发的其余位置根上进行 Perlin 噪点查找，然后采用取代曲面法线的贴图方式取代毛发，而噪点函数的频率由卷发 X/Y/Z 频率参数设置。置换的大小是通过卷发根和卷发梢参数控制的，如果将动态模式设置为动画，则视图会实时显示更改这些设置的效果，见图 5-12。

九、纽结参数卷展栏

纽结参数（Kink Parameters）卷展栏工作和卷发类似，但它是沿导向的整个长度评估噪点查找，结果是一个噪点模式在比卷发噪点更大的规模上工作，效果类似于卷发，见图 5-13。

十、多股参数卷展栏

多股参数（Multi Strand Parameters）卷展栏在以较低频率使用卷发时将会自然创建某种程度的聚集，但是在此可以通过多股参数进一步改善相应效果。对于正常渲染的每根毛发，多股将在原始头发周围渲染一绺附加的毛发，见图 5-14。

十一、动力学卷展栏

动力学（Dynamics）卷展栏为了让头发在动画中看起来更自然，必须对其所在躯体动作以及类似风和重力的外部影响作出响应。在交互或预计算模式下，毛发的动力学功能可以使头发从各方面看上去更像真实的头发，见图 5-15。

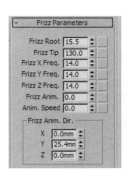

图 5-12　卷发参数卷展栏

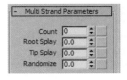

图 5-13　纽结参数卷展栏

图 5-14　多股参数卷展栏

图 5-15　动力学卷展栏

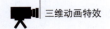

十二、显示卷展栏

Display（显示）卷展栏可用于控制头发和导向在视图中的显示方式。默认情况下，毛发系统将一小部分的头发显示为线条，当然也可以将头发显示为几何体，还可以选择显示导向，见图 5-16。

十三、毛发渲染效果

要渲染毛发的场景必须包含头发和毛发（Hair and Fur）渲染的效果。当首次将头发和毛发（Hair and Fur）修改器应用到对象上时，渲染效果会自动添加到该场景。如果将活动的头发和毛发（Hair and Fur）修改器应用到对象上，则 3ds Max 会在渲染时间自动添加一个效果。

如果出于某些原因，场景中没有渲染效果，则可以通过单击"渲染设置"按钮来添加。此操作将打开"环境和效果"对话框并添加头发和毛发（Hair and Fur）渲染效果，当然可以更改设置，或在对话框打开之后关闭对话框接受默认设置，见图 5-17。

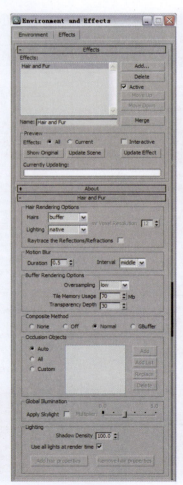

图 5-16　显示卷展栏

图 5-17　环境和效果面板

第三节　布料系统

布料（Cloth）是为角色和动物创建逼真的织物和订制衣服的高级工具。3ds Max 中的布料系统包含布料（Cloth）和衣服生成（Garment Maker）两个修改器。布料（Cloth）修改器用于模拟布料和环境交互的动态效果，其中可能包括碰撞对象（如角色或桌子）和外力（如重力和风）。衣服生成（Garment Maker）修改器是用于从二维样条线创建三维衣着的专用工具，其使用方式与通过裁剪布片来缝制真实的衣服比较类似，见图 5-18。

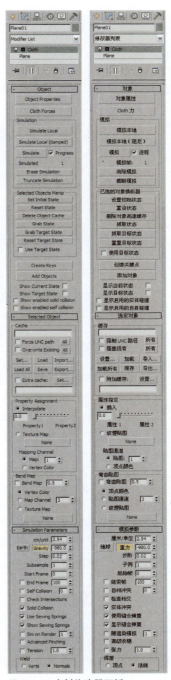

图 5-18　3ds Max 布料系统

一、布料修改器

布料（Cloth）修改器是布料系统的核心，应用于布料模拟组成部分的场景中的所有对象。该修改器用于定义布料对象和冲突对象、指定属性和执行模拟，而其他控件包括创建约束、交互拖动布料和清除模拟组件，见图 5-19。

二、衣服生成修改器

衣服生成（Garment Maker）是一种修改器，该修改器专门用于将二维图案放在一起，随后读者可以与布料（Cloth）修改器一起使用。通过衣服生成可以设计简单的、平面的、基于样条线的图案，将其转换为网格并排列面板，然后创建接合口以将面板缝合在一起，还可以为褶皱和剪切指定内部接合线，见图 5-20。

图 5-19　布料修改器面板

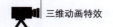

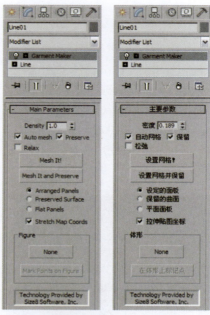

图 5-20　衣服生成修改器

第四节　范例制作 5-1　动画毛发特效《丛林之王》

一、范例简介

本例介绍使用毛发和头发（Hair and Fur）修改命令为狮子模型添加真实的毛发动画效果的流程、方法和实施步骤。范例制作中所需素材，位于本书配套光盘中的"范例文件/5-1 丛林之王"文件夹中。

二、预览范例

打开本书配套光盘中的范例文件 /5-1 丛林之王 /5-1 丛林之王 .mpg 文件。通过观看视频了解本节要讲的大致内容，见图 5-21。

图 5-21　毛发动画特效《丛林之王》预览效果

三、制作流程（步骤）及技巧分析

本例制作时主要使用了毛发和头发（Hair and Fur）修改命令，为狮子模型添加真实的毛发效果，其中主要使用了更新选择、加载毛发样式、梳理、修剪、从样条线重梳、常规参数设置和卷发参数设置，制作总流程（步骤）分为 3 部分：第 1 部分为设置狮子胡须；第 2 部分为设置狮子鬃毛；第 3 部分为设置狮子尾巴，见图 5-22。

①设置狮子胡须　　　　②设置狮子鬃毛　　　　③设置狮子尾巴

图 5-22　毛发动画特效《丛林之王》制作总流程（步骤）图

四、具体操作

总流程 1　设置狮子胡须

　　制作毛发动画特效《丛林之王》的第一个流程（步骤）是狮子胡须设置，制作又分为 3 个流程：①增加毛发修改命令、②指定毛发生长区域、③梳理胡须毛发形态，见图 5-23。

①增加毛发修改命令　　②指定毛发生长区域　　③梳理胡须毛发形态

图 5-23　设置狮子胡须流程图（总流程 1）

　　步骤 1　打开 Autodesk 3ds Max 软件，然后再打开制作完成的狮子模型，见图 5-24。

　　步骤 2　在 ▨（修改）面板中为模型增加 Hair and Fur（毛发和头发）修改命令，见图 5-25。

贴心提示

当增加毛发和头发修改命令时，会在视图中显示出毛发的分布。尽管在导向子对象层级或样式头发工作时，头发导向是可选的，但是显示在视图中的头发本身并不是可选择的。

图 5-24　打开狮子模型　　　　　图 5-25　增加毛发修改命令

步骤 3 增加毛发修改命令以后，狮子模型会全身生长出毛发，然后在选择卷展栏中开启多边形模式，选择胡须区域的多边形面，再单击 Update Selection （更新选择）按钮，将毛发只生长在选择区域，见图 5-26。

步骤 4 更新选择操作后，在狮子的嘴巴位置生长出了胡须，见图 5-27。

图 5-26　更新选择

图 5-27　生长胡须效果

步骤 5 在 ✐（修改）面板的工具卷展栏中单击 Load （加载）按钮，然后在弹出的毛发样式对话框中选择所需毛发风格，见图 5-28。

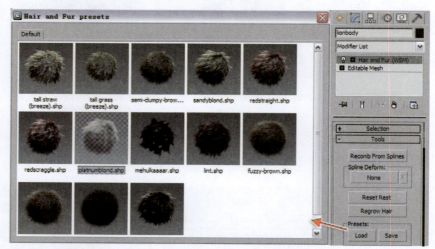

图 5-28　选择毛发风格

步骤 6 在主工具栏中单击 ❖（渲染）工具，预览当前胡须的效果，见图 5-29。

步骤 7 在 ✐（修改）面板的常规参数卷展栏中设置 Hair Count（头发数量）为 60、Scale（比例）为 40、Rand Thick（跟厚度）为 28、Tip Thick（梢厚度）为 8，使胡须的效果更加贴近真实，见图 5-30。

步骤 8 继续进行渲染操作，预览设置常规参数的效果，见图 5-31。

图 5-29　渲染胡须效果　　　　　　　图 5-30　常规参　　图 5-31　渲染胡须效果
　　　　　　　　　　　　　　　　　　　　数设置

　　步骤 9　在 （修改）面板的设计卷展栏中开启 `Finish Styling` （完成设计）
按钮，然后再使用 （梳子）工具将胡须梳理平直，见图 5-32。

　　步骤 10　在主工具栏中单击 （渲染）工具，预览梳理胡须后的效果，
见图 5-33。

贴心提示

在梳子模式下拖动
鼠标将置换影响笔
刷区域中的选定顶
点，得到所需要的
毛发样式。

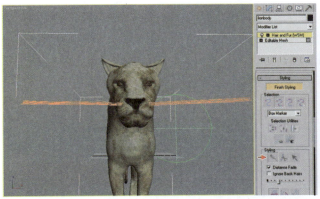

图 5-32　梳理胡须

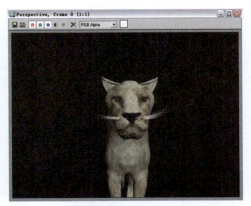

图 5-33　渲染胡须效果

总流程 2　设置狮子鬃毛

　　制作毛发动画特效《丛林之王》的第二个流程（步骤）是设置狮子鬃
毛，制作又分为 3 个流程：①设置鬃毛区域、②选择毛发样式、③修剪鬃
毛形态，见图 5-34。

①设置鬃毛区域　　　　　②选择毛发样式　　　　③修剪鬃毛形态

图 5-34　设置狮子鬃毛流程图（总流程 2）

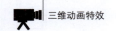

步骤1 在 ✎（修改）面板中再次为模型增加 Hair and Fur（毛发和头发）修改命令，准备制作狮子的鬃毛效果，见图5-35。

步骤2 增加毛发修改命令以后，在选择卷展栏中开启多边形模式，选择狮子颈部区域的多边形面，再单击 Update Selection （更新选择）按钮，将毛发只生长在选择的区域，见图5-36。

图5-35 增加毛发修改命令

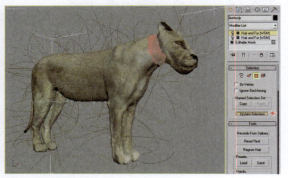

图5-36 更新选择

步骤3 更新选择操作后，在狮子的颈部位置将生长出鬃毛，见图5-37。

步骤4 在 ✎（修改）面板的工具卷展栏中单击 Load （加载）按钮，然后在弹出的毛发样式对话框中选择所需毛发风格，见图5-38。

图5-37 生长鬃毛效果

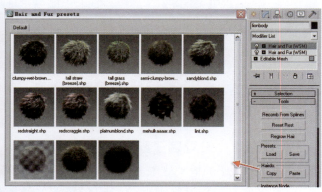

图5-38 选择毛发风格

步骤5 在主工具栏中单击 ▣（渲染）工具，预览选择毛发风格后的效果，见图5-39。

步骤6 在 ✎（修改）面板的常规参数卷展栏中设置 Hair Count（头发数量）为15000、Hair Passes（头发过程数）为5、Scale（比例）为70、Rand Thick（跟厚度）为17、Tip Thick（梢厚度）为3，见图5-40。

图 5-39　渲染毛发风格效果

图 5-40　常规参数设置

步骤 7　在 <i>（修改）面板的卷发参数卷展栏中设置 Frizz Root（卷发根）为 60、Frizz Tip（卷发梢）为 140，使鬃毛产生卷曲的效果，见图 5-41。

步骤 8　在主工具栏中单击 （渲染）工具，预览设置常规参数和卷发参数的效果，见图 5-42。

贴心提示

卷发参数卷展栏主要可以设置 X、Y、Z 噪点函数的频率，从而得到毛发卷曲的效果。

图 5-41　卷发参数设置

图 5-42　渲染鬃毛效果

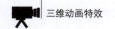

步骤 9 在 ⬛（修改）面板的设计卷展栏中开启 `Finish Styling`（完成设计）按钮，然后再使用 ⬛（梳子）工具将鬃毛进行梳理，破坏鬃毛的平直效果，见图 5-43。

步骤 10 在主工具栏中单击 ⬛（渲染）工具，预览梳理鬃毛后的效果，见图 5-44。

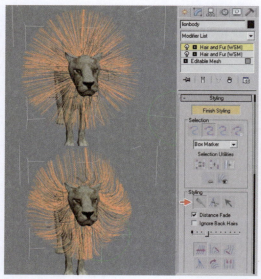

图 5-43 梳理鬃毛

图 5-44 渲染梳理鬃毛效果

步骤 11 在 ⬛（修改）面板的设计卷展栏中使用 ⬛（剪刀）工具将鬃毛顶部剪短，使鬃毛的效果更加贴近真实，见图 5-45。

步骤 12 在主工具栏中单击 ⬛（渲染）工具，预览剪短鬃毛后的效果，见图 5-46。

图 5-45 剪短鬃毛

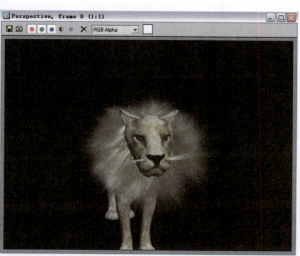

图 5-46 渲染剪短鬃毛效果

总流程3 设置狮子尾巴

制作毛发动画特效《丛林之王》的第三个流程（步骤）是设置狮子尾巴，制作又分为3个步骤：①设置尾巴毛发、②选择毛发样式、③设置辅助体毛，见图5-47。

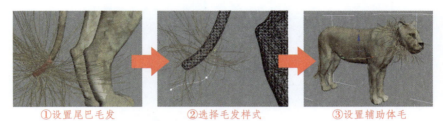

①设置尾巴毛发　　　　　②选择毛发样式　　　　　③设置辅助体毛

图5-47　设置狮子尾巴流程图（总流程3）

步骤1　在 ▨（修改）面板中再次为模型增加 Hair and Fur（毛发和头发）修改命令，准备制作狮子尾巴的毛发效果，见图5-48。

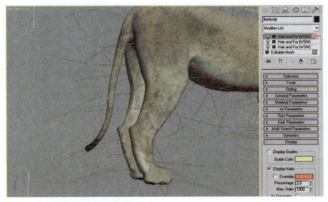

图5-48　增加毛发修改命令

步骤2　增加毛发修改命令以后，在选择卷展栏中开启多边形模式，选择狮子尾巴区域的多边形面，再单击 `Update Selection`（更新选择）按钮，将毛发只生长在选择的区域，见图5-49。

步骤3　在主工具栏中单击 ▨（渲染）工具，预览梳理鬃毛后的效果，见图5-50。

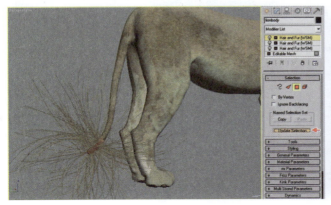

图5-49　更新选择

图5-50　渲染尾巴毛发效果

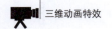

步骤 4　在 ☀（创建）面板 ⊙（平面图形）中选择　Line　（线）命令,然后在尾巴位置绘制毛发的弧度图形,见图 5-51。

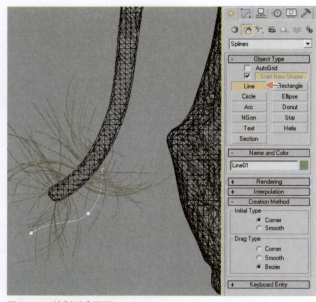

图 5-51　绘制弧度图形

步骤 5　在 ◢（修改）面板的工具卷展栏中单击 Recomb From Splines（从样条线重梳）按钮,然后再拾取绘制毛发的弧度图形,手动控制尾巴的毛发样式,见图 5-52。

步骤 6　继续进行渲染操作,预览从样条线重梳后的效果,见图 5-53。

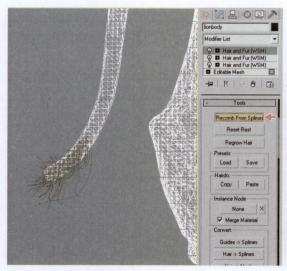

图 5-52　从样条线重梳

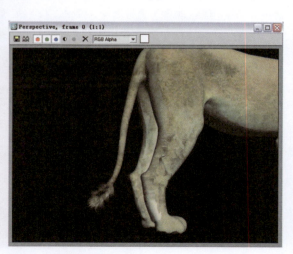

图 5-53　渲染重梳毛发效果

步骤7 在视图中可以看到毛发附着在模型身体的效果，但这不是绝对的最终效果，在进行渲染计算时得到的毛发数量将会更多，见图5-54。

步骤8 在 ▨（修改）面板中再次为模型增加 Hair and Fur（毛发和头发）修改命令，准备制作狮子满身的体毛效果，见图5-55。

图 5-54 视图显示毛发效果　　　　　　　　　图 5-55 增加毛发修改命令

步骤9 在 ▨（修改）面板的工具卷展栏中单击 [Load]（加载）按钮，然后在弹出的毛发样式对话框中选择所需毛发风格，见图5-56。

图 5-56 选择毛发风格

步骤10 在 ▨（修改）面板的常规参数卷展栏中设置 Hair Count（头发数量）为65000、Scale（比例）为7、Rand Thick（跟厚度）为3、Tip Thick（梢厚度）为0，见图5-57。

步骤11 设置狮子的毛发效果后，为狮子模型添加骨骼和蒙皮，然后再设置狮子的动画，见图5-58。

步骤12 为狮子添加周围的环境，然后再设置环境的材质和灯光，最终渲染的"丛林之王"效果见图5-59。

> **贴心提示**
>
> 在进行骨骼和蒙皮测试时，可以先将毛发修改命令暂时关闭，从而提升运算速度，只等待最终渲染时再开启已关闭的毛发修改命令。

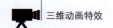

图 5-57　常规参数设置

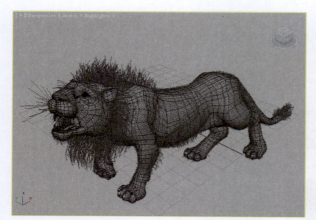

图 5-58　设置狮子动画

图 5-59　最终渲染效果

第五节　范例制作 5-2　动画布料特效《夏日风情》

一、范例简介

　　本例介绍使用布料属性与力学控制制作表现夏日风情的布料动画特效流程、方法和实施步骤。范例制作中所需素材，位于本书配套光盘中的"范例文件 /5-2 夏日风情"文件夹中。

二、预览范例

　　打开本书配套光盘中的范例文件 /5-2 夏日风情 /5-2 夏日风情 .mpg 文件。通过观看视频了解本节要讲的大致内容，见图 5-60。

图 5-60　布料动画特效《夏日风情》预览效果

三、制作流程（步骤）及技巧分析

　　本例制作时主要使用了布料（Cloth）修改命令进行窗帘模拟，先设置对象属性，再进行锁定顶点操作，然后设置布料属性与力学控制，以及设置遮挡物体，最后进行模拟计算。制作总流程（步骤）分为 3 部分：第 1 部分为创建布料；第 2 部分为调节布料柔性属性；第 3 部分为制作风力与碰撞，见图 5-61。

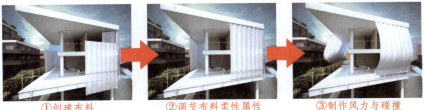

①创建布料　　　　②调节布料柔性属性　　　　③制作风力与碰撞

图 5-61　布料动画特效《夏日风情》制作总流程（步骤）图

四、具体操作

总流程 1　创建布料

　　制作布料动画特效《夏日风情》的第一个流程（步骤）是创建布料，制作总流程（步骤）又分为 3 个流程：①创建布料模型、②添加布料属性、③预览布料动画，见图 5-62。

①创建布料模型　　　　②添加布料属性　　　　③预览布料动画

图 5-62　创建布料流程图（总流程 1）

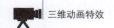

步骤 1　打开 Autodesk 3ds Max 软件，然后再打开配套光盘中制作完成的"5-2 夏日风情 .max"别墅场景模型，见图 5-63。

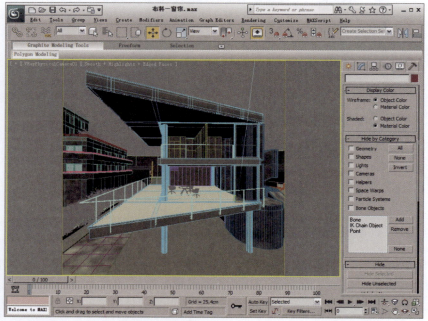

图 5-63　打开别墅场景模型

步骤 2　在 ❋（创建）面板 ◯（平面图形）中选择 ▭ Line ▭（线）命令并在"Top 顶视图"绘制窗帘的曲线，然后在 ◪（修改）面板中再增加 Extrude（挤出）命令，设置 Amount（数量）为 260、Segments（段数）为 50，见图 5-64。

步骤 3　选择窗帘模型并在 ◪（修改）面板中增加 Cloth（布料）命令，见图 5-65。

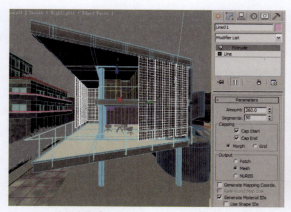

图 5-64　绘制曲线并挤出

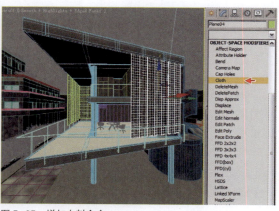

图 5-65　增加布料命令

步骤 4　在布料对象对话框中单击 ▭ Object Properties ▭（对象属性）按钮，准备设置窗帘的布料，见图 5-66。

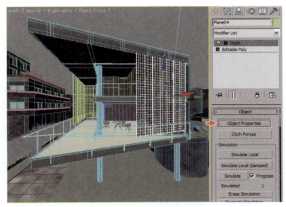

图 5-66　单击对象属性

步骤 5　在弹出的对象属性对话框中选择 Objects in Simulation（模拟对象）中的窗帘模型，然后再开启 Cloth（布料）项目，见图 5-67。

步骤 6　在布料的对象对话框中单击 Simulate （模拟）按钮，开始模拟计算布料的效果，见图 5-68。

贴心提示

选择模拟对象并指定为 Cloth 后，才可在布料属性组中设置其参数。

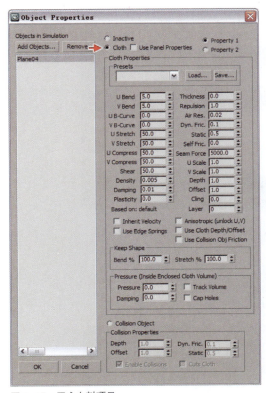

图 5-67　开启布料项目

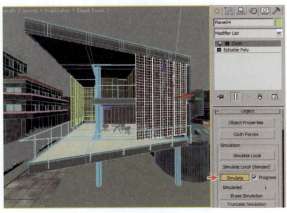

图 5-68　模拟计算

步骤 7　在模拟计算对话框中将会显示当前帧、已用时间、上一帧时间、平均帧时间、估算剩余时间和当前步阶长度，见图 5-69。

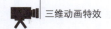
步骤8 模拟计算完成以后，场景布料产生了从二楼落下的效果，见图5-70。

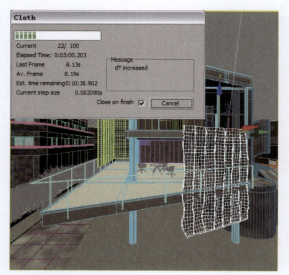

图5-69 模拟计算过程

图5-70 场景效果

步骤9 设置渲染格式与存储路径，预览当前的布料模拟效果，见图5-71。

图5-71 预览布料效果

总流程2 调节布料柔性属性

制作布料动画特效《夏日风情》的第二个流程（步骤）是调节布料柔性属性，制作又分为3个流程：①锁定窗帘顶点、②调节布料属性、③生成布料动画，见图5-72。

①锁定窗帘顶点　②调节布料属性　③生成布料动画

图5-72 调节布料柔性属性流程图（总流程2）

步骤 1　在布料的对象卷展栏中单击 [Erase Simulation]（清除模拟）按钮，清除掉刚才模拟计算布料的效果，见图 5-73。

步骤 2　清除模拟计算布料后，展开布料修改命令的子卷展栏，然后在 Group（组）项目状态下选择窗帘模型的顶部控制点，见图 5-74。

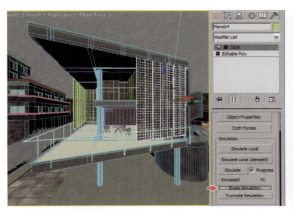

图 5-73　清除模拟

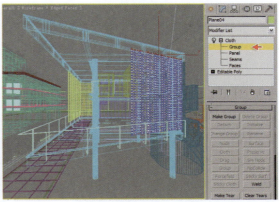

图 5-74　选择控制点

步骤 3　在组卷展栏中单击 [Make Group]（设定组）按钮，将选择窗帘模型的顶部控制点进行锁定，见图 5-75。

步骤 4　在组卷展栏中单击 [Preserve]（保留）按钮，使设定的组不进行布料模拟，见图 5-76。

> **贴心提示**
> 利用选择的顶点可以创建组，相应的组将显示在以下列表中，以便将其指定给对象。

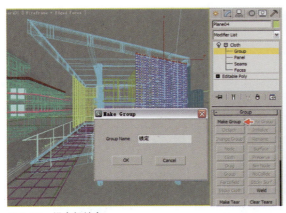

图 5-75　设定组锁定

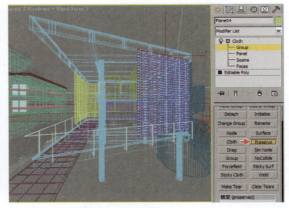

图 5-76　保留操作

步骤 5　在布料的对象对话框中单击 [Simulate]（模拟）按钮，再次模拟计算布料的效果，见图 5-77。

步骤 6　在布料的对象对话框中单击 [Object Properties]（对象属性）按钮，在弹出的对象属性对话框中将布料属性设置为 Flannel（绒布）预设类型，见图 5-78。

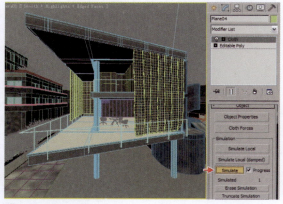

图 5-77　模拟计算

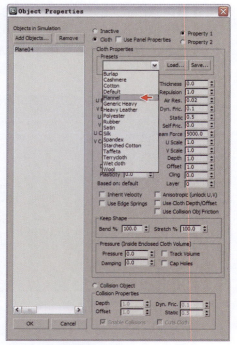

图 5-78　布料预设

步骤7　在布料的对象卷展栏中单击 Erase Simulation （清除模拟）按钮，清除掉刚才模拟计算布料的效果，见图5-79。

步骤8　在布料的对象卷展栏中单击 Simulate Local （模拟本地）按钮，见图5-80。

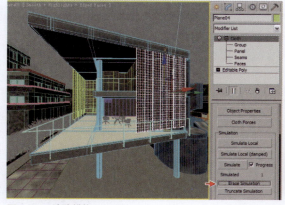

图 5-79　清除模拟

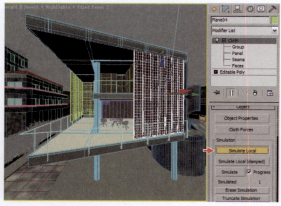

图 5-80　模拟本地操作

步骤9　在对象属性中单击 Add Objects... （添加对象）按钮，在弹出的对话框中将另外的布料模型添加其中，见图5-81。

步骤 10　添加另外的布料模型后，将布料属性同样设置为 Flannel（绒布）预设类型，见图 5-82。

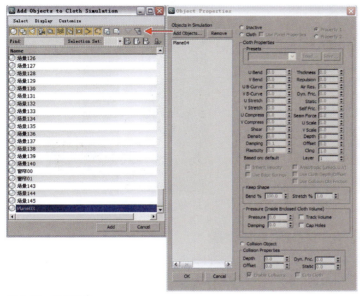

图 5-81　添加对象　　　　　　　　　　　　　　　图 5-82　布料预设

步骤 11　将另外的布料模型继续单击 Make Group （设定组）按钮，将选择窗帘模型的顶部控制点进行锁定，见图 5-83。

步骤 12　在组卷展栏中单击 Preserve （保留）按钮，使设定的组不进行布料模拟，见图 5-84。

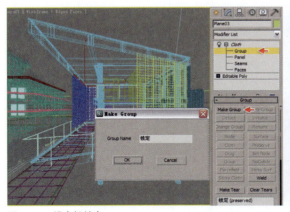

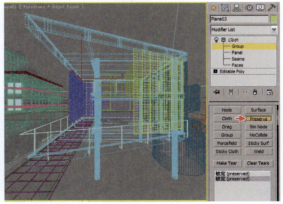

图 5-83　设定组锁定　　　　　　　　　　　　　　图 5-84　保留操作

步骤 13　在布料的对象卷展栏中单击 Simulate Local （模拟本地）按钮，见图 5-85。

步骤 14　在主工具栏中单击 （渲染）工具，预览一下当前静止的效果，见图 5-86。

贴心提示

模拟本地与模拟的区别就是前者可以设置任何一帧为第 1 帧，避免因布料下落影响到整体动画。

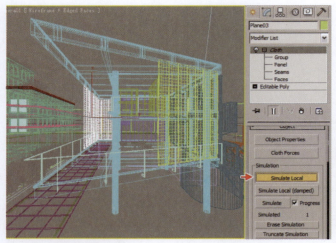

图 5-85　模拟本地操作

图 5-86　预览当前效果

总流程 3　制作风力与碰撞

制作布料动画特效《夏日风情》的第三个流程（步骤）是制作风力与碰撞，制作又分为 3 个流程：①增加风力效果、②制作碰撞物体、③完成布料动画，见图 5-87。

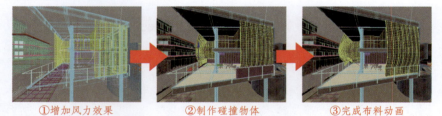

①增加风力效果　　　②制作碰撞物体　　　③完成布料动画

图 5-87　制作风力与碰撞流程图（总流程 3）

步骤 1　在模拟卷展栏中开启 Self Collision（自相冲突）项目，然后再设置自相冲突值为 2，见图 5-88。

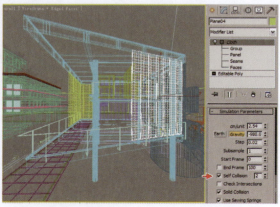

图 5-88　自相冲突设置

步骤2　在 ☀（创建）面板 ≋（空间扭曲）中选择 Forces（力学）的 `Wind`（风力）按钮，然后在场景中建立，见图 5-89。

步骤3　选择窗帘模型并在 ◢（修改）面板的对象卷展栏中单击 `Cloth Forces`（布料力）按钮，在弹出的对话框中将力学移至模拟当中，见图 5-90。

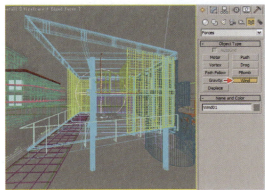

图 5-89　建立风力

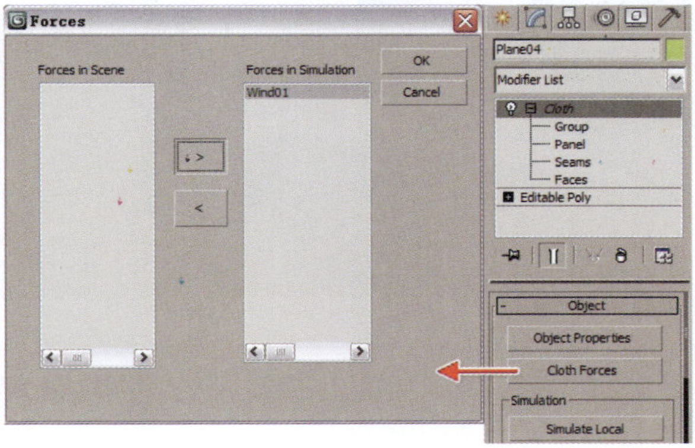

图 5-90　添加布料力

步骤4　在布料的对象对话框中单击 `Simulate`（模拟）按钮，再次模拟计算布料的效果，见图 5-91。

步骤5　选择风力图标，在 ◢（修改）面板的属性卷展栏中将类型设置为 Spherical（球形），然后再设置 Strength（强度）为 150、Decay（衰退）为 0.01、Turbulence（湍流）为 100、Frequency（频率）为 5，见图 5-92。

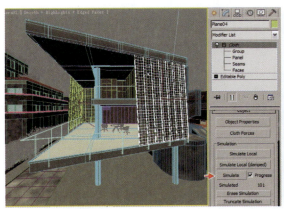

图 5-91　模拟计算

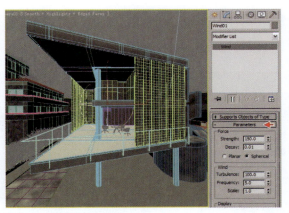

图 5-92　设置风力属性

步骤6　切换回布料修改命令，在对象对话框中单击 `Simulate`（模拟）按钮，再次模拟计算布料的效果，见图 5-93。

步骤7　在视图中预览模拟计算布料的效果，可以看到，布料穿过栏杆产生了错误，见图 5-94。

贴心提示

在以往进行过的模拟计算状态下，需要再次模拟计算需先进行清除模拟操作，然后再进行新的模拟计算。

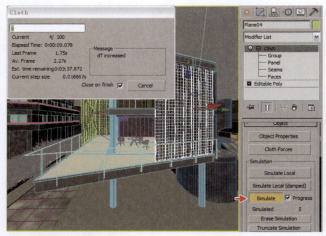

图 5-93　模拟计算

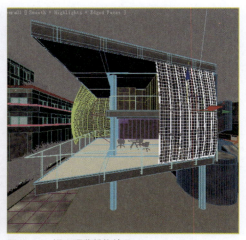

图 5-94　视图预览模拟效果

贴心提示

冲突对象主要可以控制 Depth（深度）、Dyn Fric（动态摩擦力）、Offset（补偿）和 Static（静态摩擦力）。

步骤8　在 （创建）面板 ◯（几何体）中选择 ▢ Box ▢（长方体），然后在栏杆位置建立，作为阻挡窗帘的物体，见图 5-95。

步骤9　在布料的对象对话框中进入对象属性，在弹出的对象属性对话框中将长方体添加其中，然后再设置 Collision Object（冲突对象），见图 5-96。

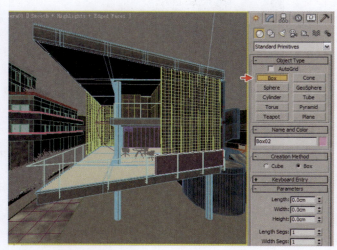

图 5-95　建立长方体

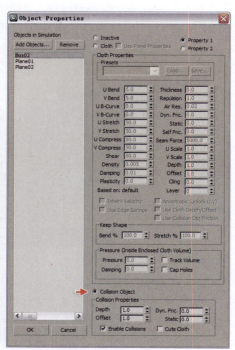

图 5-96　添加并设置

步骤 10 再次单击 Simulate （模拟）按钮，继续模拟计算布料的效果，见图5-97。

步骤 11 在视图中预览模拟计算布料的效果，此次布料被长方体阻挡，见图5-98。

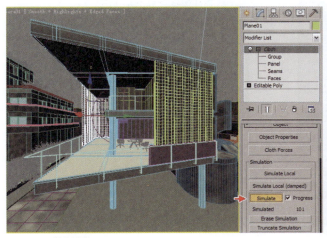 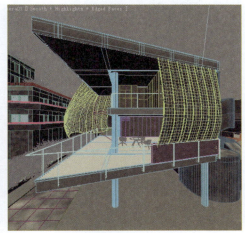

图5-97 模拟计算　　　　　　　　　　　　　　图5-98 预览视图模拟效果

步骤 12 调节视图的预览角度，为另一组窗帘也添加 Box （长方体）作为阻挡窗帘的物体，见图5-99。

步骤 13 在布料的对象属性中将长方体添加其中，然后再设置Collision Object（冲突对象）和模拟计算，见图5-100。

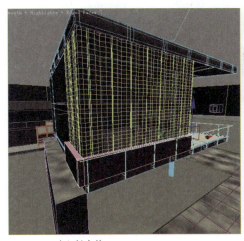 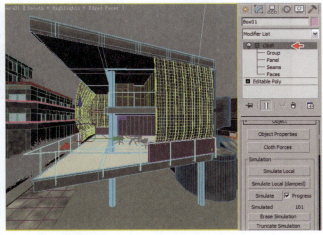

图5-99 建立长方体　　　　　　　　　　　　　图5-100 添加并设置

步骤 14 选择具有阻挡作用的长方体，然后再单击鼠标右键，在弹出的四元菜单中选择Hide Selection（隐藏选择）命令，见图5-101。

步骤 15 隐藏选择后，在视图中的长方体已经消失，遮挡布料的计算仍然被保留下来，见图5-102。

步骤 16 如果需要渲染动画效果，应先设置存储格式与路径，渲染布料窗帘被风吹起的效果见图5-103。

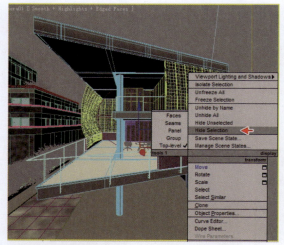

图 5-101　隐藏选择

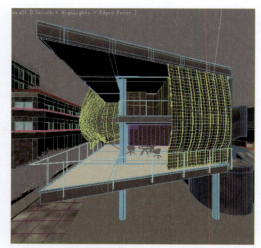

图 5-102　视图效果

图 5-103　渲染动画效果

本章小结

　　本章主要讲解毛发系统和布料系统中的理论知识、基本原理、基本功能和用法，配合范例毛发动画特效《丛林之王》和布料动画特效《夏日风情》，更是让读者亲身体会和了解毛发系统和布料系统综合应用的流程、方法和具体步骤，从而更快地掌握三维毛发与布料特效的制作方法。

本章作业

一、举一反三

　　通过对本章的理论和范例制作的学习，希望读者参考书中范例自己动手制作多种类别的动画，比如"毛绒玩具"、"浓密草丛"、"飘逸长发"、"旗帜"、"长袍"等，以充分理解和掌握本章的主要内容。

二、练习与实训

项目编号	实训名称	实训页码
实训 5-1	动画毛发特效《胡须角色》	见《动画特效实训》P61
实训 5-2	动画毛发特效《仙人球》	见《动画特效实训》P64
实训 5-3	动画毛发特效《兽中之王》	见《动画特效实训》P67
实训 5-4	动画毛发特效《男性头发》	见《动画特效实训》P70
实训 5-5	动画布料特效《长袍侠客》	见《动画特效实训》P73
实训 5-6	动画布料特效《披风精灵》	见《动画特效实训》P76

＊详细内容与要求请看配套练习册《动画特效实训》。

6

环境氛围特效技法

关键知识点
● 环境命令和对话框
● 渲染命令和对话框
● Video Post 视频合成技法

内容提要

本章由 7 节组成。主要讲解三维环境特效的理论知识、原理和应用方法，包括环境命令和对话框、渲染命令和对话框、Video Post 视频合成技法，以及特效范例《AfterBurn 烟雾》、《高耸山脉》和《海面效果》的制作流程、方法和具体步骤。最后是本章小结和本章作业。

本章教学环境：多媒体教室、软件平台 3ds Max
本章学时建议：26 学时（含 17 学时实践）

第一节　艺术指导原则

在动画电影中，由于情节发展需要制作一些真实性的三维环境氛围特效。3ds Max 的环境特效功能十分强大，完全可以全真模拟各种真实感气氛的场景，比如标准雾、分层雾、体雾、体积光和燃烧效果的场景，还可以通过背景贴图的设置来创建所需要的场景效果，众多的选择对象为读者提供了丰富多彩的三维环境效果。

第二节　环境命令和对话框

用于环境效果和渲染效果的两个独立对话框合并成了一个对话框，在菜单栏中选择【Rendering（渲染）】→【Environment（环境）】命令，见图 6-1。

图 6-1　环境命令选项卡和对话框

一、公用参数卷展栏

公用参数卷展栏主要控制环境的背景设置，主要有颜色和环境贴图两种方式，从而丰富三维场景的背景效果。

- Color（颜色）：设置场景背景的颜色。
- Environment Map（环境贴图）：用来设置一个环境背景的贴图。当指定了一个环境贴图后，它的名称会显示在按钮上，否则会显示 None（无），见图 6-2。
- Use Map（使用贴图）：使用贴图作为背景而不是背景颜色。

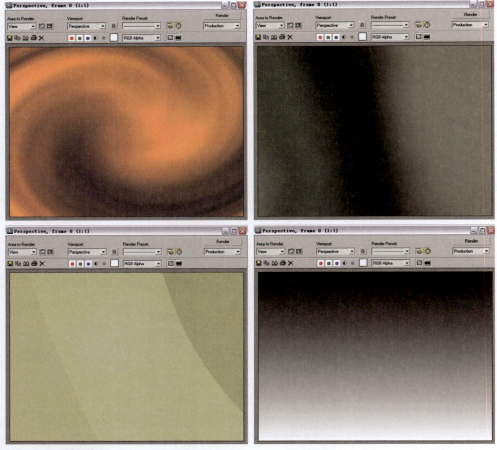

图6-2 环境贴图效果

二、曝光控制卷展栏

曝光控制是用于调整渲染输出级别和颜色范围的插件组件，就像调整胶片曝光一样，此过程就是所谓的色调贴图。如果渲染使用光能传递并且处理高动态范围 HDR 图像，这些控制尤其有用。

- 下拉列表：选择要使用的曝光控制。
- Active（活动）：开启是否使用曝光控制。
- Process Background（处理背景与环境贴图）：是否启用，场景背景贴图和场景环境贴图受曝光控制的影响。
- Render Preview（渲染预览）：单击可以渲染预览缩略图。

三、大气卷展栏

大气卷展栏主要用来添加火焰效果和雾、体积雾及体积光效果。使用大气效果，可以使创建的场景更加真实。在使用燃烧和体积雾大气效果之前，需要增加一个大气装置，用来限制产生大气效果的范围。

- Effects（效果）：显示已添加的效果队列。在渲染期间，效果在场景中按线性顺序计算。
- Name（名称）：为列表中的效果自定义名称。
- Merge（合并）：合并其他 3ds Max 场景文件中的效果。
- Add（添加）：用来为场景增加一个大气效果，添加大气效果对话框见图 6-3。

图 6-3　添加大气效果对话框

四、火焰效果与卷展栏

使用大气效果，可以使创建的场景更加真实。在使用燃烧和体雾大气效果之前，需要在创建面板下辅助对象的大气装置中增加一个大气装置，用来限制产生大气效果的范围。

火焰效果可以生成动画的火焰、烟雾和爆炸效果，火焰效果用法包括篝火、火炬、火球、烟云和星云等，见图 6-4。火焰效果参数卷展栏见图 6-5。

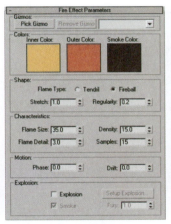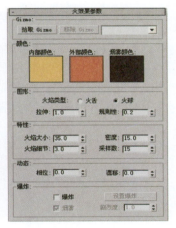

图 6-4　火焰效果　　　　　　　图 6-5　火焰效果参数卷展栏

- Pick Gizmo（拾取 Gizmo）：通过单击进入拾取模式，然后单击场景中的某个大气装置。
- Remove Gizmo（移除 Gizmo）：移除 Gizmo 列表中所选的 Gizmo。
- Inner Color（内部颜色）：设置效果中最密集部分的颜色，代表火焰中最热的部分。
- Outer Color（外部颜色）：设置效果中最稀薄部分的颜色，代表火焰中较冷的散热边缘。
- Smoke Color（烟雾颜色）：设置用于爆炸选项的烟雾颜色。
- Tendril（火舌）：沿着中心使用纹理创建带方向的火焰，火焰方向沿着火焰装置的局部 Z 轴，创建类似篝火的火焰，见图 6-6。
- Fireball（火球）：创建圆形的爆炸火焰，很适合爆炸效果，见图 6-7。
- Stretch（拉伸）：将火焰沿着装置的 Z 轴缩放，拉伸最适合火舌火焰，可以使用拉伸将火球变为椭圆形状，见图 6-8。

图 6-6　火舌效果

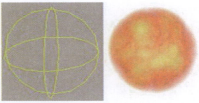
图 6-7　火球效果

- **Regularity**（规则性）：修改火焰填充装置的方式，范围为 0.0 至 1.0，见图 6-9。

图 6-8　拉伸效果

图 6-9　规则性效果

- **Flame Size**（火焰大小）：设置装置中各个火焰的大小，装置大小也会影响火焰大小。使用 15 到 30 范围内的值可以获得最佳效果，见图 6-10。
- **Flame Detail**（火焰细节）：控制每个火焰中显示的颜色更改量和边缘尖锐度。
- **Density**（密度）：设置火焰效果的不透明度和亮度，见图 6-11。

图 6-10　火焰大小效果

图 6-11　密度效果

- **Samples**（采样数）：设置效果的采样率。值越高，生成的结果越准确，渲染所需的时间也越长。
- **Phase**（相位）：控制更改火焰效果的速率，见图 6-12。

图 6-12　相位效果

- **Drift**（漂移）：设置火焰沿着火焰装置的 Z 轴的渲染方式。较低的值提供燃烧较慢的冷火焰，较高的值提供燃烧较快的热火焰。
- **Explosion**（爆炸）：根据相位值动画自动设置大小、密度和颜色的动画。

- Fury（剧烈度）：改变相位参数的涡流效果。
- Setup Explosion（设置爆炸）：显示设置爆炸相位曲线对话框。输入开始时间和结束时间，然后单击确定，相位值自动为典型的爆炸效果设置动画。

五、雾效果与卷展栏

现实中的大气远没有虚拟中的纯净，其中充满了空气和尘埃，为了使生成的场景更加真实，通常要给场景增添一些雾化效果，使得远处的对象看起来模糊一些，见图 6-13。

雾效果可以使用雾或灰尘朦胧地遮蔽场景对象或背景，使视图中较远的对象不清楚，不必使用大气装置。雾参数卷展栏见图 6-14。

图 6-13　雾效果　　　　　　　　　　　图 6-14　雾参数卷展栏

- Color（颜色）：设置雾的颜色，单击色样后在颜色选择器中选择所需的颜色。
- Environment Color Map（环境颜色贴图）：从贴图导出雾的颜色。
- Use Map（使用贴图）：切换此贴图效果的启用或禁用。
- Environment Opacity Map（环境不透明度贴图）：更改雾的密度。
- Fog Background（雾化背景）：将雾功能应用于场景的背景。
- Type（类型）：选择标准时，将使用"标准"部分的参数；选择分层时，将使用"分层"部分的参数。
- Exponential（指数）：随距离按指数增大密度。禁用时，密度随距离线性增大，只有希望渲染体积雾中的透明对象时，才应激活此复选框。
- Near（近端）：设置雾在近距范围的密度。
- Far（远端）：设置雾在远距范围的密度。
- Top（顶）：设置雾层的上限（使用世界单位）。
- Bottom（底）：设置雾层的下限（使用世界单位）。
- Density（密度）：设置雾的总体密度。
- Falloff（衰减）：添加指数衰减效果，使密度在雾范围的顶或底减小到 0。
- Horizon Noise（地平线噪波）：启用地平线噪波系统，地平线噪波仅影响雾层的地平线，增加真实感。

- Size（大小）：应用于噪波的缩放系数，缩放系数值越大，雾效果也就越大。
- Angle（角度）：受影响的噪波系数与地平线的角度。
- Phase（相位）：设置此参数的动画将设置成噪波的动画。

六、体积雾效果与卷展栏

为场景创作出各种各样的云、雾和烟的效果，主要丰富三维场景的空间感，见图 6-15。

可以控制云雾的色彩浓淡等，也能像分层雾一样使用噪声参数，可制作飘忽不定的云雾，很适合创建可以被风吹动的云之类的动画。体积雾参数卷展栏见图 6-16。

图 6-15 体积雾效果

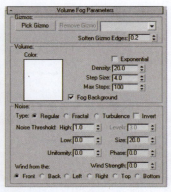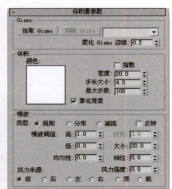

图 6-16 体积雾参数卷展栏

- Pick Gizmo（拾取 Gizmo）：通过单击进入拾取模式，然后单击场景中的某个大气装置。
- Remove Gizmo（移除 Gizmo）：移除 Gizmo 列表中所选的 Gizmo。
- Soften Gizmo Edges（柔化 Gizmo 边缘）：羽化体积雾效果的边缘，值越大，边缘就越柔化。
- Color（颜色）：设置雾的颜色。单击色样后，在颜色选择器中选择所需的颜色。
- Exponential（指数）：随距离按指数增大密度。禁用时，密度随距离线性增大。只有希望渲染体积雾中的透明对象时，才应激活此复选框。
- Density（密度）：控制雾的密度，见图 6-17。
- Step Size（步长大小）：确定雾采样的粒度和雾的细度。步长大小值高会使雾变粗糙，到了一定程度，将变为锯齿。
- Max Steps（最大步数）：限制采样量，如果雾的密度较小，此选项尤其有用。

图 6-17 密度效果

- Fog Background（雾化背景）：将雾功能应用于场景的背景。
- Type（类型）：从三种噪波类型中选择要应用的一种类型。规则是标准的噪波图案，分形是迭代分形噪波图案，湍流是迭代湍流图案。
- Invert（反转）：反转噪波效果。浓雾将变为半透明的雾，反之亦然。

- Noise Threshold（噪波阈值）：限制噪波效果，范围为 0 至 1。如果噪波值高于"低"阈值而低于"高"阈值，动态范围会拉伸到 0 至 1。在阈值转换时会补偿较小的不连续（第 1 级而不是 0 级），会减少产生的锯齿。

- High（高）：设置高阈值。

- Low（低）：设置低阈值。

- Uniformity（均匀性）：范围从 -1 到 1，作用与高通过滤器类似。值越小，体积越透明，雾效果也就越薄。

- Levels（级别）：设置噪波迭代应用的次数，只有分形或湍流噪波才启用。

- Size（大小）：确定烟或雾的大小，值越小，卷也就越小，见图 6-18。

图 6-18　烟或雾大小效果

- Phase（相位）：控制风的种子，如果风力强度的设置大于 0，雾体积会根据风向产生动画。如果没有风力强度，雾将在原处涡流。

- Wind Strength（风力强度）：控制烟雾远离风向的速度。如果相位没有设置动画，无论风力强度有多大，烟雾都不会移动。通过使相位随着风力强度而慢慢变化，雾的移动速度将大于其涡流速度。

- Wind from the（风力来源）：定义风来自于哪个方向。

七、体积光效果与卷展栏

能够产生灯光透过灰尘和雾的自然效果，利用它可以很方便地模拟大雾中汽车前灯照射路面等场景，见图 6-19。

体积光提供了使用粒子填充光锥的能力，以便在渲染时使光柱或光环清晰可见。体积光参数卷展栏见图 6-20。

图 6-19　体积光效果

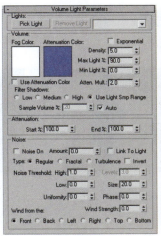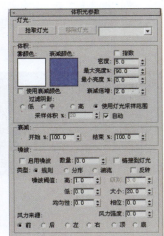

图 6-20　体积光参数卷展栏

- **Pick Light**（拾取灯光）：在任意视图中单击要为体积光启用的灯光，可以拾取多个灯光。
- **Remove Light**（移除灯光）：将灯光从列表中移除。
- **Fog Color**（雾颜色）：设置组成体积光的雾的颜色，单击色样后在颜色选择器中选择所需的颜色。
- **Attenuation Color**（衰减颜色）：体积光随距离而衰减。体积光经过灯光的近距衰减距离和远距衰减距离，从雾颜色渐变到衰减颜色。
- **Use Attenuation Color**（使用衰减颜色）：激活衰减颜色。
- **Exponential**（指数）：随距离按指数增大密度。禁用时，密度随距离线性增大。只有希望渲染体积雾中的透明对象时，才应激活此复选框。
- **Density**（密度）：设置雾的密度。雾越密，从体积雾反射的灯光就越多。密度为 2% 到 6% 可能会获得最具真实感的雾体积，见图 6-21。
- **Max Light**（最大亮度）：表示可以达到的最大光晕效果。
- **Min Light**（最小亮度）：与环境光设置类似。如最小亮度大于 0，光体积外面的区域也会发光。
- **Attenuation Multiplier**（衰减倍增）：调整衰减颜色的效果。
- **Filter Shadows**（过滤阴影）：用于通过提高采样率获得更高质量的体积光渲染，但会增加渲染时间。
- **Low**（低）：不过滤图像缓冲区，而是直接采样。此选项适合 8 位图像、AVI 文件等。
- **Medium**（中）：对相邻的像素采样并求均值。当出现条带类型缺陷情况时，可以使质量得到非常明显的改进。
- **High**（高）：对相邻的像素和对角像素采样，为每个像素指定不同的权重。这种方法速度最慢，提供的质量要比"中"好一些。
- **Use Light Smp Range**（使用灯光采样范围）：根据灯光的阴影参数中的采样范围值，使体积光中投射的阴影变模糊。
- **Sample Volume**（采样体积）：控制体积的采样率。
- **Auto**（自动）：自动控制采样体积参数，禁用微调器。
- **Start**（开始）：设置灯光效果的开始衰减，与实际灯光参数的衰减相对。
- **End**（结束）：设置照明效果的结束衰减，与实际灯光参数的衰减相对。通过设置此值低于 100%，可以获得光晕衰减的灯光，此灯光投射的光比实际发光的范围要远得多，见图 6-22。

图 6-21　密度效果

图 6-22　衰减效果

- **Noise On**（启用噪波）：启用时，体积光中将产生噪波效果，但渲染的时间会稍有增加，见图 6-23。

- Amount（数量）：应用于噪波的百分比。
- Link To Light（链接到灯光）：将噪波效果链接到其灯光对象，而不是世界坐标。
- Regular（规则）：标准的噪波图案。
- Fractal（分形）：迭代分形噪波图案。
- Turbulence（湍流）：迭代湍流图案。
- Invert（反转）：反转噪波效果。浓雾将变为半透明的雾，反之亦然。
- Noise Threshold（噪波阈值）：限制噪波效果。如果噪波值高于"低"阈值而低于"高"阈值，动态范围会拉伸到填满 0 至 1。
- High（高）：设置高阈值。
- Low（低）：设置低阈值。
- Uniformity（均匀性）：作用类似高通过滤器，值越小体积就越透明，其中还包含分散的烟雾泡。
- Levels（级别）：设置噪波迭代应用的次数，此参数可设置动画，只有分形或湍流噪波才启用。
- Size（大小）：确定烟卷或雾卷的大小，值越小卷越小，见图 6-24。

图 6-23 启用噪波效果

图 6-24 烟卷或雾卷大小效果

- Phase（相位）：控制风的种子。
- Wind Strength（风力强度）：控制烟雾远离风向（相对于相位）的速度。
- Wind from the（风力来源）：定义风来自于哪个方向。

第三节　渲染效果和对话框

渲染效果的功能可以为场景加入一些视频后期效果，它们被交互地使用在虚拟帧缓冲区中，不需要渲染场景就可以观看到结果。通过渲染效果对话框，能够增加各种渲染效果，并且在最终渲染图像或动画前观察其效果，见图 6-25。

图 6-25 渲染效果面板

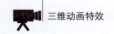

一、镜头效果与卷展栏

镜头效果适用于创建真实效果的系统，通常与摄影机关联，见图 6-26。

这些效果包括光晕、光环、射线、自动二级光斑、手动二级光斑、星形和条纹。镜头效果参数卷展栏见图 6-27。

图 6-26　镜头效果

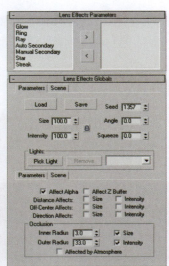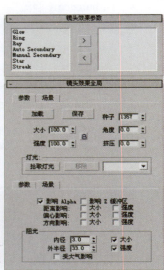

图 6-27　镜头效果参数卷展栏

- **Load**（加载）：显示加载镜头效果文件对话框，可以用于打开 LZV 文件。LZV 文件格式包含上一个镜头效果保存的配置信息。
- **Save**（保存）：显示保存镜头效果文件对话框，可以用于保存 LZV 文件。
- **Size**（大小）：影响总体镜头效果的大小，此值是渲染帧的大小的百分比。
- **Intensity**（强度）：控制镜头效果的总体亮度和不透明度。值越大，效果越亮越不透明；值越小，效果越暗越透明。
- **Seed**（种子）：为镜头效果中的随机数生成器提供不同的起点，创建略有不同的镜头效果，而不更改任何设置。使用种子可以保证镜头效果不同，即使差异很小。
- **Angle**（角度）：在效果与摄影机相对位置改变时，影响镜头效果从默认位置旋转的角度。
- **Squeeze**（挤压）：在水平方向或垂直方向挤压总体镜头效果的大小，补偿不同的帧纵横比。正值时在水平方向拉伸效果，负值时在垂直方向拉伸效果。
- **Pick Light**（拾取灯光）：可以直接通过视图选择灯光，也可以按"H"键显示选择对象对话框，从中选择灯光。
- **Remove**（移除）：移除所选的灯光。
- 下拉列表：可以快速访问已添加到镜头效果中的灯光。
- **Affect Alpha**（影响 Alpha 通道）：指定如果图像以 32 位文件格式渲染，镜头效果是否影响图像的 Alpha 通道。Alpha 通道是颜色的额外 8 位（256 色），用于指示图像中的透明度。
- **Affect Z Buffer**（影响 Z 缓冲区）：存储对象与摄影机的距离，Z 缓冲区用于光学效果。

- **Distance Affects**（距离影响）：允许与摄影机或视图的距离影响效果的大小和强度。
- **Off-Center Affects**（偏心影响）：允许与摄影机或视图偏心的效果影响效果的大小和强度。
- **Direction Affects**（方向影响）：允许聚光灯相对于摄影机的方向影响效果的大小和强度。
- **Inner Radius**（内径）：设置效果周围的内径，另一个场景对象必须与内径相交，才能完全阻挡效果。
- **Outer Radius**（外半径）：设置效果周围的外径，另一个场景对象必须与外径相交，才能开始阻挡效果。
- **Size**（大小）：减小所阻挡效果的大小。
- **Intensity**（强度）：减小所阻挡效果的强度。
- **Affected by Atmosphere**（受大气影响）：允许大气效果阻挡镜头效果。
- **Glow**（光晕）镜头效果：可以用于在指定对象的周围添加光环。例如，对于爆炸粒子系统，给粒子添加光晕使它们看起来好像更明亮而且更热，见图6-28。
- **Ring**（光环）镜头效果：是环绕原对象中心的环形彩色条带，见图6-29。

图6-28 光晕镜头效果

图6-29 光环镜头效果

- **Ray**（射线）镜头效果：是从原对象中心发出的明亮的直线，为对象提供亮度很高的效果，可以模拟摄影机镜头元素的划痕，见图6-30。
- **Auto Secondary**（自动二级光斑）镜头效果：是可以正常看到的一些小圆，沿着与摄影机位置相对的轴从镜头光斑源中发出，由灯光从摄影机中不同的镜头元素折射而产生。随着摄影机的位置相对于原对象更改，二级光斑也随之移动，见图6-31。

图6-30 射线镜头效果

图6-31 自动二级光斑镜头效果

- Manual Secondary（手动二级光斑）镜头效果：是单独添加到镜头光斑中的附加二级光斑，可以附加也可以取代自动二级光斑。如果要添加不希望重复使用的唯一光斑，应使用手动二级光斑。
- Star（星形）镜头效果：效果比射线效果要大，由 0 到 30 个辐射线组成，而不像射线由数百个辐射线组成，见图 6-32。
- Streak（条纹）镜头效果：是穿过原对象中心的条带。在实际使用摄影机时，使用失真镜头拍摄场景时会产生条纹，见图 6-33。

图 6-32　星形镜头效果

图 6-33　条纹镜头效果

二、其他效果

在效果中还提供了模糊、亮度和对比度、色彩平衡、景深、文件输出、胶片颗粒、运动模糊等控制，自行安装的第三方插件效果也在此处显示，见图 6-34。

图 6-34　添加效果面板

- Blur（模糊）效果：可以通过三种不同的方法使图像变模糊——均匀型、方向型和放射型。模糊效果根据"像素选择"面板中所做的选择应用于各个像素。可以使整个图像变模糊，使非背景场景元素变模糊，按亮度值使图像变模糊，或使用贴图遮罩使图像变模糊。模糊效果通过渲染对象或摄影机移动的幻影，提高动画的真实感，见图 6-35。
- Brightness and Contrast（亮度和对比度）效果：可以调整图像的对比度和亮度，还用于将渲染场景对象与背景图像或动画进行匹配，见图 6-36。
- Color Balance（色彩平衡）效果：可以通过独立控制 RGB 通道操纵相加 / 相减颜色，见图 6-37。

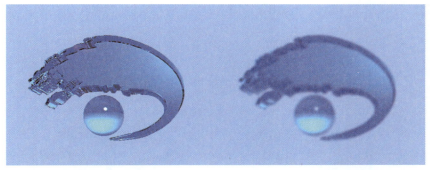

图6-35 模糊效果

图6-36 亮度和对比度效果

图6-37 色彩平衡效果

- **Depth of Field**（景深）效果：模拟在通过摄影机镜头观看时，前景和背景的场景元素的自然模糊。景深的工作原理是将场景沿 **Z** 轴次序分为前景、背景和焦点图像。然后，根据在景深效果参数中设置的值使前景和背景图像模糊，最终的图像由经过处理的原始图像合成，见图6-38。

- **File Output**（文件输出）效果：可以根据在渲染效果堆栈中的位置，在应用部分或所有其他渲染效果之前，获取渲染的快照操作。在渲染动画时，可以将不同的通道保存到独立的文件中。也可以使用文件输出将 **RGB** 图像转换为不同的通道，并将该图像通道发送回渲染效

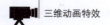

果堆栈。然后再将其他效果应用于该通道。

图 6-38　景深效果

- **Film Grain**（胶片颗粒）效果：用于在渲染场景中重新创建胶片颗粒的效果，还可以将作为背景使用的原材质中（如 AVI 文件）的胶片颗粒与在软件中创建的渲染场景匹配。应用胶片颗粒时，将自动随机创建移动帧的效果，见图 6-39。

图 6-39　胶片颗粒效果

- **Motion Blur**（运动模糊）效果：通过使移动的对象或整个场景变模糊，将图像运动模糊应用于渲染场景。运动模糊通过模拟实际摄影机的工作方式，可以增强渲染动画的真实感。摄影机有快门速度，如果场景中的物体或摄影机本身在快门打开时发生了明显移动，胶片上的图像将变模糊，见图 6-40。

图 6-40　运动模糊效果

第四节　Video Post 视频合成技法

　　Video Post 可提供不同类型事件的合成渲染输出，包括当前场景、位图图像、图像处理功能、光效等，是独立的无模式对话框，与轨迹视图外观相似。该对话框的编辑窗口会显示完成视频中每个事件出现的时间，每个事件都与具有范围栏的轨迹相关联，见图 6-41。

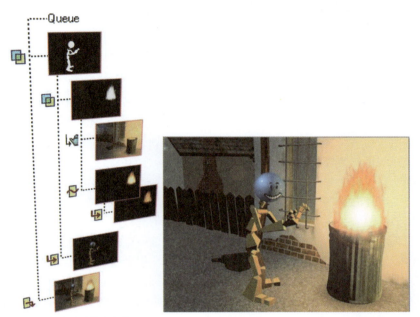

图 6-41　视频合成轨迹和效果

　　要开启 Video Post 视频编辑合成器对话框，请在菜单栏中选择【Rendering（渲染）】→【Video Post（视频合成）】命令，见图 6-42。

图 6-42　视频合成命令和对话框

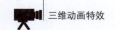

一、Video Post 工具栏

Video Post 工具栏包含的工具用于处理 Video Post 文件、管理显示在 Video Post 队列和事件轨迹区域中的单个事件，见图 6-43。

图 6-43 Video Post 工具栏

- 　（新建序列）：新建序列按钮可创建新 Video Post 序列。
- 　（打开序列）：打开序列按钮可打开存储在磁盘上的 Video Post 序列。
- 　（保存序列）：用来把设置的视频编辑合成保存到一个标准的 VPX 文件中，以便将来用于其他场景。
- 　（编辑当前事件）：序列窗口中如果有编辑事件，选择一个事件，单击此按钮可以打开当前所选择的事件参数设置对话框，用来编辑当前所选的事件。
- 　（删除当前事件）：将当前选择的事件删除。
- 　（交换事件的顺序）：当两个相邻的事件被选择时，该按钮变为活动状态，单击它可以将两个事件的前后次序颠倒，用于相互之间次序的调整。
- 　（执行序列）：用来对当前 Video Post 中的序列进行输出渲染前最后的设置。
- 　（编辑范围条）：为显示在事件轨迹区域的范围栏提供编辑功能。
- 　（左对齐当前选择）：用来将多个选择的事件范围条左侧对齐。
- 　（右对齐当前选择）：用来将多个选择的事件范围条右侧对齐，与左对齐使用方法相同。
- 　（修改为相同长度）：将多个选择的事件范围条长度与最后一个选择的事件范围条长度进行对齐，并且使它们的长度相同。
- 　（对接当前选择）：用来将所选择的事件范围条对接。
- 　（添加场景事件）：单击此按钮弹出添加场景事件对话框，用来输入当前场景，它涉及渲染设置问题。
- 　（添加图像输入事件）：用来为视频编辑队列中加入各种格式的图像，将它们通过合成控制叠加连接在一起。
- 　（添加图像过滤器事件）：在视频编辑队列中添加一个图像过滤器，它使用 3ds Max 提供的多种过滤器对已有的图像效果进行特殊处理。
- 　（添加图层事件）：这是用于视频编辑的工具，用来将两个子级事件以某种特殊方式与父级事件合成在一起，但合成输入图像和输入场景事件也可以合成图层事件产生嵌套的层级。可以将两个图像或场景合成在一起，利用 Alpha 通道控制透明度，产生一个新的合成图像，或将两段影片连接在一起做淡入淡出等基本转场效果。
- 　（添加图像输出事件）：用来将合成的图像保存到文件或输出到设备中，它与图像输入事件用法相同，不过支持的图像格式要少一些。
- 　（添加外部程序事件）：为当前事件加入一个外部图像处理软件，例如 Photoshop 和 Corel DRAW 等。

- ◪（添加循环事件）：对指定事件进行循环处理，可对所有类型的事件进行操作，包括其自身。加入循环事件后会产生一个层级，子事件为原事件，父事件为循环事件。

二、视频队列窗口与视频编辑窗口

在 Video Post 对话框中，工具栏的下面是视频队列窗口与视频编辑窗口，见图6-44。

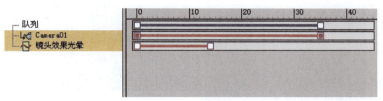

图6-44　视频队列窗口与视频编辑窗口

Video Post 对话框左侧区域为序列窗口，它以分支树的形式将各个事件连接在一起，事件的种类可以任意指定，它们之间也可以分层，与材质编辑器中材质分层或 Track View 中事件分层的概念相同。

在 Video Post 中，序列窗口的目的是安排需要合成项目的顺序，从上至下依次排列，下面的层级会覆盖上面的层级。背景图像应该放在最上层，然后是场景事件。对序列窗口中的事件，双击可以打开参数控制面板对事件进行编辑。在序列窗口中，可以按住"Ctrl"键或"Shift"键来选择多个事件，当前选择的时间以黄色显示。

Video Post 对话框右侧区域为编辑窗口。以范围条表示当前项目作用的时间段，上面有一个可滑动的时间标尺，用于精确时间段的坐标。事件范围条可以移动或缩放，当选择了多个范围条时将激活工具栏上的一些对齐按钮，这时可以进行各种对齐操作。双击事件范围条也能够打开相应的参数控制面板，对事件进行编辑设置。

三、状态栏与显示控制命令

在 Video Post 对话框的最下面是状态栏与显示控制命令，见图6-45。

Edit In/Out Points, pan event.	S:0	E:35	F:36	W:640	H:480	🖐 ⌗ ⌖ 🔍
编辑输入/输出点，平移事件。	S:0	E:35	F:36	W:640	H:480	🖐 ⌗ ⌖ 🔍

图6-45　状态栏与显示控制命令

最左边是贴心提示栏，显示当前所做的操作命令，后面是5个信息栏，显示当前事件的一些时间信息。S 显示当前选择事件的起始帧；E 显示当前选择事件的结束帧；F 显示当前选择事件的总帧数；W/H 显示当前序列最后输出图像的尺寸，单位为 Pixel（像素）。

显示控制工具是位于 Video Post 对话框右下角的4个工具，主要用于序列窗口和编辑窗口的显示操作。🖐用于平移，上下左右移动编辑窗口；⌗用来最大化显示，使内容都出现在对话框中；⌖用来缩放时间标尺；🔍则是把编辑窗口中用鼠标拖动的区域放大到整个编辑窗口。

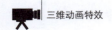

四、镜头效果光斑对话框

镜头效果光斑（Lens Effects Flare）对话框用于将镜头光斑效果作为后期处理添加到渲染中。可以制作带有光芒、光晕和光环的亮星，并且还可以产生由于镜头折射而造成的一串耀斑，常用于模拟太阳、耀眼的灯光等，见图6-46。

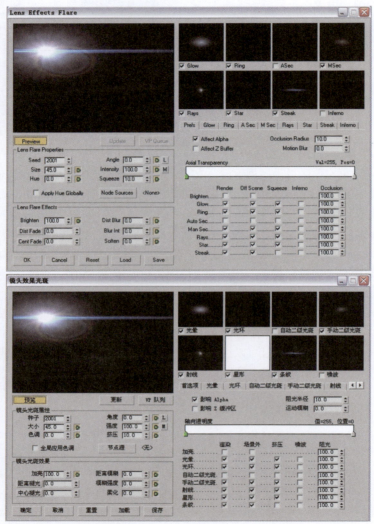

图6-46　镜头效果光斑面板

五、镜头效果高光对话框

Lens Effects Highlight（镜头效果高光）对话框可以指定明亮星形的高光效果。将其应用在具有发光材质的对象上。例如，在灿烂的阳光下一辆闪闪发光的红色汽车可能会显示出高光。另一个最能体现高光效果的较好实例是创建细小的灰尘。如果创建粒子系统，沿直线移动为其设置动画，并为每个像素应用微小的四点高光星形，这样看起来很像闪烁的幻景，见图6-47。

图 6-47　镜头效果高光面板

六、镜头效果光晕对话框

　　镜头效果光晕（Lens Effects Glow）对话框可以用于在任何指定的对象周围添加有光晕的光环。例如，对于爆炸粒子系统，为粒子添加光晕使它们看起来好像更明亮而且更热，见图 6-48。

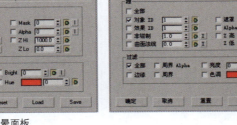

图 6-48　镜头效果光晕面板

七、镜头效果焦点对话框

　　镜头效果焦点（Lens Effects Focus）对话框可用于根据对象距摄影机的距离来模糊对象。焦点使用场景中的 Z 缓冲区信息来创建其模糊效果。可以使用焦点创建效果，如焦点中的前景元素和焦点外的背景元素，见图 6-49。

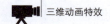

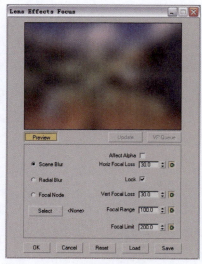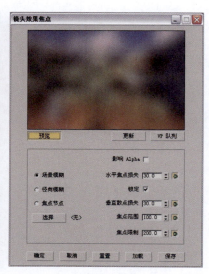

图 6-49 镜头效果焦点面板

第五节 范例制作 6-1 动画环境特效《AfterBurn 烟雾》

一、范例简介

AfterBurn 是 3ds Max 中创建体积粒子效果的专业插件，在电影的特效制作中被广泛应用。本例介绍如何用 AfterBurn 插件特效制作上升的浓烟效果、拖尾的燃烧效果和蘑菇云效果的流程、方法和实施步骤。范例制作中所需素材，位于本书配套光盘中的"范例文件 /6-1 AfterBurn 烟雾"文件夹中。

二、预览范例

打开本书配套光盘中的范例文件 /6-1 AfterBurn 烟雾 /6-1 AfterBurn 烟雾 .mpg 文件。通过观看视频了解本节要讲的大致内容，见图 6-50。

图 6-50 动画特效《AfterBurn 烟雾》预览效果

三、制作流程（步骤）及技巧分析

　　制作本例时主要使用 AfterBurn 插件特效制作上升的浓烟效果、拖尾的燃烧效果和蘑菇云效果，制作总流程（步骤）分为 3 部分：第 1 部分为创建上升浓烟效果；第 2 部分为创建拖尾燃烧效果；第 3 部分为创建蘑菇云效果，见图 6-51。

①创建上升浓烟效果　　　②创建拖尾燃烧效果　　　③创建蘑菇云效果

图 6-51　动画特效《AfterBurn 烟雾》制作总流程（步骤）图

四、具体操作

总流程 1　创建上升浓烟效果

　　制作动画特效《AfterBurn 烟雾》的第一个流程（步骤）是创建上升浓烟效果，制作又分为 3 个流程：①添加烟雾效果、②添加爆炸效果、③添加灯光效果，见图 6-52。

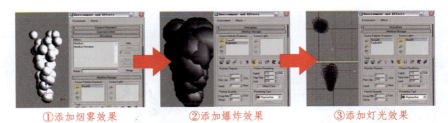

①添加烟雾效果　　　②添加爆炸效果　　　③添加灯光效果

图 6-52　创建上升浓烟效果流程图（总流程 1）

　　步骤 1　在 ☀（创建）面板 ◯（几何体）中单击 Particle Systems（粒子系统）的 Snow （雪）按钮，然后在视图中建立，见图 6-53。

　　步骤 2　在 ✎（修改）面板中设置雪粒子的 Viewport Count（视图数量）为 50、Render Count（渲染数量）为 50、Flake Size（雪花大小）为 0.1，见图 6-54。

　　步骤 3　在菜单中选择【Rendering（渲染）】→【Environment（环境）】命令，准备添加烟雾效果，见图 6-55。

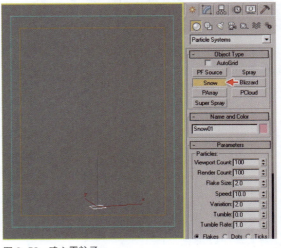

图 6-53　建立雪粒子

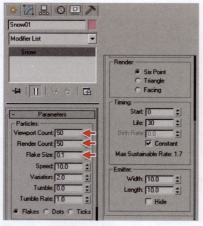 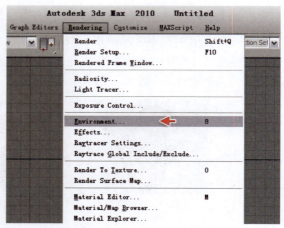

图 6-54　设置雪粒子参数　　　　　　　　图 6-55　选择环境命令

　　步骤 4　在环境对话框中将背景颜色设置为灰色，然后再单击 `Add...`（添加）按钮，在弹出的对话框中选择 AfterBurn（烟雾）插件特效，见图 6-56。

　　步骤 5　添加烟雾特效后，在 AfterBurn Manager（烟雾管理）卷展栏中单击 按钮拾取已经建立的雪粒子发射器，然后再单击 （视图显示）按钮，见图 6-57。

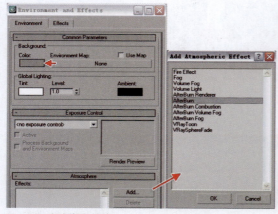 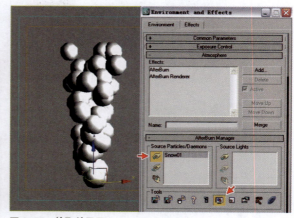

图 6-56　添加烟雾特效　　　　　　　　图 6-57　拾取并显示

　　步骤 6　在主工具栏中单击 （渲染）工具，预览当前产生的烟雾效果，见图 6-58。

　　步骤 7　先在 Illumination Shading Parameters（照明阴影属性）卷展栏中开启 Self Shadows（自身阴影）项，然后再设置 Ambient Color（周围颜色）和 Color（颜色），见图 6-59。

　　步骤 8　预览设置自身阴影和颜色后，烟雾产生的效果明显偏深，见图 6-60。

贴心提示

周围颜色的渐变设置会使烟雾产生深浅层次过渡，使烟雾脱离平面效果，显得更加三维立体化。

三维动画特效

220

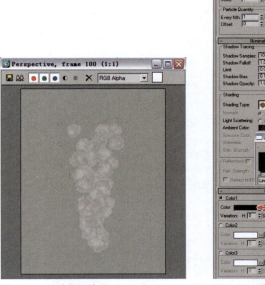

图 6-58 渲染烟雾效果

图 6-59 设置阴影与颜色

图 6-60 渲染烟雾效果

步骤 9 在 Particle Shape Animation Parameters（粒子形状动画属性）卷展栏中的 AFC 按钮上单击鼠标右键，然后在弹出的浮动菜单中选择 Enable（使用）命令，见图 6-61。

步骤 10 在使用图形曲线控制后，分别设置 Low Value（低值）和 Hi Value（高值），还可以单击 （实时预览）按钮观看当前设置的烟雾效果，见图 6-62。

图 6-61 使用曲线控制

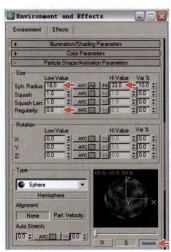

图 6-62 粒子形状设置

> **贴心提示**
> 实时预览按钮可以直观地看到当前设置参数的效果，不必每次都进行渲染操作。

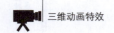

步骤 11 在主工具栏中单击 （渲染）工具，预览设置粒子形状动画属性后产生的烟雾效果，见图 6-63。

步骤 12 继续设置 Noise Shape Parameters（噪波形状属性）和 Noise Animation Parameters（噪波动画属性），见图 6-64。

图 6-63 渲染烟雾效果

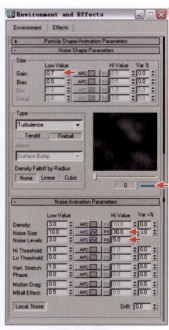

图 6-64 设置噪波属性

步骤 13 预览设置噪波形状和噪波动画后，烟雾产生的效果更加贴近真实，见图 6-65。

步骤 14 在 （创建）面板 （辅助对象）中选择 AfterBurn Daemons（烟雾进程）的 Explode （爆炸）按钮，然后在视图中建立，见图 6-66。

图 6-65 渲染烟雾效果

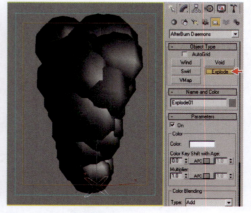

图 6-66 建立烟雾爆炸

步骤 15 在爆炸中设置 Color（颜色）由黑至红、再由红至黑的渐变效果，设置 Multiplier（倍增）值为 8，然后在 AFC 按钮上单击鼠标右键并选择 Enable（使用）命令，见图 6-67。

步骤 16 在 AfterBurn Manager（烟雾管理）卷展栏中单击 按钮拾取建立的烟雾爆炸器，见图 6-68。

贴心提示

设置图形曲线的目的是使内部爆炸颜色更加丰富，得到模拟真实燃烧的区域颜色，所以在设置渐变颜色时反差一定要大一些。

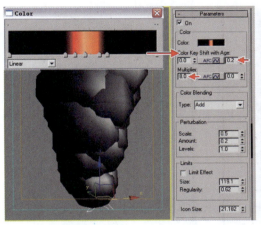

图 6-67 设置烟雾爆炸

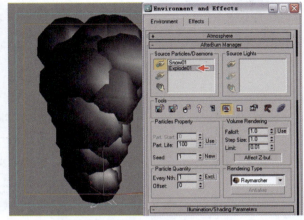

图 6-68 拾取烟雾爆炸器

步骤 17 在主工具栏中单击 （渲染）工具，预览设置爆炸后产生的烟雾效果，见图 6-69。

步骤 18 在 （创建）面板 （灯光）中选择 Omni （泛光灯）命令，然后在视图中建立，见图 6-70。

图 6-69 渲染烟雾效果

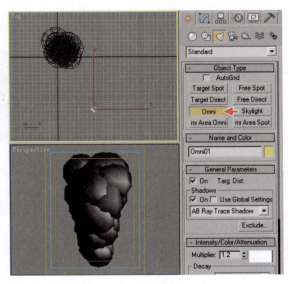

图 6-70 建立泛光灯

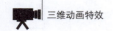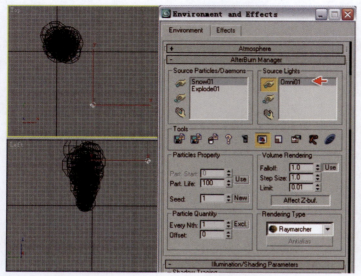

步骤 19　在 AfterBurn Manager（烟雾管理）卷展栏中单击按钮拾取建立的泛光灯，使灯光同样被烟雾所计算，见图 6-71。

步骤 20　在主工具栏中单击（渲染）工具，预览拾取灯光后产生的烟雾效果，烟雾已经产生厚重层次的效果，见图 6-72。

图 6-71　拾取泛光灯

图 6-72　渲染烟雾效果

总流程2　创建拖尾燃烧效果

制作动画特效《AfterBurn 烟雾》的第二个流程（步骤）是创建拖尾燃烧效果，制作又分为 3 个流程：①设置路径粒子、②添加烟火特效、③添加爆炸与灯光，见图 6-73。

①设置路径粒子　　②添加烟火特效　　③添加爆炸与灯光

图 6-73　创建拖尾燃烧效果流程图（总流程2）

步骤 1　在（创建）面板（几何体）中选择 Particle Systems（粒子系统）的 PCloud（粒子云）按钮，然后在视图中建立，见图 6-74。

步骤 2　在（修改）面板中设置粒子云的 Percentage of Particles（粒子百分比）、Speed（速度）、Variation（速度变化）、Life（生命）、Variation（生命变化）、Size（大小），见图 6-75。

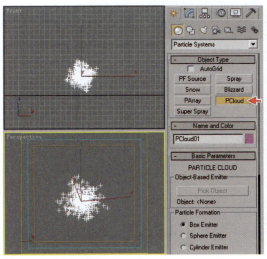

图6-74 建立粒子云

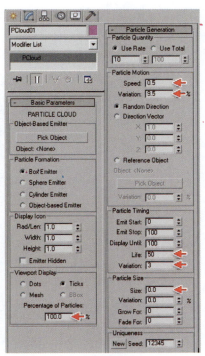

图6-75 设置粒子云参数

步骤3 在 ❋（创建）面板 ☉（平面图形）中选择 Line （线）命令，然后绘制拖尾燃烧所运动的弧度图形，见图6-76。

步骤4 在 ◎（运动）面板中选择位置项目，然后再单击 ⬛（控制器）按钮，在弹出的对话框中选择 Path Constraint（路径约束）项目，见图6-77。

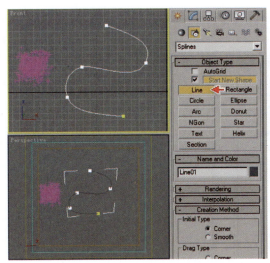

图6-76 绘制弧度图形

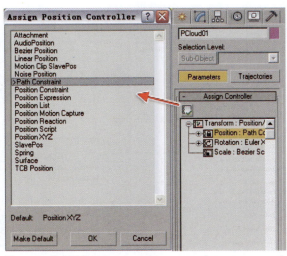

图6-77 选择路径约束

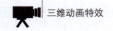

贴心提示

跟随的设置会使粒子拖尾同样跟随路径产生轨迹运动，而不只是喷射器跟随路径运动。

步骤 5 在位置的路径约束中单击 Add Path （添加路径）按钮拾取绘制的弧度图形，然后再开启 Follow（跟随）项目，粒子云将围绕路径自动产生动画，见图 6-78。

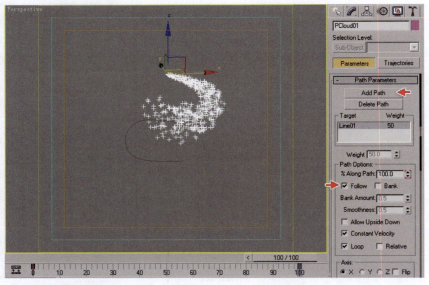

图 6-78 路径约束动画

步骤 6 在菜单中选择【Rendering（渲染）】→【Environment（环境）】命令，在弹出的环境对话框中单击 Add... （添加）按钮选择 AfterBurn（烟雾）插件特效，在 AfterBurn Manager（烟雾管理）卷展栏中单击 ✍ 按钮拾取已经建立的粒子云发射器，见图 6-79。

步骤 7 在主工具栏中单击 ✍ （渲染）工具，预览当前产生的烟雾效果，见图 6-80。

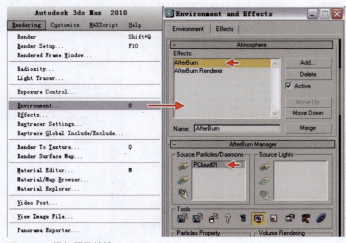

图 6-79 添加烟雾特效

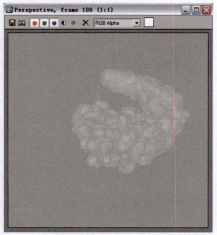

图 6-80 渲染烟雾效果

步骤8 设置 Illumination Shading Parameters（照明阴影属性）、Color Parameters（颜色属性）、Particle Shape Animation Parameters（粒子形状动画属性）、Noise Shape Parameters（噪波形状属性）和 Noise Animation Parameters（噪波动画属性）卷展栏中的参数，见图 6-81。

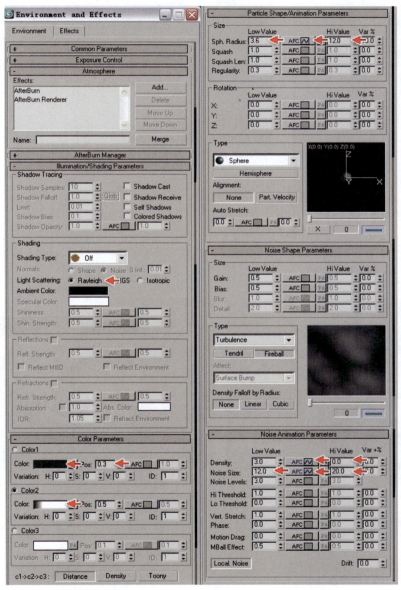

图 6-81 设置卷展栏参数

步骤9 在主工具栏中单击 🔄（渲染）工具，预览当前产生的烟雾效果，见图 6-82。

步骤10 在 ✳（创建）面板 📐（辅助对象）中选择 AfterBurn Daemons（烟雾进程）的 Explode（爆炸）按钮，然后在视图中建立，见图 6-83。

图 6-82　渲染烟雾效果

图 6-83　建立烟雾爆炸

步骤 11　在 AfterBurn Manager（烟雾管理）卷展栏中单击 按钮拾取建立的烟雾爆炸器，见图 6-84。

步骤 12　在爆炸中设置 Color（颜色）由黑至红、再由红至黑的渐变效果，然后在 AFC 按钮上单击鼠标右键选择 Enable（使用）命令，见图 6-85。

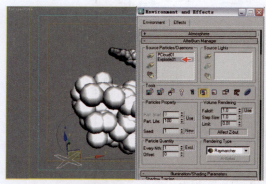

图 6-84　拾取烟雾爆炸器

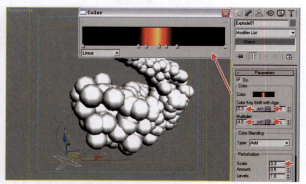

图 6-85　设置烟雾爆炸

步骤 13　预览设置爆炸后的效果，烟雾产生的效果更加贴近真实，见图 6-86。

步骤 14　在 （创建）面板 （灯光）中选择 Omni （泛光灯）命令，然后在视图中建立，使灯光为烟雾产生染色，见图 6-87。

步骤 15　为了使灯光跟随粒子发射器产生照明，在工具栏中使用 （链接）工具将灯光链接给粒子发射器，灯光将会自动跟随粒子发射器沿路径运动，见图 6-88。

步骤 16　在主工具栏中单击 （渲染）工具，预览当前产生的烟雾效果，见图 6-89。

贴心提示

灯光为粒子烟雾产生染色影响，使燃烧的颜色可以被灯光控制，这将比控制烟雾的颜色更加简便。

图 6-86 渲染烟雾效果

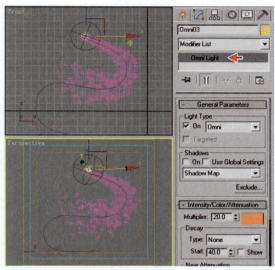

图 6-87 建立泛光灯

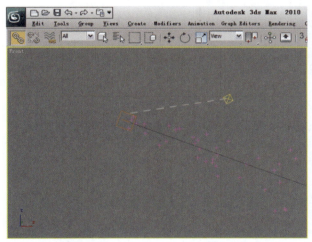

图 6-88 链接操作

图 6-89 渲染烟雾效果

总流程 3 创建蘑菇云效果

制作动画特效《AfterBurn 烟雾》的第三个流程(步骤)是创建蘑菇云效果,制作又分为 3 个流程:①控制粒子与力学、②添加烟雾效果、③添加爆炸效果,见图 6-90。

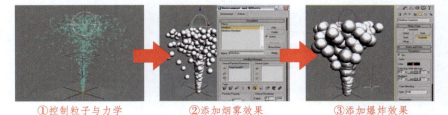

①控制粒子与力学　②添加烟雾效果　③添加爆炸效果

图 6-90 创建蘑菇云效果流程图(总流程 3)

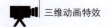

步骤1 在 ☀（创建）面板 ◯（几何体）中选择 Particle Systems（粒子系统）的 Super Spray（超级粒子喷射）按钮，然后在视图中建立，见图6-91。

步骤2 在 ◢（修改）面板中设置超级喷射粒子的参数，使粒子扩散产生喷射，见图6-92。

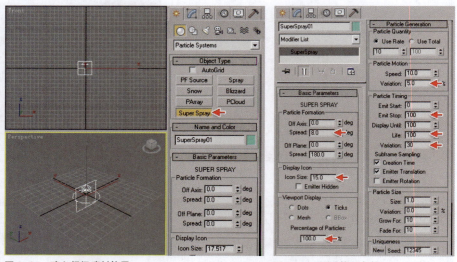

图6-91 建立超级喷射粒子

图6-92 设置粒子参数

贴心提示

重力空间扭曲可以在粒子系统所产生的粒子上对自然重力效果进行模拟。重力是具有方向性的，沿重力箭头方向的粒子将加速运动，逆着箭头方向运动的粒子呈减速状。

步骤3 在 ☀（创建）面板 ≋（空间扭曲）中选择 Forces（力学）的 Gravity（重力）按钮，然后设置 Strength（强度）值为0.11，见图6-93。

步骤4 在 ☀（创建）面板 ≋（空间扭曲）中选择 Forces（力学）的 Wind（风）按钮，再设置 Strength（强度）值为30，然后在工具栏中使用 ≋（空间扭曲）工具将重力与风链接给粒子发射器，见图6-94。

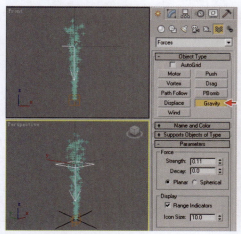

图6-93 建立重力

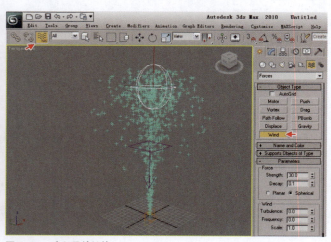

图6-94 建立风并链接

步骤5　在菜单中选择【Rendering（渲染）】→【Environment（环境）】命令，在环境对话框中单击 [Add...]（添加）按钮选择 AfterBurn（烟雾）插件特效，见图6-95。

步骤6　在 AfterBurn Manager（烟雾管理）卷展栏中单击 按钮拾取已经建立的粒子发射器，见图6-96。

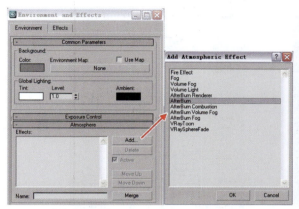

图6-95　添加烟雾特效

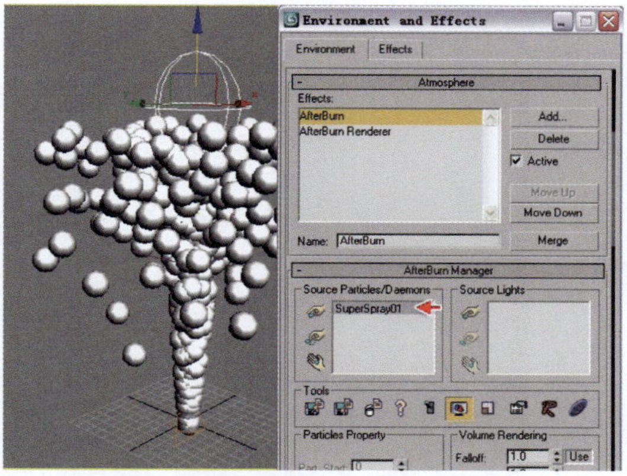

图6-96　拾取粒子发射器

步骤7　设置 Particle Shape Animation Parameters（粒子形状动画属性）卷展栏中的参数，见图6-97。

步骤8　在 [AFC]（曲线控制）按钮上单击鼠标右键，在弹出的浮动菜单中选择 Enable（使用）命令，然后再单击 [AFC]（曲线控制）按钮将弹出曲线对话框，通过对曲线的调节可得到不同的粒子形状，见图6-98。

> **贴心提示**
>
> 曲线图形控制可以使粒子的形状产生变化。在默认曲线上单击鼠标即可插入控制点，在插入的控制点上单击鼠标右键还可以控制其属性。

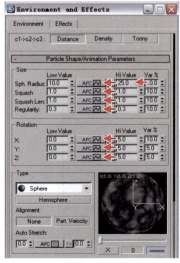

图6-97　设置粒子形状参数

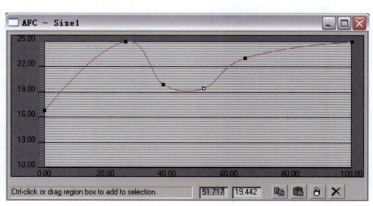

图6-98　调节曲线图形

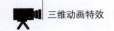

步骤 9 在主工具栏中单击🖰（渲染）工具，预览当前产生的烟雾效果，见图 6-99。

步骤 10 设置 Noise Shape Parameters（噪波形状属性）和 Noise Animation Parameters（噪波动画属性）卷展栏中的参数，见图 6-100。

图 6-99 渲染烟雾效果

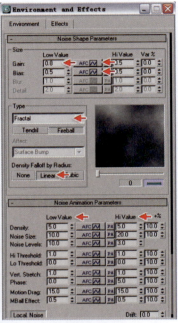

图 6-100 设置噪波属性

步骤 11 在主工具栏中单击🖰（渲染）工具，预览当前设置噪波产生的烟雾效果，见图 6-101。

步骤 12 设置 Color Parameters（颜色属性）卷展栏中的参数，使烟雾颜色为黑白渐变效果，见图 6-102。

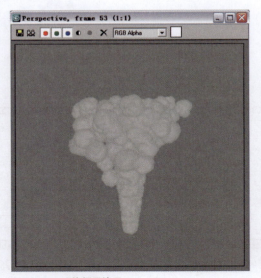

图 6-101 渲染烟雾效果

图 6-102 设置颜色属性

步骤 13 在 ☀（创建）面板 □（辅助对象）中选择 AfterBurn Daemons（烟雾进程）的 Explode（爆炸）按钮，然后在视图中建立并设置 Color（颜色）由黑至红、再由红至黑的渐变效果，见图 6-103。

步骤 14 在 AfterBurn Manager（烟雾管理）卷展栏中单击 ⬛ 按钮拾取建立的烟雾爆炸器，见图 6-104。

步骤 15 在主工具栏中单击 ☁（渲染）工具，预览当前设置烟雾爆炸后的效果，见图 6-105。

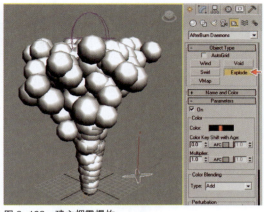

图 6-103　建立烟雾爆炸

图 6-104　拾取烟雾爆炸器

图 6-105　渲染烟雾效果

第六节　范例制作 6–2　动画环境特效《高耸山脉》

一、范例简介

本例介绍使用贴图、置换命令、混合材质类型、雾和体积雾制作高耸山脉动画效果的流程、方法和实施步骤。范例制作中所需素材，位于本书配套光盘中的"范例文件 /6-2 高耸山脉"文件夹中。

二、预览范例

打开本书配套光盘中的范例文件 /6-2 高耸山脉 /6-2 高耸山脉 .mpg 文件。通过观看视频了解本节要讲的大致内容，见图 6-106。

图 6-106　动画特效《高耸山脉》预览效果

三、制作流程（步骤）及技巧分析

制作本例模型时主要使用贴图和置换命令完成，材质的效果主要使用了混合材质类型，然后配合效果中的雾和体积雾为大气装置添加效果，制作总流程（步骤）分为6部分：第1部分为制作山体模型；第2部分为调节模型材质；第3部分为创建场景灯光；第4部分为添加摄影机动画；第5部分为制作大气与雾特效；第6部分为设置渲染输出，见图6-107。

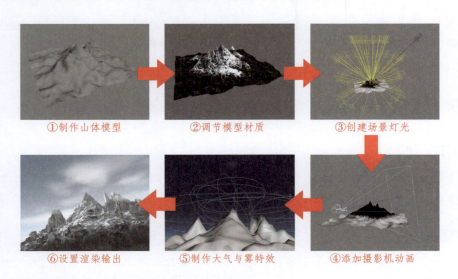

①制作山体模型　　　　②调节模型材质　　　　③创建场景灯光

⑥设置渲染输出　　　　⑤制作大气与雾特效　　　　④添加摄影机动画

图 6-107　动画特效《高耸山脉》制作总流程（步骤）图

四、具体操作

总流程 1　制作山体模型

制作动画特效《高耸山脉》的第一个流程（步骤）是制作山体模型，制作又分为 3 个流程：①设置几何体参数、②制作大体山脉起伏、③制作山脉主体，见图 6-108。

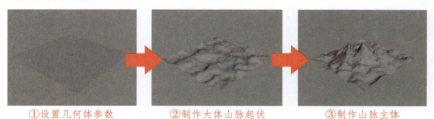

①设置几何体参数　　②制作大体山脉起伏　　③制作山脉主体

图 6-108　制作山体模型流程图（总流程 1）

步骤 1　在 ☀（创建）面板 ○（几何体）中选择 Plane （平面）按钮，然后在 "Perspective 透视图" 中建立，设置 Length（长度）为 2000、Width（宽度）为 2000、Length Segs（长度段数）为 50、Width Segs（宽度段数）为 50、Density（密度）为 10，见图 6-109。

步骤 2　在 ☑（修改）面板中增加 Displace（置换）命令，见图 6-110。

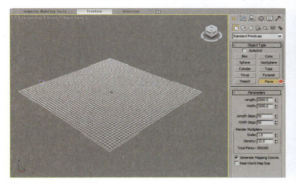

图 6-109　建立平面

图 6-110　增加置换命令

步骤 3　在置换修改命令的 Map（贴图）项目中单击 None 按钮，然后在弹出的材质贴图浏览对话框中选择 Noise（噪波）命令，见图 6-111。

步骤 4　将选择的 Noise（噪波）命令拖拽至材质面板中，在弹出的复制对话框中使用 Instance（关联）模式，使调节噪波材质的效果与置换命令中的效果相同，见图 6-112。

步骤 5　在噪波材质的 Noise Parameters（噪波参数）卷展栏中设置噪波类型为 Fractal（分形）、Size（大小）为 0.2、High（高）为 0.7、Low（低）为 0.3、Levels（级别）为 10、Phase（相位）为 0、Color#1（颜色 1）为白、Color#2（颜色 2）为黑，在 Output（输出）卷展栏中开启 Enable Color Map（启用颜色贴图）项目，然后再设置颜色贴图的曲度，见图 6-113。

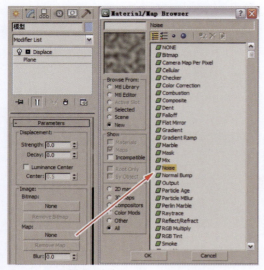

图 6-111　选择噪波命令

图 6-113　设置噪波材质

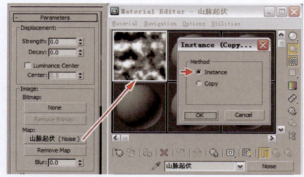

图 6-112　拖拽关联复制

步骤 6　切换至 Displace（置换）修改命令，将置换的 Strength（强度）设置为 100，见图 6-114。

步骤 7　如果置换的效果没有达到要求，可以继续在 ▨（修改）面板中再次增加 Displace（置换）命令，使山脉的高低起伏效果更加贴近真实，见图 6-115。

图 6-114　设置置换强度

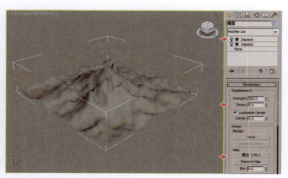

图 6-115　再次增加置换命令

步骤 8　将新增加置换修改命令的 Map（贴图）设置为 Mix（混合）类型，设置 Color#1（颜色 1）、Color#2（颜色 2）和 Mix Amount（混合量），使山脉的中心区域高于四周，见图 6-116。

步骤 9　经过两次的置换操作，平面物体已经产生高低起伏效果，山体模型的制作效果见图 6-117。

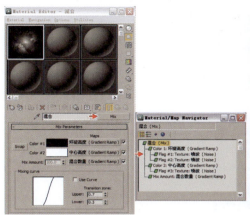

图 6-116　设置混合材质

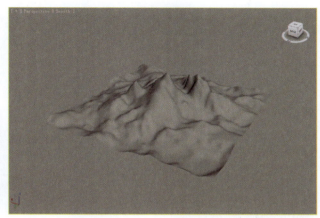

图 6-117　山体模型效果

总流程 2　调节模型材质

制作动画特效《高耸山脉》的第二个流程（步骤）是调节模型材质，制作又分为 3 个流程：①调节雪景材质、②调节山地材质、③调节山脉材质混合，见图 6-118。

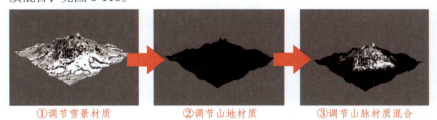

①调节雪景材质　　　②调节山地材质　　　③调节山脉材质混合

图 6-118　调节模型材质流程图（总流程 2）

步骤 1　选择山脉的三维模型，在 ⬛（修改）面板中增加 UVW Map（贴图坐标）命令，再设置贴图坐标为 Cylindrical（柱形），见图 6-119。

步骤 2　为山脉设置白色 Blend（混合）材质类型，然后再设置 Material1（材质 1）为标准材质类型、Material2（材质 2）为顶底材质类型、Mask（遮罩）为坡度渐变材质类型，见图 6-120。

步骤 3　在主工具栏中单击 ⬛（渲染）工具，预览测试白色混合材质的效果，见图 6-121。

步骤 4　为山脉设置黑色 Blend（混合）材质类型，然后再设置 Material1（材质 1）为标准材质类型、Material2（材质 2）为顶底材质类型、Mask（遮罩）为坡度渐变材质类型，见图 6-122。

> **贴心提示**
>
> 混合材质可以在曲面的单个面上将两种材质进行混合。混合具有可设置动画的"混合量"参数，该参数可以用来绘制材质变形功能曲线，以控制随时间混合两个材质的方式。

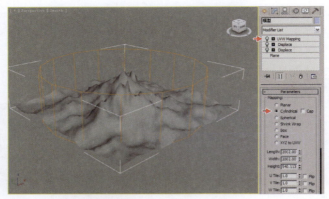

图 6-119　增加贴图坐标命令

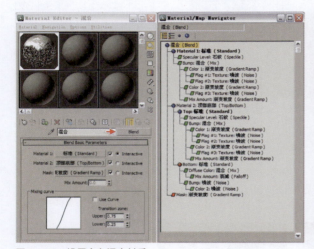

图 6-120　设置白色混合材质

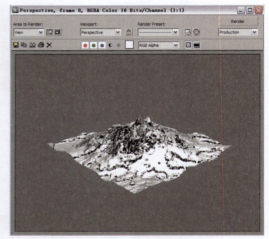

图 6-121　渲染白色混合材质效果

步骤 5　在主工具栏中单击 ![icon](渲染）工具，预览测试黑色混合材质的效果，见图 6-123。

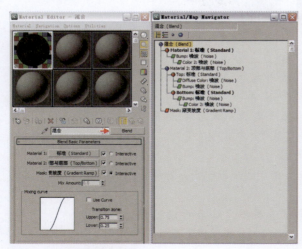

图 6-122　设置黑色混合材质

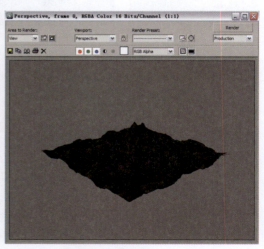

图 6-123　渲染黑色混合材质效果

步骤 6 选择一个新的材质球并设置名称为"山脉材质"，然后再设置为 Blend（混合）材质类型，见图 6-124。

步骤 7 将设置的白色材质拖拽至 Material1（材质 1）上，将设置的黑色材质拖拽至 Material2（材质 2）上，见图 6-125。

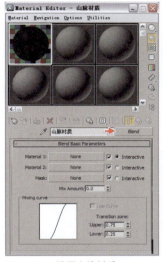

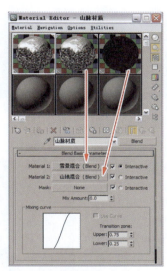

图 6-124 设置山脉材质　　　　图 6-125 设置材质 1 与材质 2

步骤 8 设置山脉材质的 Mask（遮罩）为坡度渐变材质类型，然后设置 W 轴 Angle（角度）为 90、渐变色为黑白、噪波 Amount（数量）为 0.2、类型为 Turbulence（湍流）、Levels（级别）为 10，使山脉中心较高的区域显示白色材质，而山脉四周较低的区域显示黑色材质，见图 6-126。

步骤 9 再次执行渲染操作，可以看到山脉较高的区域为雪山效果，山脉较低的区域为土地效果，见图 6-127。

> **贴心提示**
>
> 遮罩贴图显示两个材质之间的混合强度，遮罩的明亮区域显示主要为"材质 1"，而遮罩的黑暗区域显示主要为"材质 2"。

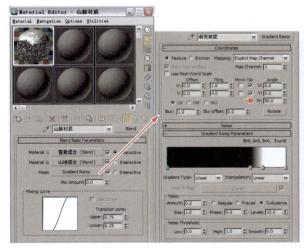

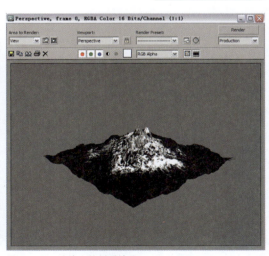

图 6-126 设置坡度渐变遮罩　　　　图 6-127 渲染山脉材质效果

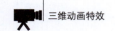

总流程3　创建场景灯光

制作动画特效《高耸山脉》的第三个流程（步骤）是创建场景灯光，制作又分为3个流程：①复制阵列灯光、②柱形环境光阵列、③创建阳光照明，见图6-128。

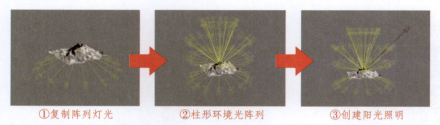

①复制阵列灯光　　　　②柱形环境光阵列　　　　③创建阳光照明

图6-128　创建场景灯光流程图（总流程3）

步骤1　在 ☀（创建）面板 ⚙（灯光）中选择 Target Direct（目标平行光）命令，然后在视图中建立，再设置阴影为 On（启用）、Multiplier（倍增）为 0.03、光锥为 Overshoot（泛光化）、Falloff/Field（衰减/区域）为 1200、Bias（偏移）为 0.01、Size（大小）为 256、Sample Range（采样范围）为 10，见图6-129。

步骤2　选择目标平行光，然后配合"Shift+ 移动"方式对称复制，在弹出的克隆物体对话框中设置为 Instance（关联）复制类型，见图6-130。

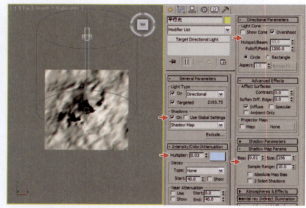

图6-129　建立目标平行光

步骤3　在主工具栏的 🔧（角度捕捉）上单击鼠标右键，在弹出的栅格捕捉设置对话框中将 Angle（角度）设置为 22.5，见图6-131。

图6-130　移动关联复制

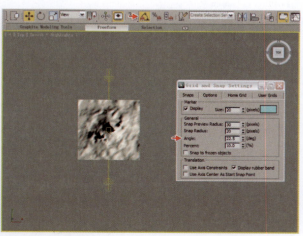

图6-131　设置角度捕捉

步骤 4 选择上下两个目标平行光，然后配合"Shift+ 旋转"方式进行旋转复制，在弹出的克隆物体对话框中设置为 Instance（关联）复制类型、Number of Copies（副本数）为 7，使目标平行光均匀地照射在山脉上，见图 6-132。

步骤 5 在主工具栏中单击 🖼 （渲染）工具，预览测试当前灯光照明的效果，见图 6-133。

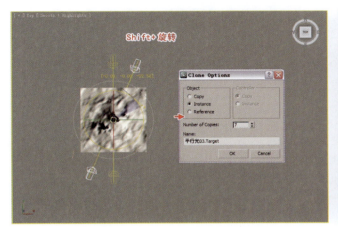

图 6-132 旋转关联复制

图 6-133 渲染灯光效果

步骤 6 切换至"Front 前视图"并将现有的目标平行光沿 Y 轴向下调节，然后再配合"Shift+ 移动"方式沿 Y 轴向上关联复制，见图 6-134。

步骤 7 继续配合"Shift+ 移动"方式关联复制灯光，使山脉的每一个角落都接受灯光照射，见图 6-135。

> **贴心提示**
>
> 均匀的灯光照明方式被称作"灯光阵列"，也就是每个角度都被单独的灯光控制，一般模拟天光或均匀照明效果时特别有用。

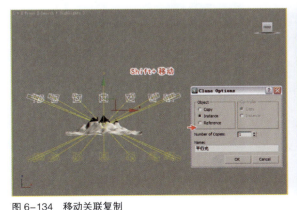

图 6-134 移动关联复制

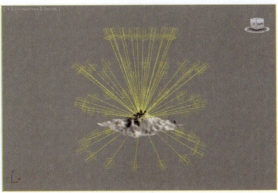

图 6-135 继续复制灯光

步骤 8 在主工具栏中单击 🖼 （渲染）工具，预览测试当前灯光照明的效果，见图 6-136。

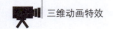

步骤 9 在 ☀（创建）面板 📄（灯光）中选择 Target Direct（目标平行光）命令，然后在视图中建立模拟太阳光，再设置阴影为 On（启用）、Multiplier（倍增）为 1、光锥为 Overshoot（泛光化）、Falloff / Field（衰减 / 区域）为 1500、Bias（偏移）为 0.001、Size（大小）为 2048、Sample Range（采样范围）为 4，见图 6-137。

图 6-136　渲染灯光效果

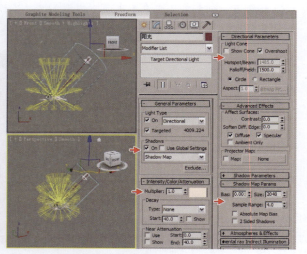

图 6-137　建立模拟太阳光并设置

步骤 10 切换至"Perspective 透视图"，为场景建立的灯光分布见图 6-138。

步骤 11 在主工具栏中单击 🖼（渲染）工具，预览为场景建立灯光完成的效果，见图 6-139。

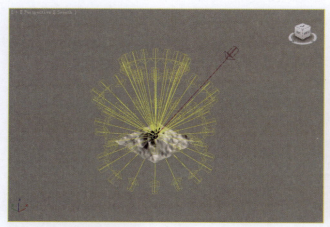

图 6-138　场景灯光分布效果

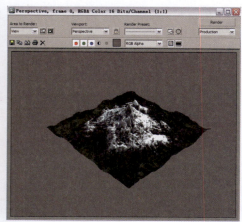

图 6-139　渲染场景灯光效果

总流程 4　添加摄影机动画

制作动画特效《高耸山脉》的第四个流程（步骤）是添加摄影机动画，制作又分为 3 个流程：①创建摄影机、②记录摄影机动画、③测试渲染动画，见图 6-140。

①创建摄影机　　　②记录摄影机动画　　　③测试渲染动画

图6-140　添加摄影机动画流程图（总流程4）

步骤1　在 ☀（创建）面板 🎥（摄影机）中选择 Target （目标摄影机）命令，然后在视图中拖拽建立并设置 Lens（镜头）为28，见图6-141。

步骤2　开启 `Auto Key`（自动关键点）按钮，然后记录摄影机划过山脉的动画，见图6-142。

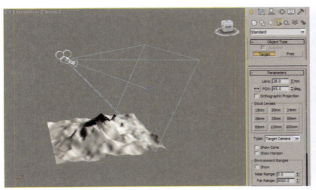

图6-141　建立目标摄影机

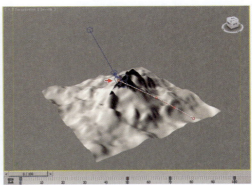

图6-142　记录摄影机动画

步骤3　设置渲染输出路径和文件名称，预览摄影机划过山脉的动画效果，见图6-143。

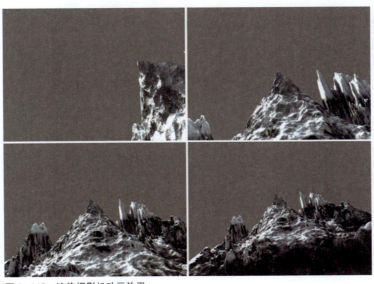

图6-143　渲染摄影机动画效果

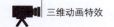

总流程 5 制作大气与雾特效

制作动画特效《高耸山脉》的第五个流程（步骤）是制作大气与雾特效，制作又分为 3 个流程：①制作天空环境、②制作环境大气、③制作云层效果，见图 6-144。

①制作天空环境　　②制作环境大气　　③制作云层效果

图 6-144　制作大气与雾特效流程图（总流程 5）

步骤 1　在 ☀（创建）面板 ○（几何体）中建立 GeoSphere 几何球体，设置 Radius（半径）为 6000、Segments（段数）为 4、基点面类型为 Icosa（二十面体），作为包裹山脉场景的天空，见图 6-145。

步骤 2　在 ✎（修改）面板中增加 Normal（法线）命令，使几何球体的表面产生法线翻转，见图 6-146。

步骤 3　为天空设置 Standard（标准）材质，然后为 Diffuse Color（漫反射颜色）赋予 Gradient Ramp（渐变坡度）贴图类型，再设置渐变坡度的颜色为由白至蓝，见图 6-147。

> **贴心提示**
>
> 法线修改器可以统一或翻转对象的法线，而不必应用编辑网格修改器再进行设置。

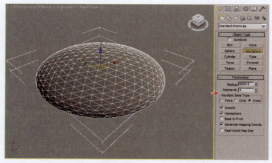

图 6-145　建立几何球体

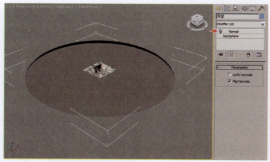

图 6-146　增加法线命令

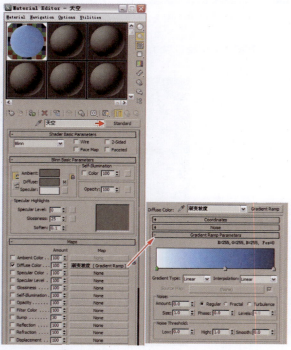

图 6-147　设置天空材质

步骤 4 在主工具栏中单击 🖼 （渲染）工具，预览设置天空材质的效果，见图 6-148。

步骤 5 天空的材质包裹产生错误，在 ▨ （修改）面板中增加 UVW Map（坐标贴图）命令，然后设置贴图为 Planar（平面）类型，见图 6-149。

图 6-148　渲染天空效果　　　　　　图 6-149　增加坐标贴图命令

步骤 6 再次单击 🖼 （渲染）工具，预览设置坐标贴图后的天空效果，见图 6-150。

步骤 7 在菜单中选择【Rendering（渲染）】→【Environment（环境）】命令，准备为山脉添加云雾效果，见图 6-151。

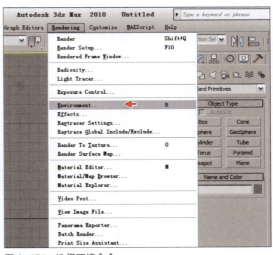

图 6-150　渲染天空效果　　　　　　图 6-151　选择环境命令

步骤 8 在弹出的环境对话框中单击 Add...（添加）按钮选择 Fog（雾）特效，在 Fog Parameters（雾参数）卷展栏中开启 Exponential（指数）项目，设置 Near %（近端）为 0、Far %（远端）为 100，见图 6-152。

步骤 9 在主工具栏中单击 🖼 （渲染）工具，预览设置雾的效果，见图 6-153。

贴心提示

指数主要控制随距离按指数增大密度。此项禁用时，密度随距离线性增大。只有希望渲染体积雾中的透明对象时，才应激活此复选框。

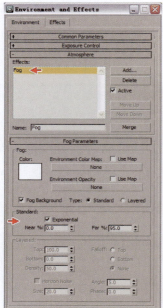

图 6-152　设置雾参数

图 6-153　渲染雾效果

步骤 10　在 （创建）面板 （辅助对象）中选择大气装置的 SphereGizmo （球体线框），然后在山脉顶部建立，见图 6-154。

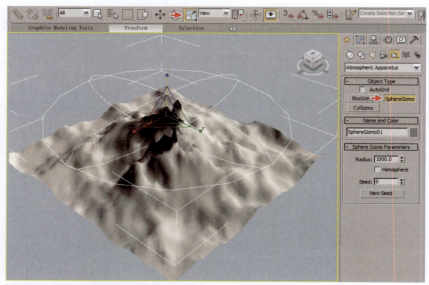

图 6-154　建立球体线框

步骤 11　在环境对话框中单击 Add... （添加）按钮选择 Volume Fog （体积雾）特效，在 Volume Fog Parameters （体积雾参数）卷展栏中单击 Pick Gizmo （拾取线框）按钮并选择建立的大气装置，然后开启 Exponential

（指数）项目，再设置 Soften Gizmo Edges（柔化线框边缘）为 1、Max Steps（最大步数）为 50、类型为 Fractal（分形）、Levels（级别）为 6、Size（大小）为 1000、Uniformity（均匀性）为 -0.25，见图 6-155。

贴心提示

体积雾必须依附在大气装置上，大气装置的线框就是体积雾产生的区域。

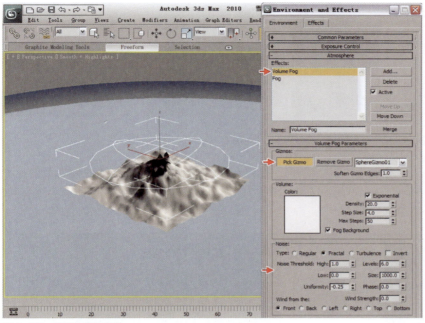

图 6-155　设置体积雾参数

　　步骤 12　为了产生云雾缭绕的效果，继续建立多个大气装置并添加雾效果，见图 6-156。

　　步骤 13　在主工具栏中单击 （渲染）工具，预览设置云雾缭绕的效果，见图 6-157。

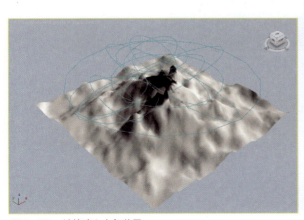

图 6-156　继续建立大气装置

图 6-157　渲染云雾效果

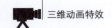

总流程 6　设置渲染输出

制作动画特效《高耸山脉》的第六个流程（步骤）是设置渲染输出，制作又分为 3 个流程：①开启显示安全框、②设置渲染输出、③渲染动画效果，见图 6-158。

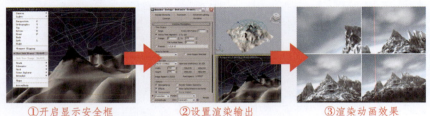

①开启显示安全框　　　②设置渲染输出　　　③渲染动画效果

图 6-158　设置渲染输出流程图（总流程 6）

步骤 1　在视图提示文字位置单击鼠标右键，在弹出的菜单中选择 Show Safe Frames（显示安全框）命令，得到更加准确的视图与渲染构图，见图 6-159。

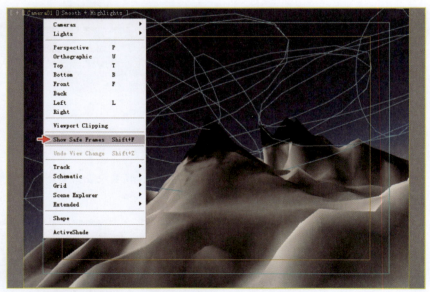

图 6-159　显示安全框

步骤 2　在主工具栏中单击　（渲染设置）按钮，在弹出的渲染设置对话框中设置时间输出为 Active Time Segment（活动时间段）、输出大小为 PAL D-1（video）（中国电视制式），然后再设置保存文件路径、文件名称和文件格式，见图 6-160。

步骤 3　在 Render（渲染器）项目中设置 Filter（过滤器）为 Mitchell-Netravali（米切尔·奈特拉瓦利），然后再设置全局超级采样为 Max 2.5 Star（星图案），见图 6-161。

贴心提示

米切尔·奈特拉瓦利过滤器主要在模糊、圆环化和各向异性之间交替使用。如果圆环化的值大于 0.5，则将影响图像的 Alpha 通道。

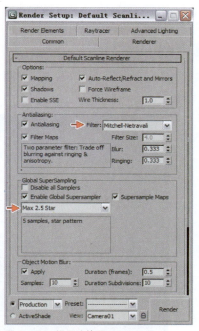

图 6-160　渲染设置　　　　　　　　　　　　图 6-161　设置渲染器

步骤 4　渲染设置完成后，最终的山脉云雾缭绕的效果见图 6-162。

图 6-162　最终山脉云雾效果

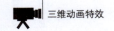

第七节　范例制作 6–3　动画环境特效《海面效果》

一、范例简介

　　本例介绍如何将修改命令、材质、粒子、特效与环境进行整合，制作出平静黄昏水面动画效果、汹涌波动海水效果和南极浮冰海面效果的流程、方法和实施步骤。范例制作中所需素材，位于本书配套光盘中的"范例文件 /6-3 海面效果"文件夹中。

二、预览范例

　　打开本书配套光盘中的范例文件 /6-3 海面效果 /6-3 海面效果 .mpg 文件。通过观看视频了解本节要讲的大致内容，见图 6-163。

图 6–163　动画特效《海面效果》预览

三、制作流程（步骤）及技巧分析

　　制作本例的海水效果和浮冰海面效果时，主要是将修改命令、材质、粒子、特效与环境进行整合，使制作的三维效果更加真实，制作总流程（步骤）分为 3 部分：第 1 部分为制作平静黄昏水面；第 2 部分为制作汹涌波动海水；第 3 部分为制作南极浮冰海面，见图 6-164。

①制作平静黄昏水面　　　　②制作汹涌波动海水　　　　③制作南极浮冰海面

图 6–164　动画特效《海面效果》制作总流程（步骤）图

四、具体操作

总流程 1　制作平静黄昏水面

制作动画特效《海面效果》的第一个流程（步骤）是制作平静黄昏水面，制作又分为 3 个流程：①制作海洋材质、②调节场景灯光、③增加海洋特效，见图 6-165。

①制作海洋材质　　②调节场景灯光　　③增加海洋特效

图 6-165　制作平静黄昏水面流程图（总流程 1）

步骤 1　在 ☀（创建）面板 ◯（几何体）中选择标准几何体中的 `Plane`（平面）按钮，然后在视图中建立水面模型，见图 6-166。

步骤 2　为水面添加 Standard（标准）材质，然后设置 Specular Level（高光级别）为 220、Glossiness（光泽度）为 35，见图 6-167。

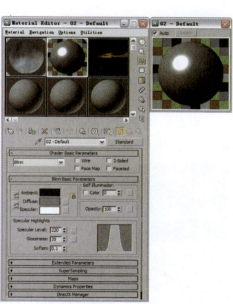

图 6-166　建立平面

图 6-167　设置水面材质

步骤 3　为 Bump（凹凸）赋予 Mask（遮罩）贴图类型，再为遮罩赋予烟与渐变坡度纹理，使水面材质表面产生纹理，见图 6-168。

步骤 4　在主工具栏中单击 ▣（渲染）工具，预览设置后的水面材质效果，见图 6-169。

> **贴心提示**
>
> 使用遮罩贴图可以在曲面上通过一种材质查看另一种材质，遮罩主要控制应用到曲面第二个贴图的位置。

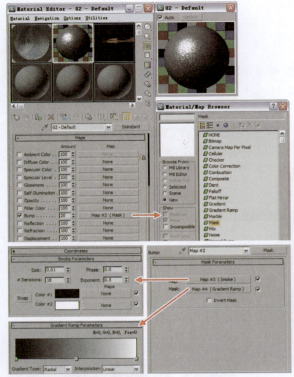

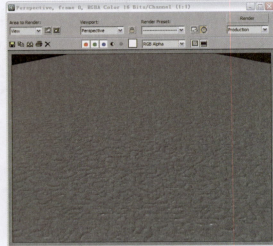

图 6-168 添加遮罩纹理

图 6-169 渲染水面材质效果

步骤 5 为 Reflection（反射）赋予 Falloff（衰减）贴图类型，然后为衰减增加 Raytrace（光线追踪）纹理，使水面产生反射效果，见图 6-170。

步骤 6 单击主工具栏中的 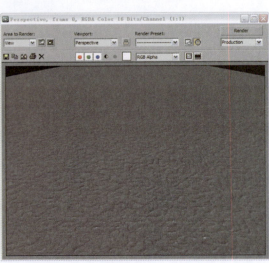（渲染）工具，预览并调节反射的水面材质效果，见图 6-171。

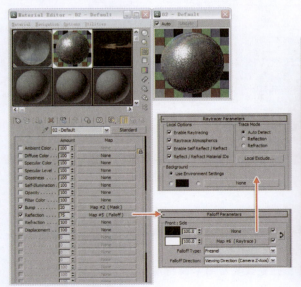

图 6-170 添加衰减纹理

图 6-171 渲染水面材质效果

步骤 7 在 ✳（创建）面板 ◯（几何体）中选择 [Sphere]（球体）按钮，然后在视图中建立，作为模拟天空的包裹物体，见图 6-172。

步骤 8 使用 ⬚（缩放）工具将球体沿 Z 轴缩小，然后在 ⬚（修改）面板为球体增加 Normal（法线）与 UVW Mapping（坐标贴图）命令，再设置 Mapping（贴图）类型为 Cylindrical（圆柱体）、Alignment（对齐）方式为 Z，见图 6-173。

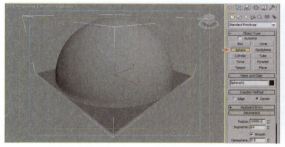

图 6-172　建立球体

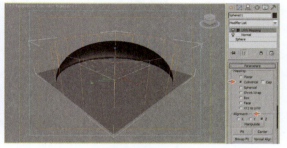

图 6-173　增加法线与坐标贴图命令

步骤 9 为球体赋予天空材质，然后再单击主工具栏中的 ⬚（渲染）工具，预览设置坐标贴图后的天空环境效果，见图 6-174。

步骤 10 在 ✳（创建）面板 📷（摄影机）中选择 [Free]（自由摄影机）命令，然后在视图中将其建立，再设置 Lens（镜头）为 30，见图 6-175。

图 6-174　渲染环境效果

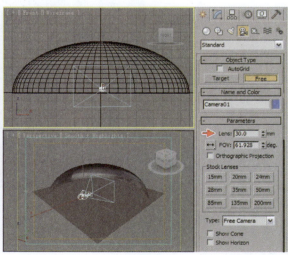

图 6-175　建立摄影机

步骤 11 调节摄影的拍摄角度，在视图的提示名称上单击鼠标右键，在弹出菜单中选择【Cameras（摄影机）】→【Camera01（摄影机 01）】命令，将视图切换至摄影机视图，见图 6-176。

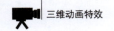

步骤 12 在主工具栏中单击 （渲染）工具，预览场景中的水面效果，见图 6-177。

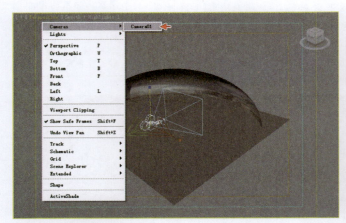

图 6-176 切换视图

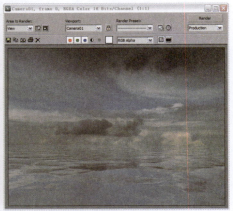

图 6-177 渲染水面效果

步骤 13 在 （创建）面板 （灯光）中选择 Skylight （天光）命令，然后在视图中建立并设置 Multiplier（倍增）为 0.5、Sky Color（天光颜色）为蓝紫色，见图 6-178。

图 6-178 建立并设置天光

贴心提示

如果场景中存在大量的灯光，则使用远距衰减可以限制每个灯光所照场景的比例，并且还有助于缩短渲染时间。

步骤 14 在 （创建）面板 （灯光）中选择 Target Spot （目标平行光）命令，然后设置 Multiplier（倍增）为 0.65、远距衰减的 Start（开始）为 40000、End（结束）为 55000、Hotspot/Beam（聚光区/光束）为 2.4、Falloff/Field（衰减/区域）为 16.9，作为场景中主要光源，见图 6-179。

步骤 15 在主工具栏中单击 （渲染）工具，预览水面场景中的灯光效果，见图 6-180。

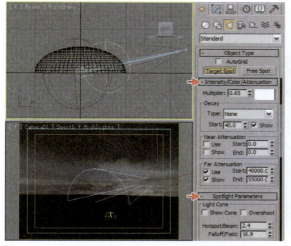

图 6-179　建立场景主光源

图 6-180　渲染灯光效果

步骤 16　在平行灯光下的高级效果卷展栏中为 Projector Map（投影贴图）增加 Mask（遮罩）纹理，见图 6-181。

步骤 17　将遮罩纹理复制到材质编辑器中，然后为遮罩纹理 Map（贴图）增加 Noise（噪波）纹理，再为 Mask（遮罩）增加本书配套光盘中的"环境 .avi"文件，见图 6-182。

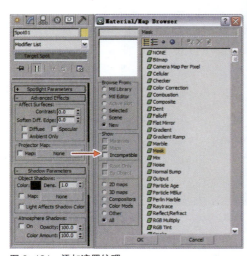

图 6-181　添加遮罩纹理

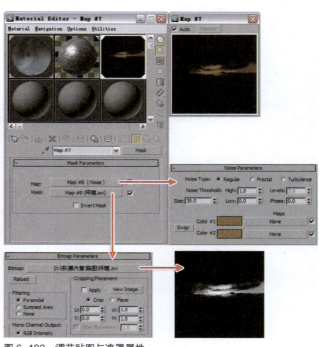

图 6-182　调节贴图与遮罩属性

步骤 18　在主工具栏中单击 （渲染）工具，预览设置投影贴图的灯光效果，见图 6-183。

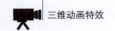

步骤 19 在 ☀ （创建）面板 🔦 （灯光）中选择 Omni （泛光灯）命令，然后在视图中建立，再设置 Multiplier（倍增）为 0.9、灯光颜色为浅黄色，作为场景的辅助灯光，见图 6-184。

图 6-183　渲染灯光效果

图 6-184　建立泛光灯

步骤 20 在主工具栏中单击 🖼 （渲染）工具，预览场景灯光效果，见图 6-185。

步骤 21 在主菜单中选择【Rendering（渲染）】→【Environment（环境）】命令，为场景添加环境效果，见图 6-186。

图 6-185　渲染灯光效果

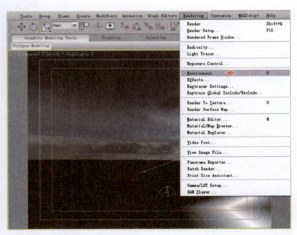

图 6-186　选择环境命令

步骤 22 在弹出的环境面板 Atmosphere（效果）卷展栏中单击 Add （添加）按钮，在弹出的对话框中场景增加 Volume Light（体积光）效果，然后设置 Density（密度）为 1.8、Max Light（最大亮度）为 85，见图 6-187。

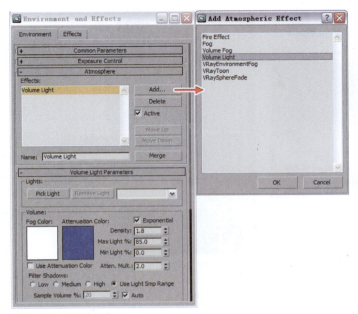

图 6–187　添加体积光

步骤 23　在体积光参数卷展栏中单击 Pick Light （拾取灯光）按钮，然后在视图中拾取聚光灯，将灯光雾添加到聚光灯上，见图 6-188。

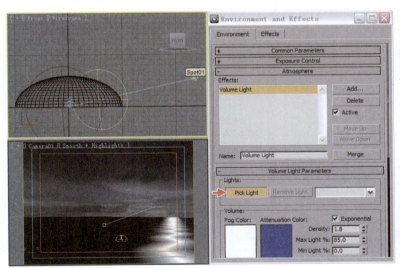

图 6–188　拾取灯光

步骤 24　在主工具栏中单击 （渲染）工具，预览添加灯光雾效的水面效果，见图 6-189。

步骤 25　在 （创建）面板 （辅助对象）中选择大气装置下的 BoxGizmo 长方体框命令，然后在 "Top 顶视图" 中建立，见图 6-190。

图6-189 渲染灯光雾效效果

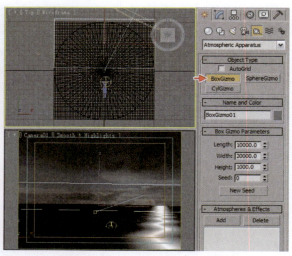

图6-190 建立长方体框

步骤26 在（修改）面板中 Atmospheres & Effects（大气和效果）卷展栏中单击 Add （添加）按钮，为长方体框增加 Volume Fog（体积雾）效果，见图6-191。

步骤27 继续在（修改）面板中单击 Setup （设置）按钮打开 Volume Fog（体积雾）参数面板，然后设置 Density（密度）为0.3、Noise（噪波）类型为 Turbulence（湍流）、勾选 Invert（反转）选项、设置 Levels（级别）为4、Size（大小）为2000，见图6-192。

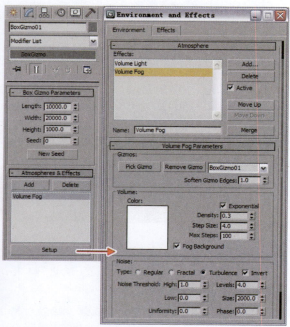

图6-191 增加体积雾

图6-192 设置体积雾属性

步骤 28　在主工具栏中单击 （渲染）工具，预览场景中平静黄昏水面的体积雾效果，见图 6-193。

步骤 29　在 Environment（环境）窗口中的 Effects（特效）卷展栏下单击 `Add`（添加）按钮，为场景增加 Brightness and Contrast（亮度和对比度）效果，然后设置 Brightness（亮度）为 0.35、Contrast（对比度）为 0.75，使场景中的颜色层次更加强烈，见图 6-194。

> **贴心提示**
>
> 调节渲染后的图像只可以使用平面 Photoshop 软件或后期 Combustion 软件，也可以直接使用特效中亮度和对比度、颜色平衡和模糊效果，节省了多软件交互的时间与效率。

图 6-193　渲染体积雾效果

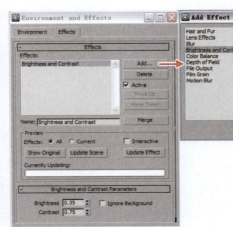

图 6-194　添加亮度和对比度

步骤 30　在主工具栏中单击 （渲染）工具，渲染制作完成的平静黄昏水面效果，见图 6-195。

图 6-195　渲染完成水面效果

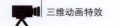

总流程2　制作汹涌波动海水

制作动画特效《海面效果》的第二个流程（步骤）是制作汹涌波动海水，制作又分为3个流程：①创建海洋模型、②调节海洋材质、③增加最终特效，见图6-196。

①创建海洋模型　　　　　　②调节海洋材质　　　　　　③增加最终特效

图6-196　制作汹涌波动海水流程图（总流程2）

步骤1　在 ☀（创建）面板 ◯（几何体）中选择标准几何体中的 Plane （平面）按钮，然后在视图中建立水面模型，见图6-197。

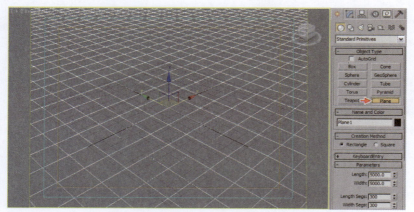

图6-197　建立平面

步骤2　在 ✐（修改）面板中为平面体增加 UVW Mapping（坐标贴图）与 Displace（置换）命令，见图6-198。

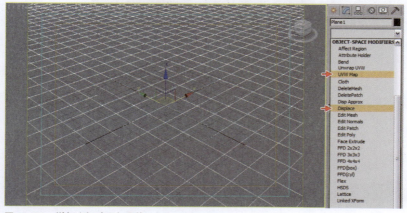

图6-198　增加坐标贴图与置换

步骤**3** 展开 Displace（置换）命令的调节参数，然后设置 Strength（强度）为 200，再为 Map（贴图）赋予 Smoke（烟雾）纹理，使平面几何体产生凹凸效果，见图 6-199。

步骤**4** 在视图中已经可以观察添加置换命令后的平面物体效果，见图 6-200。

贴心提示

强度设置为 0 时没有任何效果，而大于 0 的值会使对象偏离默认坐标发生位移，小于 0 的值会使几何体向 Gizmo 置换。

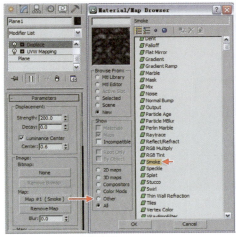 

图 6-199 设置置换参数　　　　　　　　　图 6-200 观察平面物体效果

步骤**5** 将置换后贴图中的烟雾纹理复制到材质编辑器中，然后设置 Size（大小）为 0.5、Iterations（迭代次数）为 3，见图 6-201。

步骤**6** 在主工具栏中单击 （渲染）工具，预览当前海水平面的效果，见图 6-202。

贴心提示

贴图中的黑、白、灰区域会产生不同的置换凹凸效果，将置换中的贴图拖拽至材质编辑器中才能继续控制效果。

 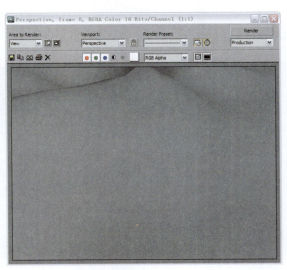

图 6-201 设置材质属性　　　　　　　　　图 6-202 渲染当前海水效果

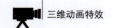

步骤 7 重复多次使用 Displace（置换）命令，配合烟雾纹理制作出海水的模型，见图 6-203。

步骤 8 在主工具栏中单击 ◎（渲染）工具，预览产生汹涌波动的海水模型效果，见图 6-204。

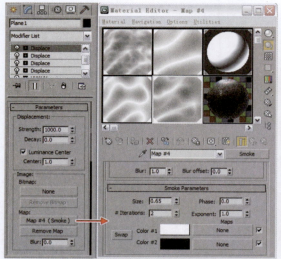

图 6-203 调节纹理属性

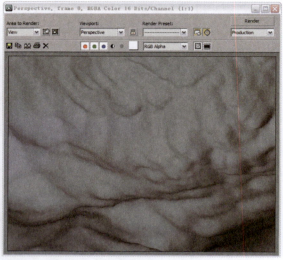

图 6-204 预览海水模型效果

步骤 9 在 ◢（修改）面板中为海水模型增加 UVW Mapping（坐标贴图）命令，然后设置 Length（长度）为 1500、Width（宽度）为 5005，再设置 Alignment（对齐）轴为 Y 轴，见图 6-205。

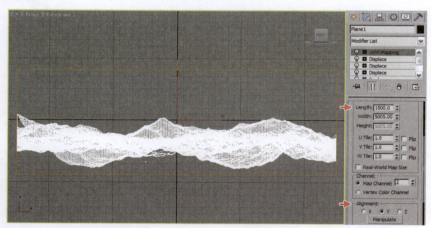

图 6-205 添加坐标贴图并设置

步骤 10 打开 ◎（材质编辑器）并选择空白材质，设置 Specular Level（高光级别）为 300、Glossiness（光泽度）为 80，然后为 Diffuse（漫反射）赋予 Gradient Ramp（渐变坡度）纹理，再为 Self-Illumination（自发光）赋予 Falloff（衰减）纹理，使水面材质产生更加丰富的层次，见图 6-206。

步骤 11 展开 Maps（贴图）卷展栏，然后为 Bump（凹凸）赋予 Noise（噪波）纹理，再为 Reflection（反射）赋予 Falloff（衰减）纹理，见图 6-207。

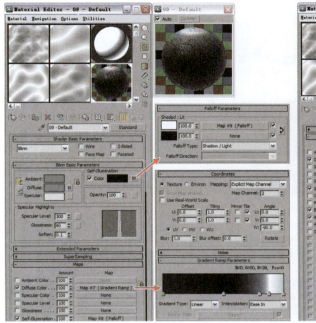

图 6-206　设置水面材质

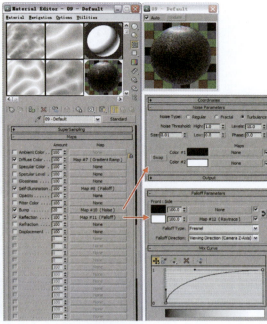

图 6-207　调节贴图纹理

步骤 12　在主工具栏中单击 （渲染）工具，预览当前海水的材质效果，见图 6-208。

图 6-208　渲染海水材质效果

步骤 13　在 （创建）面板 （灯光）中选择 Skylight （天光）命令，然后在视图中建立，再设置 Multiplier（倍增）为 0.8、Sky Color（天光颜色）为深蓝色，见图 6-209。

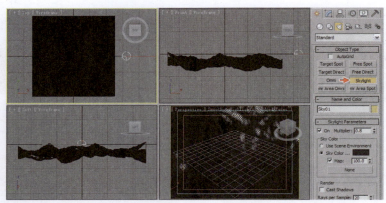

图 6-209　建立天光

步骤 14　在　（创建）面板　（灯光）中选择 Target Direct （目标平行光）命令，然后在视图中建立，设置 Multiplier（倍增）为 0.8、灯光颜色为浅黄色，见图 6-210。

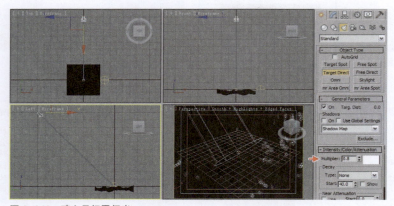

图 6-210　建立目标平行光

步骤 15　在　（创建）面板　（摄影机）中选择　 Target 　（目标摄影机）命令，然后在视图中拖拽建立，见图 6-211。

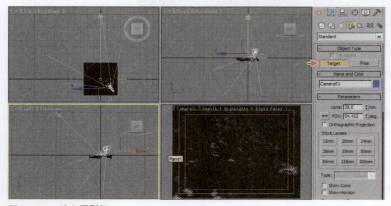

图 6-211　建立摄影机

步骤 16 设置摄影机的拍摄角度，在视图提示名称上单击鼠标右键，在弹出菜单中选择【Cameras（摄影机）】→【Camera01（摄影机 01）】命令，将视图切换至摄影机视图，见图 6-212。

步骤 17 在主工具栏中单击 （渲染）工具，预览视图中的海水效果，见图 6-213。

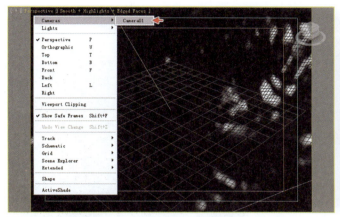

图 6-212 切换视图

图 6-213 渲染海水效果

步骤 18 在主菜单中选择【Rendering（渲染）】→【Environment（环境）】命令，在弹出的环境 Atmosphere（效果）卷展栏中单击 Add （添加）按钮，为场景增加 Fog（雾）效果，然后设置 Far（远端）为 75，见图 6-214。

步骤 19 在主工具栏中单击 （渲染）工具，预览场景中的环境雾效果，见图 6-215。

贴心提示

雾效果的添加会产生半透明效果，使水面被雾效果叠加，层次效果也更加丰富。

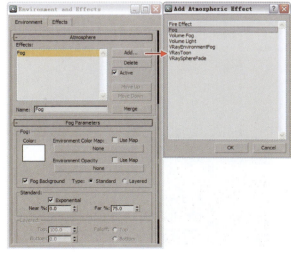

图 6-214 增加环境雾

图 6-215 渲染环境雾效果

步骤 20 在 Environment（环境）窗口的 Effects（特效）卷展栏中单击 <u>Add</u>（添加）按钮，为场景增加 Brightness and Contrast（亮度和对比度）效果，然后设置 Brightness（亮度）为 0.3、Contrast（对比度）为 0.65，见图 6-216。

步骤 21 在主工具栏中单击 ▣（渲染）工具，预览调节对比度的海水效果，见图 6-217。

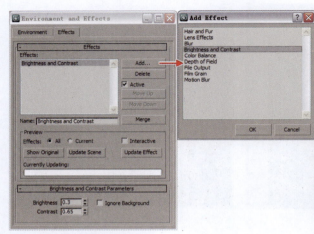

图 6-216 添加亮度和对比度

图 6-217 渲染海水效果

贴心提示
色彩平衡会控制渲染图像的色彩偏差。

步骤 22 继续在 Effects（特效）卷展栏中单击 <u>Add</u>（添加）按钮，为场景增加 Color Balance（色彩平衡）效果，然后设置色彩平衡中的 Red（红）为 15、Blue（蓝）为 -13，使海水呈现偏暖的色调，见图 6-218。

步骤 23 在主工具栏中单击 ▣（渲染）工具，渲染当前汹涌波动的海水效果，见图 6-219。

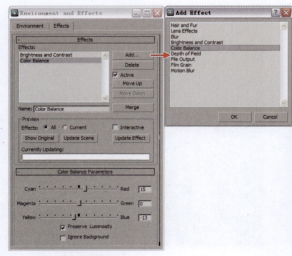

图 6-218 增加色彩平衡

图 6-219 渲染海水效果

步骤 24 在 ❋（创建）面板 ◯（几何体）中选择 ▭ Sphere ▭（球体）按钮，然后在视图中建立，作为模拟天空的包裹物体，见图 6-220。

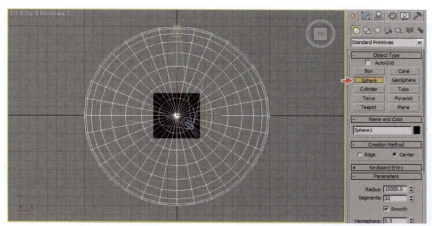

图 6-220 建立球体

步骤 25 使用 ▭（缩放）工具将球体沿 Z 轴缩小，使环境效果更加真实，见图 6-221。

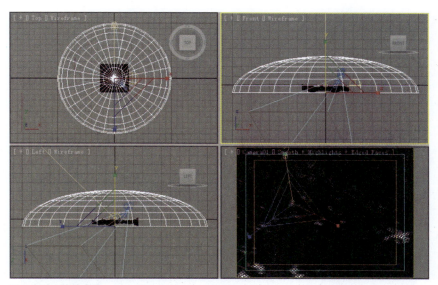

图 6-221 缩放球体

步骤 26 在 ◰（修改）面板中为球体增加 Normal（法线）与 UVW Mapping（坐标贴图）命令，然后设置 Alignment（对齐）方式为 Z，见图 6-222。

步骤 27 打开 ▣（材质）编辑窗口并选择空白材质，然后为 Diffuse Color（漫反射）赋予本书配套光盘中的"云 .JPG"贴图，再为 Self-Illumination（自发光）赋予 Falloff（衰减）纹理，调节天空环境的材质，见图 6-223。

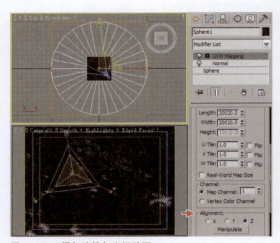

图 6-222　添加法线与坐标贴图

图 6-223　设置环境材质

步骤 28　在主工具栏中单击 📷（渲染）工具，渲染最终完成的汹涌波动海水效果，见图 6-224。

图 6-224　渲染完成海水效果

总流程 3　制作南极浮冰海面

制作动画特效《海面效果》的第三个流程（步骤）是制作南极浮冰海面,制作又分为 3 个流程:
①创建冰雪模型、②制作粒子冰雪、③添加最终效果,见图 6-225。

①创建冰雪模型 ②制作粒子冰雪 ③添加最终效果

图 6-225　制作南极浮冰海面流程图（总流程 3）

步骤 1　在 ☀ （创建）面板 ◯（几何体）中选择标准几何体中的 Plane （平面）按钮，然后在视图中建立冰面模型，见图 6-226。

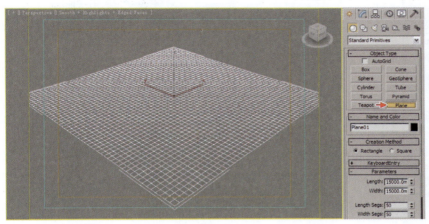

图 6-226　建立平面

步骤 2　在 ✐ （修改）面板中为平面体增加 VolSel （体积选择）命令，然后设置 Stack Selection Level（堆栈选择级别）为 Face（面）、勾选 Invert（反转）选项，再将 Selection Type（选择类型）设置为 Crossing（交叉），见图 6-227。

> **贴心提示**
> 体积选择修改器可以对顶点或面进行子对象选择，沿着堆栈向上传递给其他修改器。

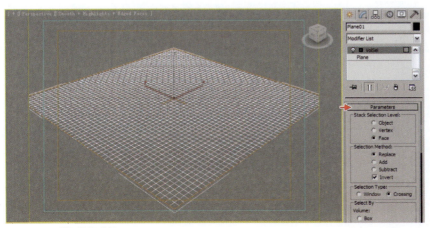

图 6-227　增加体积选择

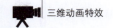

贴心提示

使用纹理贴图选项时，也可以使用贴图/顶点颜色单选按钮和微调器指定贴图通道或顶点颜色通道。

步骤3 为 Select By（选择方式）下的 Surface（曲面特征）增加 Cellular（细胞）纹理，见图 6-228。

步骤4 将细胞纹理复制到材质编辑器，然后勾选 Chips（碎片）和 Fractal（分形），最后设置 Size（大小）为 0.3、Spread（扩散）为 0.4、Iterations（迭代次数）为 20，见图 6-229。

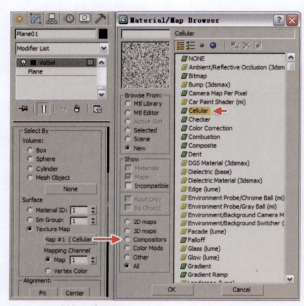

图 6-228 增加细胞纹理

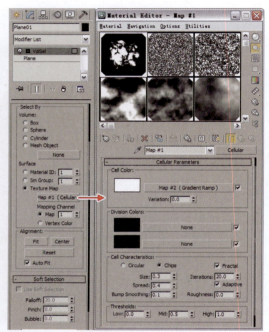

图 6-229 调节材质参数

步骤5 在 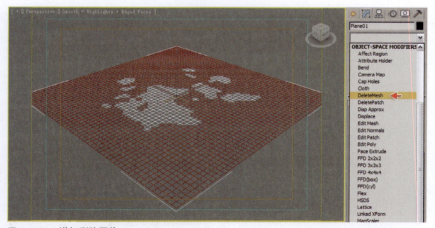（修改）面板中为平面物体增加 DeleteMesh（删除网格）命令，将选择的面进行删除，见图 6-230。

图 6-230 增加删除网格

步骤 6 在 ▨（修改）面板中再为平面物体增加 Mesh Select（网格选择）、Meshsmooth（网格平滑）与 Relax（松驰）命令，然后设置 Relax Value（松驰值）为 1，再取消 Keep Boundary Pts Fixed（保持边界点固定），见图 6-231。

贴心提示

设置松驰是为了使现有多边形呈现更随机的分布，使冰雪块避免因呆板而造成效果不突出。

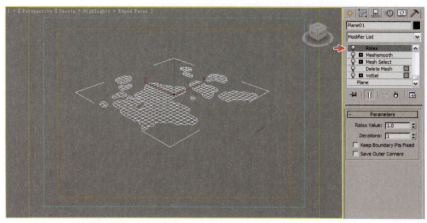

图 6-231 增加修改命令

步骤 7 在 ▨（修改）面板中继续为平面物体增加 VolSel（体积选择）命令，然后设置 Stack Selection Level（堆栈选择级别）为 Face（面），见图 6-232。

图 6-232 增加体积选择

步骤 8 在 ▨（修改）面板中为平面物体再增加 Face Extrude（面挤出）命令，然后设置 Amount（数量）为 200，为平面物体增加高度，见图 6-233。

步骤 9 在 ▨（修改）面板中继续增加 Meshsmooth（网格平滑）命令，然后设置 Iterations（迭代次数）为 2，使冰雪块模型表面产生平滑效果，见图 6-234。

贴心提示

增加多边形网格数量是为了使冰雪块的层次更多，便于继续进行侧面的选择与变形操作。

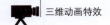

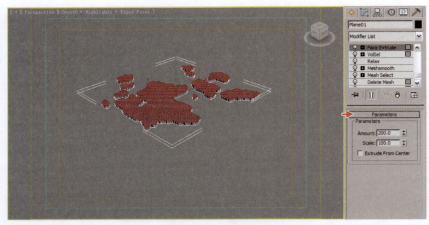

图 6-233 增加面挤出

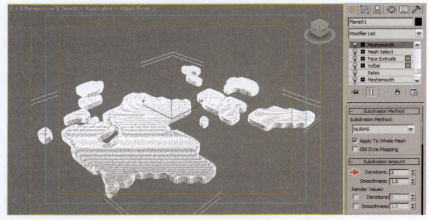

图 6-234 增加网格平滑

步骤 10 继续为平面体增加 VolSel（体积选择）命令，然后设置 Stack Selection Level（堆栈选择级别）为 Vertex（点），再设置 Selection Type（选择类型）为 Crossing（交叉），将冰雪块底面选择，见图 6-235。

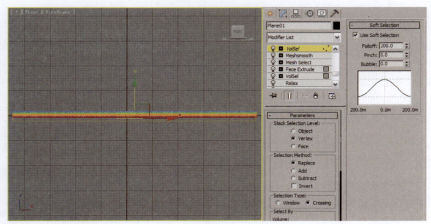

图 6-235 增加体积选择

步骤 11 再增加 Push（推力）修改命令，然后设置 Push Value（推力值）为 -20，使冰雪块底面与顶面产生不同效果，见图 6-236。

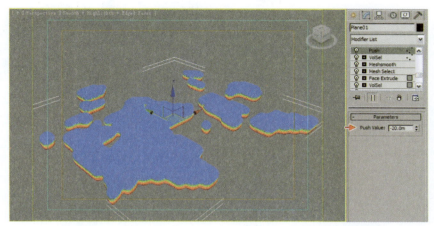

图 6-236 增加推力

步骤 12 在 ![修改]（修改）面板中再为平面物体增加 Mesh Select（网格选择）与 VolSel（体积选择）命令，然后设置 Stack Selection Level（堆栈选择级别）为 Vertex（点），见图 6-237。

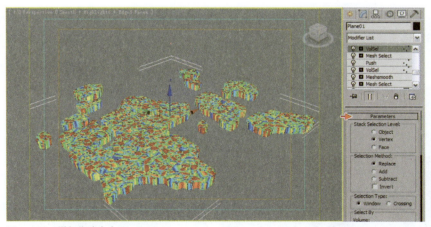

图 6-237 增加修改命令

步骤 13 展开体积选择命令，然后为 Select By（选择方式）下的 Surface（曲面特征）增加 Cellular（细胞）纹理，见图 6-238。

步骤 14 将细胞纹理复制到材质编辑器，然后勾选 Chips（碎片）和 Fractal（分形），最后再设置 Size（大小）为 0.05、Spread（扩散）为 0.4、Iterations（迭代次数）为 1，见图 6-239。

步骤 15 为了使冰雪块表面产生更加真实的效果，多次重复以上操作，使更多的冰雪块大小与形态均产生变化，然后在主工具栏中单击 ![渲染]（渲染）工具，预览冰雪块模型的效果，见图 6-240。

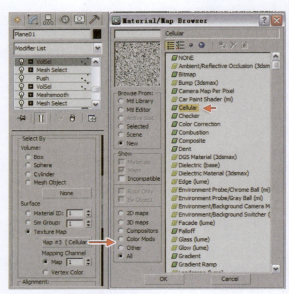

图 6-238　增加细胞纹理

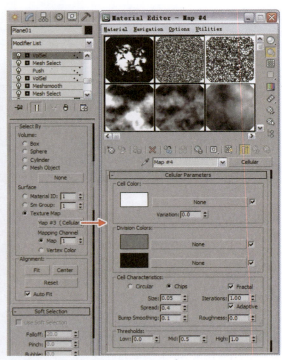

图 6-239　调节材质参数

步骤 16　使用同上的操作，制作出其他的冰雪模型效果，完成南极浮冰海面的冰雪块模型效果，见图 6-241。

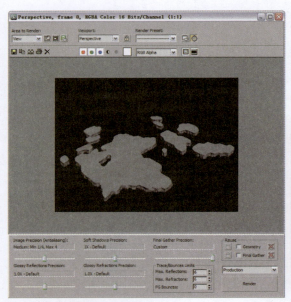

图 6-240　渲染模型效果

图 6-241　制作冰雪模型

步骤 17　在主工具栏中单击 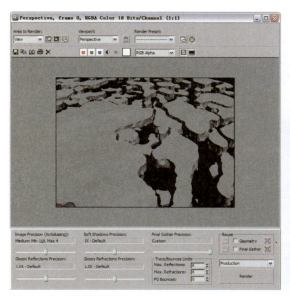（渲染）工具，预览当前的冰雪模型效果，见图 6-242。

步骤 18　选择制作完成的所有冰雪模型并单击鼠标右键，在弹出菜单中选择 Hide Selection（隐藏选择）命令，将选择的冰雪模型隐藏，见图 6-243。

图 6-242　渲染模型效果

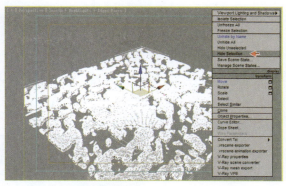

图 6-243　隐藏冰雪模型

步骤 19　在 （创建）面板 （几何体）中选择 Sphere （球体）按钮，然后在视图中建立，准备制作随机散碎的浮冰模型，见图 6-244。

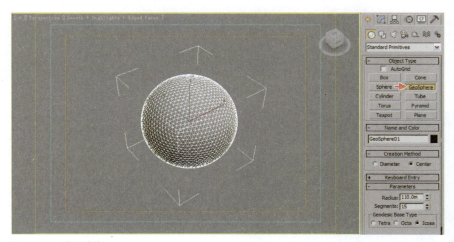

图 6-244　建立球体

步骤 20　在 （修改）面板中为几何体球增加 FFD 3×3×3（自由变形）命令，然后调节自由变形器的形状，调节出散碎的冰雪形状，见图 6-245。

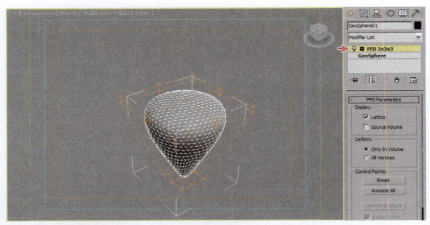

图 6-245 增加自由变形

步骤 21 继续增加 Noise（噪波）修改命令，然后设置 Scale（比例）为 500、Fractal（分开）、Roughness（粗糙度）为 0.1，再设置 Strength（强度）的 X 轴与 Y 轴值为 100、Z 轴值为 20，完成散碎冰雪模型，见图 6-246。

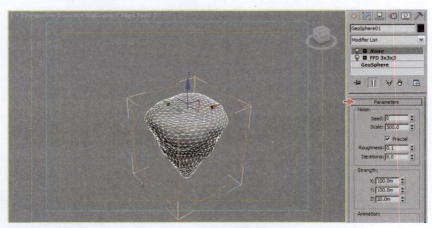

图 6-246 增加噪波

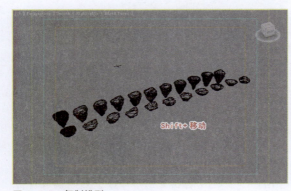

图 6-247 复制模型

步骤 22 使用键盘上的"Shift+ 移动"将制作完成的散碎冰雪模型进行复制，然后再进行随机调节，产生多个冰雪碎块模型，见图 6-247。

步骤 23 在 （创建）面板 （几何体）中选择标准几何体中的 Plane （平面）按钮，然后在视图中建立冰面模型，作为粒子发射器的模型，见图 6-248。

步骤 24 在 （创建）面板 （几何体）的粒子系统中选择 PF Source （粒子流）按钮，然后在视图中建立，见图 6-249。

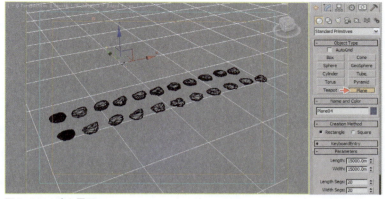

图 6-248　建立平面

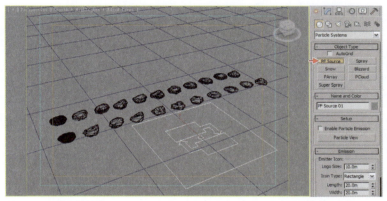

图 6-249　建立粒子流

步骤 25　在 ✐ （修改）面板中单击 Particle View （粒子视图）按钮，开启粒子编辑面板对粒子进行编辑，见图 6-250。

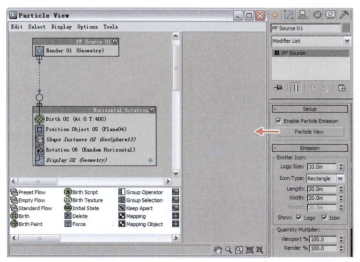

图 6-250　单击粒子视图

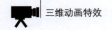

步骤26　选择Birth（出生）粒子事件，然后在右侧调节面板中设置Emit Start/Stop（发射器起始/结束）为0、Amount（数量）为400，见图6-251。

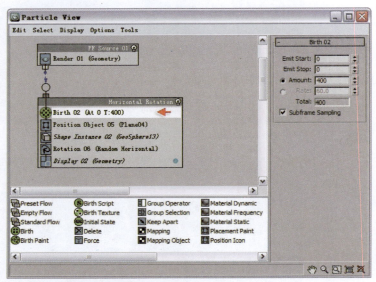

图6-251　调节出生粒子事件

步骤27　选择Position Object（物体位置）粒子事件，在右侧调节面板的列表排列中选择所创建平面物体，使粒子在平面物体上进行发射，见图6-252。

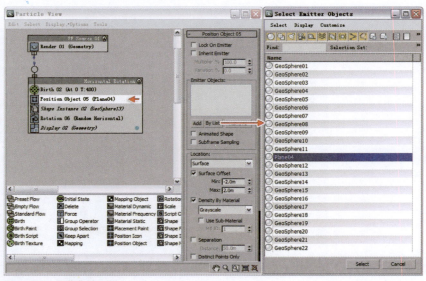

图6-252　调节发射目标

278

步骤28 继续选择Shape Instance（图形实例）粒子事件，在右侧面板 Particle Geometry Object（粒子几何体对象）中拾取制作完成的散碎冰雪模型，使粒子形状产生散碎冰雪效果，见图6-253。

步骤29 选择 Rotation（旋转）粒子事件，在右侧调节面板中设置 Orientation Matrix（方向矩阵）类型为 Random Horizontal（随机水平）方式，使粒子发射时产生方向上的不同，见图6-254。

贴心提示

使用旋转粒子事件可以设置事件期间的粒子方向及其动画，并且可以设置粒子方向的随机变化。

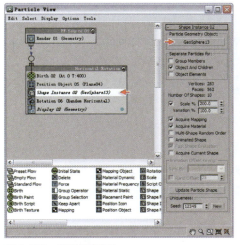

图6-253 调节粒子替代

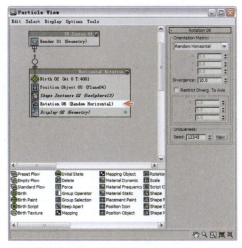

图6-254 调节粒子旋转

步骤30 最后选择 Display（显示）粒子事件，在右侧调节面板中设置 Type（类型）为 Geometry（几何体）类型，使粒子显示为替代的冰雪散碎模型，见图6-255。

步骤31 在主工具栏中单击 （渲染）工具，预览当前的散碎冰雪模型效果，见图6-256。

图6-255 调节粒子显示

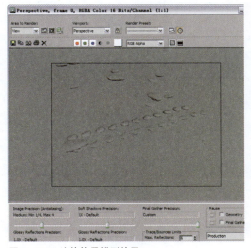

图6-256 渲染粒子模型效果

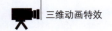

步骤 32 打开粒子编辑面板，使用相同的方式建立粒子发射器，使散碎冰雪形状更加多样，见图 6-257。

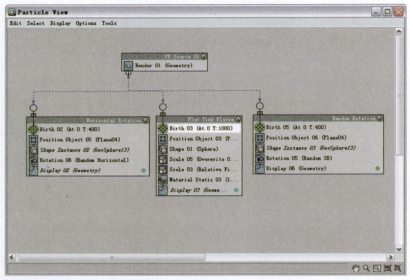

图 6-257 建立多个粒子发射器

步骤 33 在粒子编辑面板中为整体粒子增加 Material Static（材质静态）粒子事件，然后在右侧调节面板中为其增加 Standard（标准）材质球，调节冰雪粒子的材质，见图 6-258。

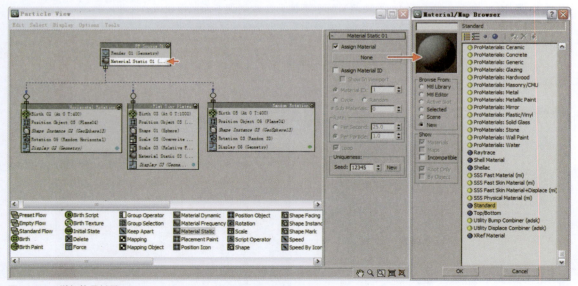

图 6-258 增加粒子材质

步骤 34 将材质复制到材质编辑器中，然后调节材质类型为 SSS Fast Material（3S 曲面散色材质）并设置材质属性，完成浮冰雪的材质，见图 6-259。

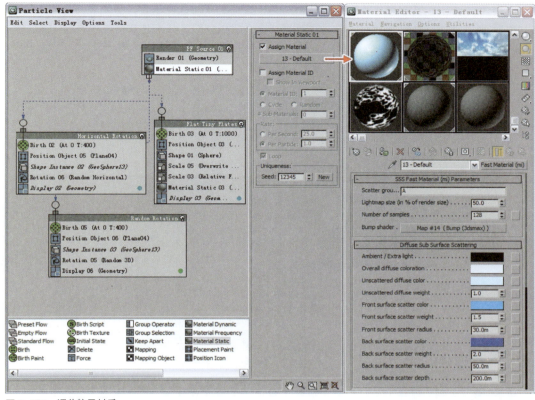

图 6-259　调节粒子材质

步骤 35　选择平面物体并单击鼠标右键,在弹出菜单中选择 Object Properties（对象属性）选项,在对象属性面板中取消 Renderable（可渲染）选项, 使平面物体不可见, 见图 6-260。

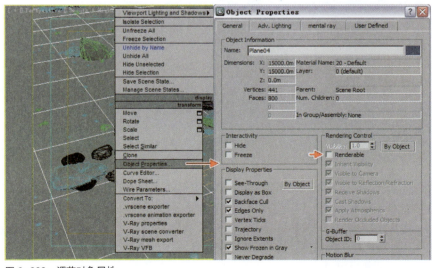

图 6-260　调节对象属性

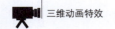

步骤 36 在主工具栏中单击 🖰（渲染）工具，预览完成的散碎冰雪模型效果，见图 6-261。

步骤 37 选择散碎冰雪模型与平面物体再单击鼠标右键，在弹出菜单中选择 Hide Selection（隐藏选择）项，将选择的模型隐藏，见图 6-262。

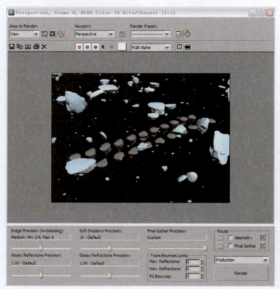

图 6-261　渲染模型效果　　　　　　　　　　　图 6-262　隐藏物体

步骤 38 在 ☀（创建）面板 ⭘（几何体）中选择标准几何体中的 Plane （平面）按钮，然后在视图中建立水面模型，见图 6-263。

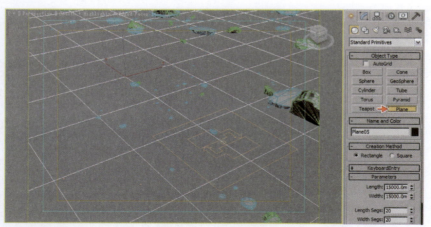

图 6-263　建立平面

步骤 39 在 🎨（材质编辑器）中选择空白材质并更改材质类型为 mental ray，然后为 Surface（曲面）赋予 Glass（玻璃）纹理，为 Bump（凹凸）赋予 Ocean（海洋）纹理，再为 Volume（体积）赋予 Submerge（浸没）纹理，见图 6-264。

步骤 40 在主工具栏中单击 🖰（渲染）工具，预览完成的水面材质效果，见图 6-265。

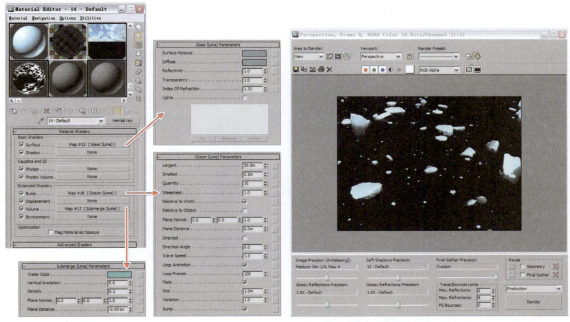

图 6-264　调节水面材质　　　　　　　　　图 6-265　渲染水面效果

步骤 41　在 ☀（创建）面板 📷（摄影机）中选择 ▭ Free ▭（自由摄影机）命令，然后在视图中建立，见图 6-266。

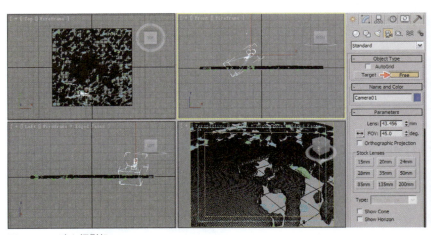

图 6-266　建立摄影机

步骤 42　在主菜单中选择【Rendering（渲染）】→【Environment（环境）】命令，为 Environment Map（环境贴图）赋予本书配套光盘中的 "环境云 .bmp" 贴图，再将环境贴图复制到材质编辑器中，然后再勾选贴图方式为 Environ（环境）方式，设置 Offset（偏移）的高度值为 0.25、Tiling（平铺）的高度值为 2，见图 6-267。

> **贴心提示**
> 设置贴图方式为环境类型可以避免产生较呆板的环境效果。

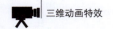

步骤 43 将隐藏的冰雪模型显示出来，然后在主工具栏中单击 （渲染）工具，渲染当前的冰雪材质效果，见图 6-268。

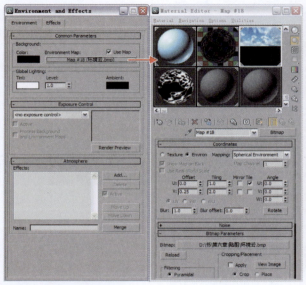

图 6-267 设置环境贴图

图 6-268 渲染冰雪效果

步骤 44 继续在环境的 Atmosphere（效果）卷展栏中单击 Add （添加）按钮，为场景增加 Fog（雾）效果，见图 6-269。

步骤 45 在主工具栏中单击 （渲染）工具，渲染增加雾效的冰雪效果，见图 6-270。

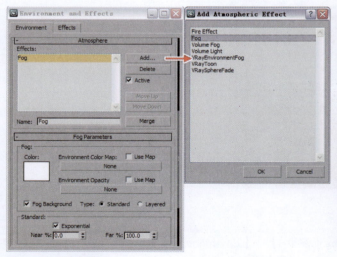

图 6-269 增加雾效

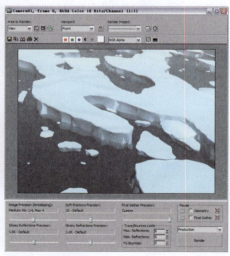

图 6-270 渲染雾效果

步骤 46 在 （创建）面板 （灯光）中选择 Skylight （天光）命令，然后在视图中建立，再设置 Multiplier（倍增）为 0.5，见图 6-271。

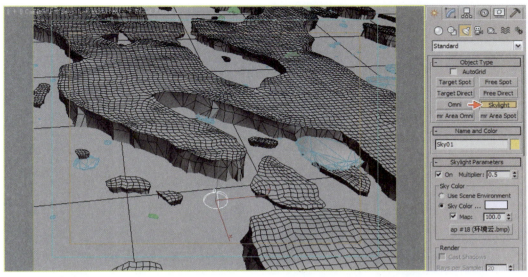

图 6-271　建立天光

步骤 47　在 ☑（修改）面板中打开天光参数面板，然后为天光增加配套光盘中的"环境云 .bmp"
贴图，使天光照射更加真实，见图 6-272。

步骤 48　在主工具栏中单击 ☑（渲染）工具，渲染天光产生的效果，见图 6-273。

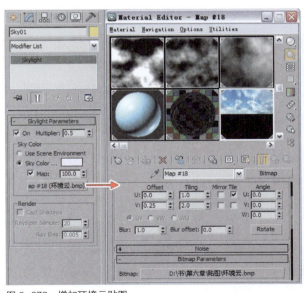

图 6-272　增加环境云贴图

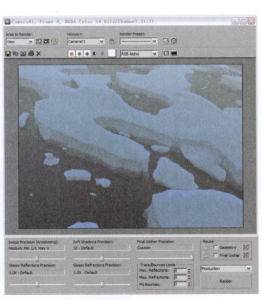

图 6-273　渲染天光效果

步骤 49　在 ☀（创建）面板 ☑（灯光）中选择 Target Direct（目标平行光）命令，然后在视图中建立，
设置 Multiplier（倍增）为 1.4、灯光颜色为浅黄色、Light Cone（灯光锥形）为 Overshoot（泛光化）、
Falloff/Field（衰减区 / 区域）为 10000，作为场景中的主光源，见图 6-274。

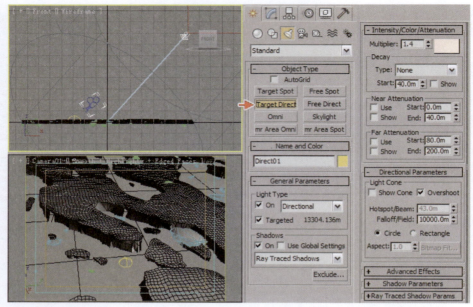

图6-274 建立主光源

步骤50 在主工具栏中单击 （渲染）工具，渲染完成的南极海面浮冰效果，见图6-275。

图6-275 渲染最终效果

本章小结

本章主要讲解三维环境氛围特效的理论知识、原理和应用方法，包括环境命令和对话框、渲染命令和对话框、Video Post 视频合成技法，配合特效范例《AfterBurn 烟雾》《高耸山脉》和《海面效果》的制作，使读者亲身体验制作浓烟、爆炸、蘑菇云、雪山、云雾和海水等特效的制作流程、方法和具体步骤，从而更快地熟悉和掌握三维环境特效的制作方法和技巧。

本章作业

一、举一反三

通过对本章的理论与范例的学习，希望读者能够自己动手制作多种类别的特效，比如"龙卷风"、"火焰"、"沼泽"、"雪山"等效果，以充分理解和掌握本章的主要内容。

二、练习与实训

项目编号	实训名称	实训页码
实训 6-1	动画环境特效《旋转的光芒》	见《动画特效实训》P80
实训 6-2	动画环境特效《燃烧的蜡烛》	见《动画特效实训》P83
实训 6-3	动画环境特效《油罐车浓烟》	见《动画特效实训》P86
实训 6-4	动画环境特效《燃烧的火炭》	见《动画特效实训》P89
实训 6-5	动画环境特效《连绵雪山》	见《动画特效实训》P92
实训 6-6	动画环境特效《战机飞行》	见《动画特效实训》P95

*详细内容与要求请看配套练习册《动画特效实训》。

"21世纪中国动漫游戏优秀图书出版工程"是国内首家专门定位致力从事动漫游戏教材研发和出版的机构，由北京电影学院动画学院、中国动画学会、北京电影学院中国动画研究院、北京联合出版公司等知名机构发起和组建，得到了国家文化部、教育部、广电总局、新闻出版总暑等相关部门领导的大力支持。新推出的"21世纪中国动漫游戏优秀图书出版工程"之一："'十二五'普通高校动漫游戏专业规划教材"，是对已经投放市场、且被广大动画专业师生喜爱、全国不少院校作为指定教材的"'十一五'全国高校动漫游戏专业骨干课程权威教材"的全面升级、更新换代，是动画整体教学"产、学、研"一体化的全新教学模式的成功尝试。

中国的动画教育方兴未艾，动漫游戏优秀图书的开发又是一个日新月异的巨大工程。北京电影学院中国动画研究院"动漫游戏教材研发中心"是一个国际性的开放平台，衷心希望海内外专家，特别是身在教学一线的广大教师加入到我们的策划与编写队伍中来，共同打造出国际一流水平的动漫游戏系列专著，为推动中国的动画产业和中国的动漫教育更大发展贡献自己的智慧和力量。

投稿热线：(010) 82665118-8002　　传真：(010) 82665789 Email：qinrh@126.com

教师服务专区

尊敬的各位老师：

真诚感谢您对"21世纪中国动漫游戏优秀图书出版工程"的支持，请填妥下表，我们将为您提供教材样书、教材课件、教师培训、学生实训、征稿等热情周到的服务。

姓名：＿＿＿＿＿＿＿＿　　性别：＿＿＿＿＿＿＿＿　　年龄：＿＿＿＿＿＿＿＿

联系电话：＿＿＿＿＿＿＿　　Email：＿＿＿＿＿＿＿＿＿＿＿＿＿＿＿＿

通信地址：＿＿＿＿＿＿＿＿＿＿＿＿＿＿　　邮编：＿＿＿＿＿＿＿＿

学校名称：＿＿＿＿＿＿＿＿＿＿＿＿＿＿＿＿＿＿＿＿＿＿＿＿

教授课程：＿＿＿＿＿＿＿　　班级名称：＿＿＿＿＿＿　　学生人数：＿＿＿＿＿＿

所选教材名称

① ＿＿＿＿＿＿ 册数：＿＿ 作者姓名：＿＿＿＿　④ ＿＿＿＿＿＿ 册数：＿＿ 作者姓名：＿＿＿

② ＿＿＿＿＿＿ 册数：＿＿ 作者姓名：＿＿＿＿　⑤ ＿＿＿＿＿＿ 册数：＿＿ 作者姓名：＿＿＿

③ ＿＿＿＿＿＿ 册数：＿＿ 作者姓名：＿＿＿＿　⑥ ＿＿＿＿＿＿ 册数：＿＿ 作者姓名：＿＿＿

● **样书索取**：您对教材样书所需册数：

● **配套课件索取**：您需要的教材配套教学课件是（打勾即可）：① ② ③ ④ ⑤ ⑥

● **其他样书**：您还需要其他教材样书书名为：

● **师资培训**：您是否计划参加北京电影学院动画学院暑期、寒假高级师资培训班？ 是 否

● **学生实训**：您所教授的学生是否希望到北京电影学院动画学院实训基地去实习？

哪方面的实习？＿＿＿＿＿＿＿＿　　多长时间？＿＿＿＿＿　　多少人？＿＿＿＿

● **新书写作计划**：您想近期写作的书及主要内容：＿＿＿＿＿＿＿＿＿＿＿＿

＿＿＿＿＿＿＿＿＿＿＿＿＿＿＿＿＿＿＿＿＿＿＿＿＿＿＿＿＿＿＿＿＿＿

＿＿＿＿＿＿＿＿＿＿＿＿＿＿＿＿＿＿＿＿＿＿＿＿＿＿＿＿＿＿＿＿＿＿

根据有关法律，您的所有个人资料"21世纪中国动漫游戏优秀图书出版工程"将严格保密。以上文字最终解释权归北京电影学院中国动画研究院动漫游戏教材研发中心所有。

动画特效师制作的内容既纷繁复杂，又让人着迷。动画特效师要做的主要工作包括动画设置与视觉特效两大部分，在具体的制作过程中还需要灯光、材质与后期合成的配合，使三维动画作品的动作优美和效果炫目。动画特效通常是由电脑软件完成。想创作出理想的三维动画特效，达到更高的艺术境界，除了熟练的电脑软件操作能力外，平时不断的学习和积累也很重要。下面是笔者数年来一线工作积累的一些动画特效设计手法和经验，愿与大家分享。

一、动画特效种类

动画特效如果细分起来主要由动画设置和视觉特效构成。动画设置部分包括动画关键帧的设置和摄影机运动等，当然也会对骨骼和蒙皮有所涉及。视觉特效部分主要包括风、雨、雷、电等自然现象和超自然现象等，三维软件中的光效、粒子、动力学等都属于这部分。不管是哪一种类，目的都是使效果看起来更加贴近观众心目中的视觉真实，拉近与观众的心理距离。

二、场景构图设置

根据题材和主题思想的要求，把要表现的形象适当地组织起来，构成一个协调的完整的画面称为构图，而不同样式的构图设置将会直接调动观看者的情绪。比如制作爆炸的特效场景，除了重点表现爆炸的样式和特效外，摄影机的拍摄角度和爆炸瞬间晃动的设置，都会使其看起来更像是真正发生爆炸产生的冲击力一样。建议平常多观看一些优秀的电影和动画场面，从中学习构图知识和特效制作的方式。

三、布料与毛发

布料与毛发动画特效一直是三维创作中的难点，千万不要小看这一部分。高速的计算机运算能力、对三维动画软件或插件技术的了解与熟练应用程度、在生活中深入观察各种物体自身运动的特点、以及较为丰富的实践经验的积累，是创作出炫目动人的布料与毛发动画特效的不二法则。

四、后期辅助合成

任何一种动画特效都需要在后期合成软件中进行加工，不管是颜色或气氛的烘托，还是将多个特效重新进行组合，因此熟练地掌握一款后期合成软件的操作技能尤为重要。比如模拟云雾效果和发光效果就可以直接使用后期合成软件 Combustion 中的粒子系统制作，从而提升动画特效制作的效果与效率。

想要成为三维动画特效高手并非一朝一夕的功力，因此勤于思考和多进行锻炼操作，具备举一反三、触类旁通的能力是很重要的。希望通过本实训你能获得更多的体会和经验，创作出更多的好作品。在使用本实训册的过程中有任何问题请访问 www.ziwu3d.com 网站或与 ziwu3d@163.com 联系。

彭超
哈尔滨学院艺术与设计学院
动画专业讲师

对想成为**好**的特效师说的话

目录

动画特效
实训
CG Special
Effects in 3ds Max

 P23　 *P26*　 *P32*　 *P35*　 *P38*

CONTENTS

动画特效
实训
CG Special
Effects in 3ds Max

第二章　创建三维动画与蒙皮设置技法

一、实训名称　动画道具特效《台灯》

二、实训内容　本实训主要使用力学对象中的弹簧物体，拾取物体位置后配合 HI 解算器和对齐工具将虚拟体对齐到转折位置，从而完成台灯扭动和结构弯曲的动画，最终效果见图 2-1。

三、实训要求　根据图 2-2 至图 2-8 所提供的制作总流程图和分流程图，自己动手完成各分流程的具体实施步骤。

四、实训目的　熟悉和掌握弹簧物体与 HI 结算器的配合应用，以及链接工具设置父子层次的方法和步骤。

图2-1　动画道具特效《台灯》最终效果

五、制作流程及技巧分析　制作本例时，先使用几何体建立台灯模型，然后使用力学对象中的弹簧物体设置台灯弹簧模型，再使用影响轴控制灯头的约束轴。通过 HI 结算器将台灯底部支架链接给顶部支架，再使用方向约束灯头的旋转，最后在灯头中建立自由聚光灯得到照明效果，本方法在制作机械类的三维动画时尤其实用。本例制作总流程（步骤）分为 6 个：①制作台灯模型、②制作台灯弹簧、③设置灯头约束、④应用反向动力学、⑤设置灯头旋转约束、⑥设置台灯光效，见图 2-2。

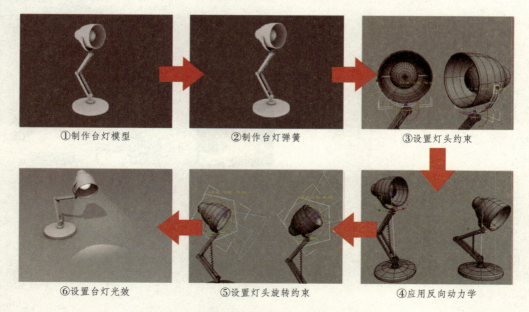

①制作台灯模型　　②制作台灯弹簧　　③设置灯头约束

⑥设置台灯光效　　⑤设置灯头旋转约束　　④应用反向动力学

图2-2　动画道具特效《台灯》制作总流程（步骤）图

六、《台灯》特效制作各分流程（步骤）图

总流程1　制作台灯模型

《台灯》特效第一流程（步骤）是制作台灯模型,制作又分为3个流程:①制作底座模型、②制作支架模型、③制作灯罩模型,见图2-3。

作业要求：自己动手操作并写出具体实施步骤。

①制作底座模型　　　　②制作支架模型　　　　③制作灯罩模型

图2-3　制作台灯模型流程图（总流程1）

总流程2　制作台灯弹簧

《台灯》特效第二流程（步骤）是制作台灯弹簧,制作又分为3个流程:①建立弹簧物体、②弹簧链接绑定、③测试弹簧效果,见图2-4。

作业要求：自己动手操作并写出具体实施步骤。

①建立弹簧物体　　　　②弹簧链接绑定　　　　③测试弹簧效果

图2-4　制作台灯弹簧流程图（总流程2）

总流程3　设置灯头约束

《台灯》特效第三流程（步骤）是设置灯头约束,制作又分为3个流程：①设置台灯转折轴、②设置台灯链接、③设置支架链接,见图2-5。

作业要求：自己动手操作并写出具体实施步骤。

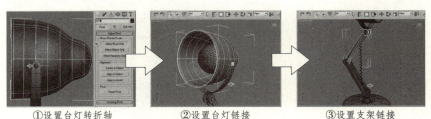

①设置台灯转折轴　　　　②设置台灯链接　　　　③设置支架链接

图2-5　设置灯头约束流程图（总流程3）

总流程 4　应用反向动力学

《台灯》特效第四流程（步骤）是应用反向动力学，制作又分为 3 个流程：①设置 HI 结算器、②添加点状虚拟体、③激活拾取目标，见图 2-6。

作业要求：自己动手操作并写出具体实施步骤。

①设置 HI 结算器　　②添加点状虚拟体　　③激活拾取目标

图2-6　应用反向动力学流程图（总流程4）

总流程 5　设置灯头旋转约束

《台灯》特效第五流程（步骤）是设置灯头旋转约束，制作又分为 3 个流程：①设置颈部链接、②设置灯头方向约束、③设置灯光约束，见图 2-7。

作业要求：自己动手操作并写出具体实施步骤。

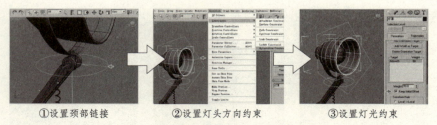

①设置颈部链接　　②设置灯头方向约束　　③设置灯光约束

图2-7　设置灯头旋转约束流程图（总流程5）

总流程 6　设置台灯光效

《台灯》特效第六流程（步骤）是设置台灯光效，制作又分为 3 个流程：①建立自由灯光、②设置灯光链接、③设置灯光效果，见图 2-8。

作业要求：自己动手操作并写出具体实施步骤。

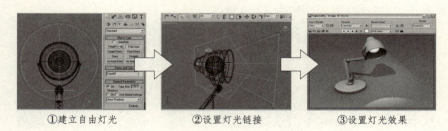

①建立自由灯光　　②设置灯光链接　　③设置灯光效果

图2-8　设置台灯光效流程图（总流程6）

实训2-2   动画设置效果   ⏰ 2学时

一、实训名称 动画道具特效《机械手臂》

二、实训内容 本实训主要使用链接工具设置父子层次关系，配合链接约束控制模拟机械手臂抓东西的动画效果，最终效果见图2-9。

三、实训要求 根据图2-10至图2-16所提供的制作总流程图和分流程图，自己动手完成各分流程的具体实施步骤。

四、实训目的 熟悉和掌握机械类模型如何设置父子层次关系，以及运动面板的链接约束控制的设置方法和技巧。

五、制作流程及技巧分析 本例制作时，先建立机械手臂的模型，然后使用链接工具

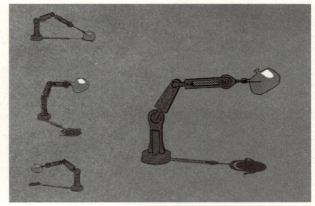

图2-9 动画道具特效《机械手臂》最终效果

将抓手链接给连接件，再将连接件链接给底座支架。使用旋转工具记录机械手臂的弯曲动画，然后在运动面板设置链接约束控制器，再将需要抓举的茶壶添加到链接中，最后再记录机械手臂抓东西的附属动作。本例制作总流程（步骤）分为6个：①制作机械手臂模型、②设置父子链接、③记录机械动画、④控制链接约束、⑤设置添加链接、⑥记录抓壶动画，见图2-10。

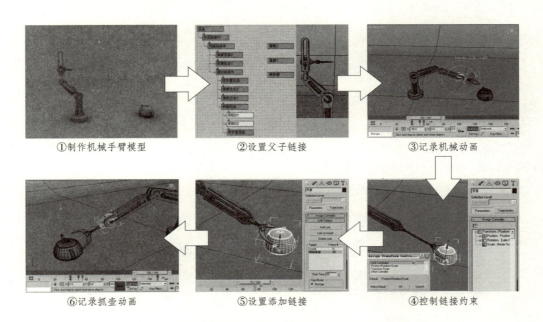

①制作机械手臂模型   ②设置父子链接   ③记录机械动画

⑥记录抓壶动画   ⑤设置添加链接   ④控制链接约束

图2-10 动画道具特效《机械手臂》制作总流程（步骤）图

六、《机械手臂》特效制作各分流程（步骤）图

总流程 1　制作机械手臂模型

《机械手臂》特效第一流程（步骤）是制作机械手臂模型，制作又分为 3 个流程：①制作底座模型、②制作链接模型、③制作抓手模型，见图 2-11。

作业要求： 自己动手操作并写出具体实施步骤。

①制作底座模型　　　　②制作链接模型　　　　③制作抓手模型

图2-11　制作机械手臂模型流程图（总流程1）

总流程 2　设置父子链接

《机械手臂》特效第二流程（步骤）是设置父子链接，制作又分为 3 个流程：①设置钢钳链接、②设置滑动件链接、③设置底座链接，见图 2-12。

作业要求： 自己动手操作并写出具体实施步骤。

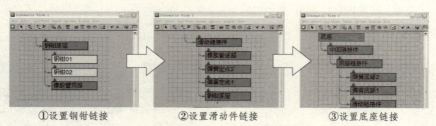

①设置钢钳链接　　　　②设置滑动件链接　　　　③设置底座链接

图2-12　设置父子链接流程图（总流程2）

总流程 3　记录机械动画

《机械手臂》特效第三流程（步骤）是记录机械动画，制作又分为 3 个流程：①设置弯曲动画、②设置伸展动画、③设置展开动画，见图 2-13。

作业要求： 自己动手操作并写出具体实施步骤。

①设置弯曲动画　　　　②设置伸展动画　　　　③设置展开动画

图2-13　记录机械动画流程图（总流程3）

总流程 4　控制链接约束

《机械手臂》特效第四流程（步骤）是控制链接约束，制作又分为 3 个流程：①分配控制器、②添加链接约束、③链接到世界位置，见图 2-14。

作业要求：自己动手操作并写出具体实施步骤。

①分配控制器　　　　　②添加链接约束　　　　　③链接到世界位置

图2-14　控制链接约束流程图（总流程4）

总流程 5　设置添加链接

《机械手臂》特效第五流程（步骤）是设置添加链接，制作又分为 3 个流程：①添加链接物体、②钢钳底座链接、③测试链接效果，见图 2-15。

作业要求：自己动手操作并写出具体实施步骤。

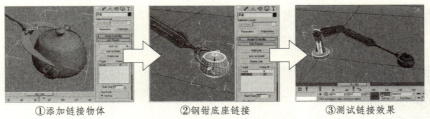

①添加链接物体　　　　　②钢钳底座链接　　　　　③测试链接效果

图2-15　设置添加链接流程图（总流程5）

总流程 6　记录抓壶动画

《机械手臂》特效第六流程（步骤）是记录抓壶动画，制作又分为 3 个流程：①设置位移动画、②设置解除链接、③设置钢钳动画，见图 2-16。

作业要求：自己动手操作并写出具体实施步骤。

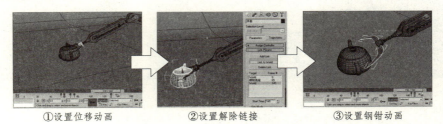

①设置位移动画　　　　　②设置解除链接　　　　　③设置钢钳动画

图2-16　记录抓壶动画流程图（总流程6）

| 实训2-3 动画设置与变形效果 | ⏰ 3 学时 |

一、实训名称 动画角色特效《大黄蜂》

二、实训内容 本实训部分主要设置父子层次关系，制作大黄蜂机器人变形成汽车的动画，最终效果见图2-17。

三、实训要求 根据图 2-18 至图 2-24 所提供的制作总流程图和分流程图，自己动手完成各分流程的具体实施步骤。

四、实训目的 熟悉和掌握机械类三维动画的设置流程、方法和步骤，以及机械变形时的隐藏设置与关键帧的记录方法等技术。

图2-17 动画角色特效《大黄蜂》最终效果

五、制作流程及技巧分析 本例制作时，先链接并设置机器人的父子层次关系，将四肢与头部模型链接给身体模型，再将汽车模型也进行链接设置。记录机器人变形的动画，逐渐由站立的机器人集成在一起，组合成类似汽车造型的效果。将事先等待变形位置的汽车逐渐显示出来，再将多余的机器人模型逐渐隐藏消失，最后设置场景的灯光与渲染完成变形动画。本例制作总流程（步骤）分为 6 个：①设置大黄蜂链接、②设置汽车链接、③调节变形动画、④填充物收缩动画、⑤设置透明动画、⑥设置灯光渲染，见图 2-18。

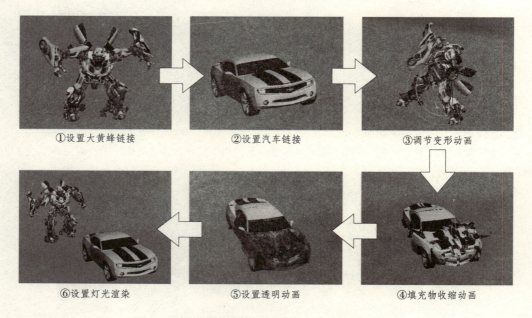

①设置大黄蜂链接   ②设置汽车链接   ③调节变形动画

⑥设置灯光渲染   ⑤设置透明动画   ④填充物收缩动画

图2-18 动画角色特效《大黄蜂》制作总流程（步骤）图

六、《大黄蜂》特效制作各分流程（步骤）图

总流程1　设置大黄蜂链接

《大黄蜂》特效第一流程（步骤）是设置大黄蜂链接，制作又分为3个流程：①设置肩膀链接、②设置腿部链接、③设置整体链接，见图2-19。

作业要求：自己动手操作并写出具体实施步骤。

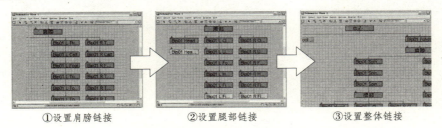

①设置肩膀链接　　　　　②设置腿部链接　　　　　③设置整体链接

图2-19　设置大黄蜂链接流程图（总流程1）

总流程2　设置汽车链接

《大黄蜂》特效第二流程（步骤）是设置汽车链接，制作又分为3个流程：①设置车轮链接、②设置车门链接、③设置整体链接，见图2-20。

作业要求：自己动手操作并写出具体实施步骤。

①设置车轮链接　　　　　②设置车门链接　　　　　③设置整体链接

图2-20　设置汽车链接流程图（总流程2）

总流程3　调节变形动画

《大黄蜂》特效第三流程（步骤）是调节变形动画，制作又分为3个流程：①手臂收缩动画、②腿部合并动画、③附件变形动画，见图2-21。

作业要求：自己动手操作并写出具体实施步骤。

①手臂收缩动画　　　　　②腿部合并动画　　　　　③附件变形动画

图2-21　调节变形动画流程图（总流程3）

总流程 4　填充物收缩动画

《大黄蜂》特效第四流程（步骤）是填充物收缩动画，制作又分为 3 个流程：①汽车零件收缩动画、②车壳放大动画、③设定车轮位置，见图 2-22。

作业要求：自己动手操作并写出具体实施步骤。

①汽车零件收缩动画　　　　②车壳放大动画　　　　③设定车轮位置

图2-22　填充物收缩动画流程图（总流程4）

总流程 5　设置透明动画

《大黄蜂》特效第五流程（步骤）是设置透明动画，制作又分为 3 个流程：①设置物体属性、②记录物体可见度、③隐蔽多余零件，见图 2-23。

作业要求：自己动手操作并写出具体实施步骤。

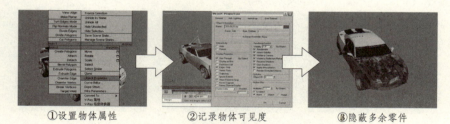

①设置物体属性　　　　②记录物体可见度　　　　③隐蔽多余零件

图2-23　设置透明动画流程图（总流程5）

总流程 6　设置灯光渲染

《大黄蜂》特效第六流程（步骤）是设置灯光渲染，制作又分为 3 个流程：①添加场景灯光、②建立摄影机、③设置镜头动画，见图 2-24。

作业要求：自己动手操作并写出具体实施步骤。

①添加场景灯光　　　　②建立摄影机　　　　③设置镜头动画

图2-24　设置灯光渲染流程图（总流程6）

实训2-4 动画蒙皮效果 ⏰ 3学时

一、实训名称 动画角色特效《顽皮男孩》

二、实训内容 本实训部分主要使用骨骼系统为角色进行匹配，然后调节出坐在墙头的顽皮男童特效，最终效果见图2-25。

二、实训要求 根据图2-26至图2-32所提供的制作总流程图和分流程图，自己动手完成各分流程的具体实施步骤。

三、实训目的 熟悉和掌握骨骼系统的建立，以及蒙皮修改器的应用与设置，了解三维角色动作的设置流程、方法和实施步骤。

四、制作流程及技巧分析 制作本例时，先建立躯干的骨骼，然后分别在手臂位置和腿部位置建立骨骼，再将手臂的骨骼链接给

图2-25 动画角色特效《顽皮男孩》最终效果

肩部骨骼，将腿部的骨骼链接给腰部骨骼。选择腿部模型添加蒙皮修改设置，再为身体模型也添加蒙皮修改设置，完成角色骨骼与模型之间的绑定。制作出砖墙的夜晚场景，然后将角色骨骼调节出坐在墙头上的动作，最后为角色添加气球和棒棒糖道具。本例制作总流程（步骤）分为6个：①建立躯干骨骼、②设置手臂骨骼与层次、③建立腿部骨骼、④调节腿部蒙皮、⑤调节身体蒙皮、⑥设定角色姿态，见图2-26。

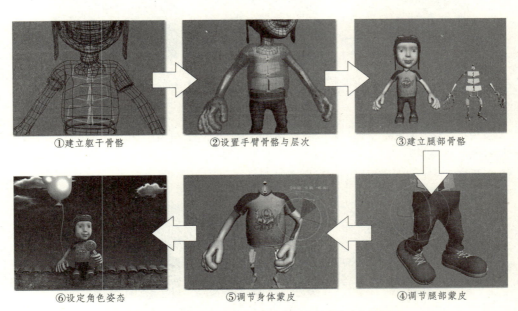

图2-26 动画角色特效《顽皮男孩》制作总流程（步骤）图

六、《顽皮男孩》特效制作各分流程（步骤）图

总流程1　建立躯干骨骼

《顽皮男孩》特效第一流程（步骤）是建立躯干骨骼，制作又分为3个流程：①建立骨骼物体、②调节骨骼角度、③设置骨骼区域，见图2-27。

作业要求：自己动手操作并写出具体实施步骤。

　　①建立骨骼物体　　　　　　　②调节骨骼角度　　　　　　③设置骨骼区域

图2-27　建立躯干骨骼流程图（总流程1）

总流程2　设置手臂骨骼与层次

《顽皮男孩》特效第二流程（步骤）是设置手臂骨骼与层次，制作又分为3个流程：①建立手臂骨骼、②添加手臂虚拟体、③设置手臂链接，见图2-28。

作业要求：自己动手操作并写出具体实施步骤。

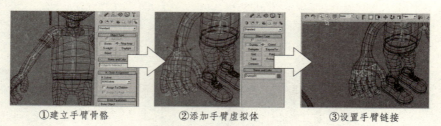

　　①建立手臂骨骼　　　　　　　②添加手臂虚拟体　　　　　　③设置手臂链接

图2-28　设置手臂骨骼与层次流程图（总流程2）

总流程3　建立腿部骨骼

《顽皮男孩》特效第三流程（步骤）是建立腿部骨骼，制作又分为3个流程：①建立腿部骨骼、②对称复制骨骼、③设置腿部链接，见图2-29。

作业要求：自己动手操作并写出具体实施步骤。

　　①建立腿部骨骼　　　　　　　②对称复制骨骼　　　　　　③设置腿部链接

图2-29　建立腿部骨骼流程图（总流程3）

总流程 4　调节腿部蒙皮

《顽皮男孩》特效第四流程（步骤）是调节腿部蒙皮，制作又分为 3 个流程：①增加蒙皮命令、②添加蒙皮骨骼、③编辑影响区域，见图2-30。

作业要求：自己动手操作并写出具体实施步骤。

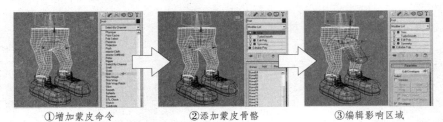

①增加蒙皮命令　　　　　　②添加蒙皮骨骼　　　　　　③编辑影响区域

图2-30　调节腿部蒙皮流程图（总流程4）

总流程 5　调节身体蒙皮

《顽皮男孩》特效第五流程（步骤）是调节身体蒙皮，制作又分为 3 个流程：①增加蒙皮命令、②增加身体骨骼、③调节影响区域，见图 2-31。

作业要求：自己动手操作并写出具体实施步骤。

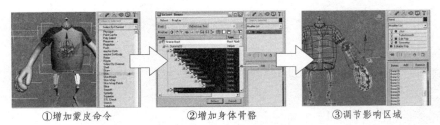

①增加蒙皮命令　　　　　　②增加身体骨骼　　　　　　③调节影响区域

图2-31　调节身体蒙皮流程图（总流程5）

总流程 6　设定角色姿态

《顽皮男孩》特效第六流程（步骤）是设定角色姿态，制作又分为 3 个流程：①增加场景道具、②调节角色动作、③设置场景渲染，见图2-32。

作业要求：自己动手操作并写出具体实施步骤。

①增加场景道具　　　　　　②调节角色动作　　　　　　③设置场景渲染

图2-32　设定角色姿态流程图（总流程6）

实训2-5 动画蒙皮效果　　　⏰ 3 学时

一、实训名称 动画角色特效《IK精灵》

二、实训内容 本实训主要使用骨骼系统和蒙皮设置控制角色的姿态，再通过动画记录完成角色的动作，最终效果见图2-33。

三、实训要求 根据图2-34至图2-40所提供的制作总流程图和分流程图，自己动手完成各分流程的具体实施步骤。

四、实训目的 熟悉和掌握角色骨骼系统的建立方式，以及蒙皮修改器设置绑定的制作流程。

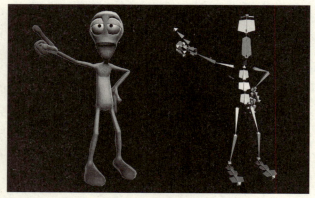

图2-33　动画角色特效《IK精灵》最终效果

五、制作流程及技巧分析 制作本例时，先按照角色模型的位置依次建立手臂骨骼、腿部骨骼与躯干骨骼，然后使用链接工具将手臂骨骼链接给肩部骨骼，将腿部骨骼链接给腰部骨骼，正确设置角色骨骼的父子层次关系。选择角色模型并增加蒙皮修改器，设置骨骼绑定的控制区域后记录骨骼的动画，将模型随骨骼产生动作效果。本例制作总流程（步骤）分为6个：①建立手臂骨骼、②建立腿部骨骼、③建立躯干骨骼、④链接骨骼层次、⑤操作模型蒙皮、⑥记录骨骼动画，见图2-34。

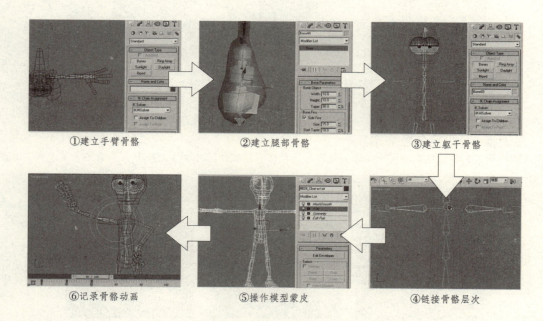

①建立手臂骨骼　　　②建立腿部骨骼　　　③建立躯干骨骼

⑥记录骨骼动画　　　⑤操作模型蒙皮　　　④链接骨骼层次

图2-34　动画角色特效《IK精灵》制作总流程（步骤）图

六、《IK 精灵》特效制作各分流程（步骤）图

总流程 1　建立手臂骨骼

　　《IK 精灵》特效第一流程（步骤）是建立手臂骨骼，制作又分为 3 个流程：①建立手臂骨骼、②建立手指骨骼、③设置骨骼大小，见图 2-35。

　　作业要求：自己动手操作并写出具体实施步骤。

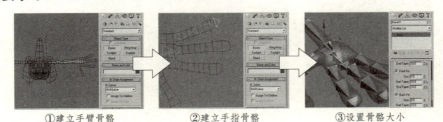

①建立手臂骨骼　　　　　　②建立手指骨骼　　　　　　③设置骨骼大小

图2-35　建立手臂骨骼流程图（总流程1）

总流程 2　建立腿部骨骼

　　《IK 精灵》特效第二流程（步骤）是建立腿部骨骼，制作又分为 3 个流程：①建立腿部骨骼、②设置骨骼大小、③对称镜像骨骼，见图 2-36。

　　作业要求：自己动手操作并写出具体实施步骤。

①建立腿部骨骼　　　　　　②设置骨骼大小　　　　　　③对称镜像骨骼

图2-36　建立腿部骨骼流程图（总流程2）

总流程 3　建立躯干骨骼

　　《IK 精灵》特效第三流程（步骤）是建立躯干骨骼，制作又分为 3 个流程：①建立躯干骨骼、②建立头部骨骼、③设置骨骼大小，见图 2-37。

　　作业要求：自己动手操作并写出具体实施步骤。

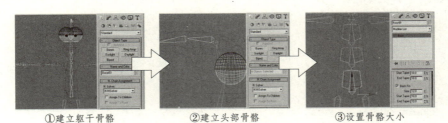

①建立躯干骨骼　　　　　　②建立头部骨骼　　　　　　③设置骨骼大小

图2-37　建立躯干骨骼流程图（总流程3）

3D SPECIAL EFFECTS

总流程4　链接骨骼层次

《IK精灵》特效第四流程（步骤）是链接骨骼层次，制作又分为3个流程：①链接肩部骨骼、②添加腰部虚拟体、③链接腰部骨骼，见图2-38。

作业要求：自己动手操作并写出具体实施步骤。

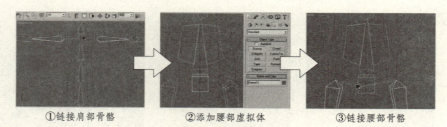

①链接肩部骨骼　　　②添加腰部虚拟体　　　③链接腰部骨骼

图2-38　链接骨骼层次流程图（总流程4）

总流程5　操作模型蒙皮

《IK精灵》特效第五流程（步骤）是操作模型蒙皮，制作又分为3个流程：①增加蒙皮命令、②添加身体骨骼、③调节影响区域，见图2-39。

作业要求：自己动手操作并写出具体实施步骤。

①增加蒙皮命令　　　②添加身体骨骼　　　③调节影响区域

图2-39　操作模型蒙皮流程图（总流程5）

总流程6　记录骨骼动画

《IK精灵》特效第六流程（步骤）是记录骨骼动画，制作又分为3个流程：①增加腿部结算器、②设置下半身动画、③设置上半身动画，见图2-40。

作业要求：自己动手操作并写出具体实施步骤。

①增加腿部结算器　　　②设置下半身动画　　　③设置上半身动画

图2-40　记录骨骼动画流程图（总流程6）

实训2-6 动画蒙皮效果　　⏰ **2 学时**

一、实训名称　动画角色特效《绿巨人》

二、实训内容　本实训主要使用两足骨骼系统制作角色的骨骼，将骨骼与角色进行蒙皮绑定操作，最终效果见图2-41。

二、实训要求　根据图2-42至图2-48所提供的制作总流程图和分流程图，自己动手完成各分流程的具体实施步骤。

三、实训目的　熟悉和掌握两足骨骼系统的建立方式，以及两足骨骼系统中的体型状态设置。

四、制作流程及技巧分析　制作本例时，先建立角色模型与材质设置，然后由角色脚底位置建立两足骨骼系统，再将骨骼开启到

图2-41　动画角色特效《绿巨人》最终效果

体型状态，使用旋转与缩放工具将骨骼与角色进行匹配。为角色增加蒙皮修改命令，然后设置蒙皮影响角色的区域，再切换至步迹状态设置角色骨骼的动画，也可以载入制作完成的BIP动作数据得到骨骼动画。本例制作总流程（步骤）分为6个：①设置模型与材质、②建立两足骨骼、③设置骨骼体型、④测试角色蒙皮、⑤调节蒙皮操作、⑥记录骨骼动画，见图2-42。

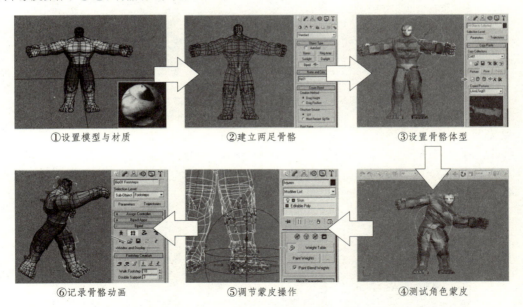

①设置模型与材质　　　　②建立两足骨骼　　　　③设置骨骼体型

⑥记录骨骼动画　　　　⑤调节蒙皮操作　　　　④测试角色蒙皮

图2-42　动画角色特效《绿巨人》制作总流程（步骤）图

六、《绿巨人》特效制作各分流程（步骤）图

总流程1 设置模型与材质

《绿巨人》特效第一流程（步骤）是设置模型与材质，制作又分为3个流程：①制作角色模型、②设置肢体ID、③设置材质与坐标，见图2-43。

作业要求：自己动手操作并写出具体实施步骤。

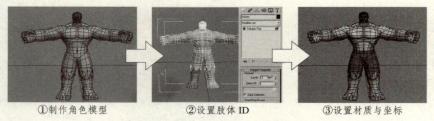

①制作角色模型　　　　　②设置肢体ID　　　　　③设置材质与坐标

图2-43 设置模型与材质流程图（总流程1）

总流程2 建立两足骨骼

《绿巨人》特效第二流程（步骤）是建立两足骨骼，制作又分为3个流程：①建立骨骼、②骨骼与模型匹配、③设置骨骼角度，见图2-44。

作业要求：自己动手操作并写出具体实施步骤。

①建立骨骼　　　　　②骨骼与模型匹配　　　　　③设置骨骼角度

图2-44 建立两足骨骼流程图（总流程2）

总流程3 设置骨骼体型

《绿巨人》特效第三流程（步骤）是设置骨骼体型，制作又分为3个流程：①开启体型模式、②添加骨骼零件、③对称镜像复制，见图2-45。

作业要求：自己动手操作并写出具体实施步骤。

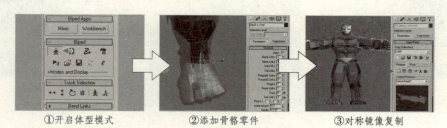

①开启体型模式　　　　　②添加骨骼零件　　　　　③对称镜像复制

图2-45 设置骨骼体型流程图（总流程3）

总流程4　测试角色蒙皮

《绿巨人》特效第四流程（步骤）是测试角色蒙皮，制作又分为3个流程：①增加蒙皮命令、②调节影响区域、③测试蒙皮效果，见图2-46。

作业要求：自己动手操作并写出具体实施步骤。

①增加蒙皮命令　　　　　　②调节影响区域　　　　　　③测试蒙皮效果

图2-46　测试角色蒙皮流程图（总流程4）

总流程5　调节蒙皮操作

《绿巨人》特效第五流程（步骤）是调节蒙皮操作，制作又分为3个流程：①设置影响权重、②设置局部权重、③测试权重效果，见图2-47。

作业要求：自己动手操作并写出具体实施步骤。

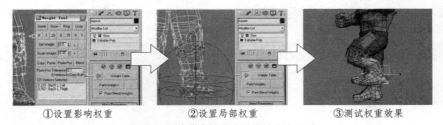

①设置影响权重　　　　　　②设置局部权重　　　　　　③测试权重效果

图2-47　调节蒙皮操作流程图（总流程5）

总流程6　记录骨骼动画

《绿巨人》特效第六流程（步骤）是记录骨骼动画，制作又分为3个流程：①载入动作数据、②调节局部动作、③设置骨骼动画，见图2-48。

作业要求：自己动手操作并写出具体实施步骤。

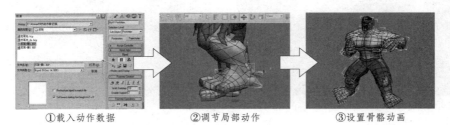

①载入动作数据　　　　　　②调节局部动作　　　　　　③设置骨骼动画

图2-48　记录骨骼动画流程图（总流程6）

部分学生优秀动画与蒙皮特效作业欣赏

下面选择了一批学生动画与蒙皮特效作业，供读者练习时参考，见图2-49。

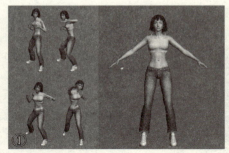

《女战士》

《凶猛的老虎》

《挖掘机械车》

《原始部落老人》

《晨练》

《空中飞侠》

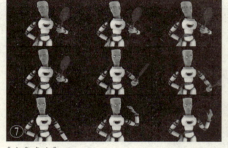

《古代武士》

《现代战士》

图2-49　部分学生动画与蒙皮特效作业欣赏

第三章 空间扭曲与粒子系统特效技法

 实训3-1 自然现象动画效果 ⏰ **2 学时**

一、实训名称 动画粒子特效《喷泉》

二、实训内容 本实训主要使用超级喷射粒子模拟喷泉的效果，然后使用力学系统的重力使超级喷射粒子向下掉落，配合运动模糊使下落的粒子更加真实，最终效果见图3-1。

三、实训要求 根据图3-2至图3-8所提供的制作总流程图和分流程图，自己动手完成各分流程的具体实施步骤。

四、实训目的 熟悉和掌握超级喷射粒子的参数设置，以及粒子与力学间的相互配合的流程、方法。本技术在制作三维动画与特效时尤其实用。

图3-1 动画粒子特效《喷泉》最终效果

五、制作流程及技巧分析 制作本例时，先建立喷水池的模型，使用摄影机控制视图的呈现角度，然后再设置场景的灯光照明。在喷水池的中心位置建立超级喷射粒子，设置粒子的喷射状态为扩散方式，然后在空间扭曲面板中建立重力，最后将粒子与重力进行空间扭曲链接。本例制作总流程（步骤）分为6个：①制作喷泉池模型、②调节摄影机、③调节场景灯光、④调节粒子发射器、⑤调节空间力学、⑥调节粒子材质与特效，见图3-2。

①制作喷泉池模型　②调节摄影机　③调节场景灯光

⑥调节粒子材质与特效　⑤调节空间力学　④调节粒子发射器

图3-2 动画粒子特效《喷泉》制作总流程（步骤）图

六、《喷泉》特效制作各分流程（步骤）图

总流程 1　制作喷泉池模型

《喷泉》特效第一流程（步骤）是制作喷泉池模型，制作又分为 3 个流程：①车削旋转模型、②添加石子模型、③制作喷嘴模型，见图3-3。

作业要求：自己动手操作并写出具体实施步骤。

①车削旋转模型　　　　　②添加石子模型　　　　　③制作喷嘴模型

图3-3　制作喷泉池模型流程图（总流程1）

总流程 2　调节摄影机

《喷泉》特效第二流程（步骤）是调节摄影机，制作又分为 3 个流程：①添加场景背景、②添加摄影机、③视图匹配，见图3-4。

作业要求：自己动手操作并写出具体实施步骤。

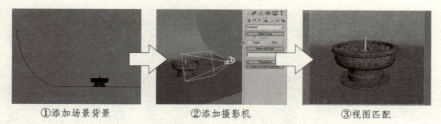

①添加场景背景　　　　　②添加摄影机　　　　　③视图匹配

图3-4　调节摄影机流程图（总流程2）

总流程 3　调节场景灯光

《喷泉》特效第三流程（步骤）是调节场景灯光，制作又分为 3 个流程：①建立聚光灯、②建立天光、③场景渲染，见图3-5。

作业要求：自己动手操作并写出具体实施步骤。

①建立聚光灯　　　　　②建立天光　　　　　③场景渲染

图3-5　调节场景灯光流程图（总流程3）

总流程 4 调节粒子发射器

《喷泉》特效第四流程（步骤）是调节粒子发射器，制作又分为 3 个流程：①建立超级喷射、②设置粒子参数、③设置粒子位置，见图3-6。

作业要求：自己动手操作并写出具体实施步骤。

①建立超级喷射　　　　　②设置粒子参数　　　　　③设置粒子位置

图3-6　调节粒子发射器流程图（总流程4）

总流程 5 调节空间力学

《喷泉》特效第五流程（步骤）是调节空间力学，制作又分为 3 个流程：①建立重力系统、②链接空间扭曲、③设置场景重力，见图3-7。

作业要求：自己动手操作并写出具体实施步骤。

①建立重力系统　　　　　②链接空间扭曲　　　　　③设置场景重力

图3-7　调节空间力学流程图（总流程5）

总流程 6 调节粒子材质与特效

《喷泉》特效第六流程（步骤）是调节粒子材质与特效，制作又分为 3 个流程：①设置喷泉材质、②设置运动模糊、③渲染场景效果，见图3-8。

作业要求：自己动手操作并写出具体实施步骤。

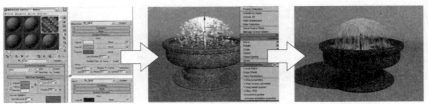

①设置喷泉材质　　　　　②设置运动模糊　　　　　③渲染场景效果

图3-8　调节粒子材质与特效流程图（总流程6）

实训3-2 自然现象动画效果 ⏰ 2 学时

一、实训名称 动画粒子特效《消防栓》

二、实训内容 本实训内容是将超级喷射粒子绑定在消防栓模型上，喷水的效果主要是通过设置粒子类型样式，并配合反弹板控制粒子的碰撞与方向来完成的，最终效果见图3-9。

三、实训要求 根据图 3-10 至图 3-16 所提供的制作总流程图和分流程图，自己动手完成各分流程的具体实施步骤。

四、实训目的 熟悉和掌握超级喷射粒子与反弹板的应用，粒子中不同类型的设置，以及喷射液体的制作流程、方法和步骤。

图3-9　动画粒子特效《消防栓》最终效果

五、制作流程及技巧分析 制作本例时，首先要建立场景模型并且设置场景材质，然后设置灯光的照明与视图呈现的角度。在消防栓的位置添加粒子发射器，设置粒子的类型为方块状，通过地面反弹板控制落地的粒子导向，最后再调节粒子的材质和运动模糊项目。本例制作总流程（步骤）分为6个：①建立场景模型、②设置场景材质、③添加灯光与摄影机、④添加粒子发射器、⑤设置粒子喷射类型、⑥调节粒子材质，见图3-10。

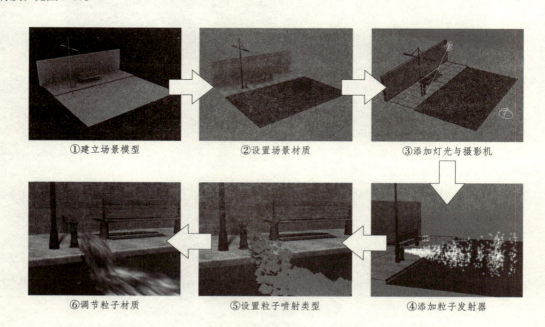

①建立场景模型　②设置场景材质　③添加灯光与摄影机

⑥调节粒子材质　⑤设置粒子喷射类型　④添加粒子发射器

图3-10　动画粒子特效《消防栓》制作总流程（步骤）图

六、《消防栓》特效制作各分流程（步骤）图

总流程 1　建立场景模型

《消防栓》特效第一流程（步骤）是建立场景模型,制作又分为 3 个流程:①搭建空间场景、②添加电线杆、③添加长条椅,见图 3-11。

作业要求：自己动手操作并写出具体实施步骤。

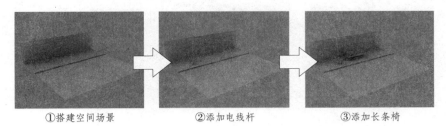

①搭建空间场景　　　　②添加电线杆　　　　③添加长条椅

图3-11　建立场景模型流程图（总流程1）

总流程 2　设置场景材质

《消防栓》特效第二流程（步骤）是设置场景材质,制作又分为 3 个流程：①设置场景附件材质、②设置墙壁材质、③设置地面材质,见图 3-12。

作业要求：自己动手操作并写出具体实施步骤。

①设置场景附件材质　　　　②设置墙壁材质　　　　③设置地面材质

图3-12　设置场景材质流程图（总流程2）

总流程 3　添加灯光与摄影机

《消防栓》特效第三流程（步骤）是添加灯光与摄影机,制作又分为 3 个流程：①建立摄影机、②添加主照明灯光、③添加场景天光,见图 3-13。

作业要求：自己动手操作并写出具体实施步骤。

①建立摄影机　　　　②添加主照明灯光　　　　③添加场景天光

图3-13　添加灯光与摄影机流程图（总流程3）

温馨提示：本实训册彩色效果请在配套光盘"彩色页面"文件夹中查看　　27

总流程 4　添加粒子发射器

《消防栓》特效第四流程（步骤）是添加粒子发射器，制作又分为 3 个流程：①建立阵列粒子、②拾取发射物体、③设置基础属性，见图 3-14。

作业要求：自己动手操作并写出具体实施步骤。

①建立阵列粒子　　　　　　②拾取发射物体　　　　　　③设置基础属性

图3-14　添加粒子发射器流程图（总流程4）

总流程 5　设置粒子喷射类型

《消防栓》特效第五流程（步骤）是设置粒子喷射类型，制作又分为 3 个流程：①添加重力系统、②添加反弹板、③链接空间扭曲，见图 3-15。

作业要求：自己动手操作并写出具体实施步骤。

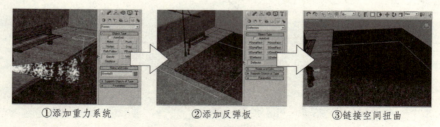

①添加重力系统　　　　　　②添加反弹板　　　　　　③链接空间扭曲

图3-15　设置粒子喷射类型流程图（总流程5）

总流程 6　调节粒子材质

《消防栓》特效第六流程（步骤）是调节粒子材质，制作又分为 3 个流程：①设置粒子材质、②开启粒子属性、③设置运动模糊，见图 3-16。

作业要求：自己动手操作并写出具体实施步骤。

①设置粒子材质　　　　　　②开启粒子属性　　　　　　③设置运动模糊

图3-16　调节粒子材质流程图（总流程6）

实训3-3　自然现象动画效果　　⏰2 学时

一、实训名称　动画粒子特效《燃气灶》

二、实训内容　本实训主要使用粒子系统模拟出燃气灶烧水的效果，还可以以本例为基础延伸制作出水被烧开的动画特效，以及模拟从水壶嘴冒出水蒸气的效果，最终效果见图3-17。

三、实训要求　根据图3-18至图3-24所提供的制作总流程图和分流程图，自己动手完成各分流程的具体实施步骤。

四、实训目的　熟悉和掌握粒子如何模拟出燃烧和烟雾效果，以及受力学系统影响的制作原理。

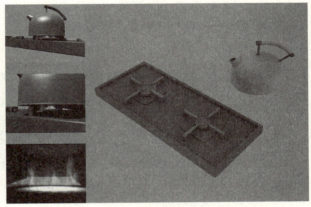

图3-17　动画粒子特效《燃气灶》最终效果

五、制作流程及技巧分析　制作本例时，先建立燃气灶与水壶模型，然后在燃气灶的灶口位置添加模拟火焰的粒子，通过力学系统中的风力影响粒子飘动方向，再使用阻力产生影响粒子向上的效果。设置燃气灶场景的灯光照明，最后为火焰添加视频合成效果，模拟出动态燃烧的火焰效果。本例制作总流程（步骤）分为6个：①制作燃气灶与水壶模型、②制作粒子火焰、③调节风力影响、④调节阻力影响、⑤设置场景灯光、⑥设置动态模糊细节，见图3-18。

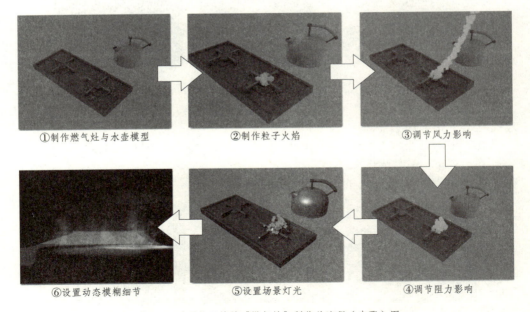

①制作燃气灶与水壶模型　　　②制作粒子火焰　　　③调节风力影响

⑥设置动态模糊细节　　　⑤设置场景灯光　　　④调节阻力影响

图3-18　动画粒子特效《燃气灶》制作总流程（步骤）图

六、《燃气灶》特效制作各分流程（步骤）图

总流程 1　制作燃气灶与水壶模型

《燃气灶》特效第一流程（步骤）是制作燃气灶与水壶模型，制作又分为 3 个流程：①建立底座模型、②添加细节模型、③建立水壶模型，见图 3-19。

作业要求：自己动手操作并写出具体实施步骤。

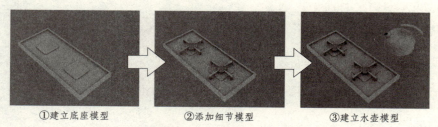

①建立底座模型　　　　②添加细节模型　　　　③建立水壶模型

图3-19　制作燃气灶与水壶模型流程图（总流程1）

总流程 2　制作粒子火焰

《燃气灶》特效第二流程（步骤）是制作粒子火焰，制作又分为 3 个流程：①建立暴风雪粒子、②调节发射器位置、③设置粒子参数，见图 3-20。

作业要求：自己动手操作并写出具体实施步骤。

①建立暴风雪粒子　　　　②调节发射器位置　　　　③设置粒子参数

图3-20　制作粒子火焰流程图（总流程2）

总流程 3　调节风力影响

《燃气灶》特效第三流程（步骤）是调节风力影响，制作又分为 3 个流程：①建立风力系统、②链接空间扭曲、③设置风力参数，见图 3-21。

作业要求：自己动手操作并写出具体实施步骤。

①建立风力系统　　　　②链接空间扭曲　　　　③设置风力参数

图3-21　调节风力影响流程图（总流程3）

3D SPECIAL EFFECTS

总流程 4　调节阻力影响

《燃气灶》特效第四流程（步骤）是调节阻力影响，制作又分为 3 个流程：①建立阻力系统、②链接空间扭曲、③设置阻力参数，见图 3-22。

作业要求：自己动手操作并写出具体实施步骤。

①建立阻力系统　　　　　②链接空间扭曲　　　　　③设置阻力参数

图3-22　调节阻力影响流程图（总流程4）

总流程 5　设置场景灯光

《燃气灶》特效第五流程（步骤）是设置场景灯光，制作又分为 3 个流程：①添加火焰泛光灯、②添加聚光灯、③设置场景灯光效果，见图 3-23。

作业要求：自己动手操作并写出具体实施步骤。

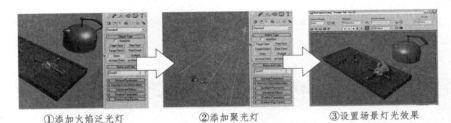

①添加火焰泛光灯　　　　②添加聚光灯　　　　　③设置场景灯光效果

图3-23　设置场景灯光流程图（总流程5）

总流程 6　设置动态模糊细节

《燃气灶》特效第六流程（步骤）是设置动态模糊细节，制作又分为 3 个流程：①设置火焰颜色、②设置火焰属性、③设置运动模糊，见图 3-24。

作业要求：自己动手操作并写出具体实施步骤。

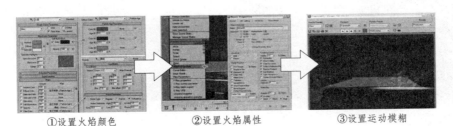

①设置火焰颜色　　　　②设置火焰属性　　　　　③设置运动模糊

图3-24　设置动态模糊细节流程图（总流程6）

实训3-4　自然现象动画效果　　⏰ 2 学时

一、实训名称　动画粒子特效《燃烧香烟》

二、实训内容　本实训主要使用力学中的风力与阻力联合控制烟雾飘动，模拟出香烟点燃后放置在烟灰缸中烟雾随风飘动的自然效果，最终效果见图3-25。

二、实训要求　根据图3-26至图3-32所提供的制作总流程图和分流程图，自己动手完成各分流程的具体实施步骤。

三、实训目的　熟悉和掌握空间扭曲中的风力与阻力之间的属性关系，以及超级喷射粒子如何模拟随风飘动的烟雾效果的流程、方法和步骤。

图3-25　动画粒子特效《燃烧香烟》最终效果

四、制作流程及技巧分析　制作本例时，先建立烟灰缸和香烟模型，然后再设置场景的材质。在香烟燃烧的位置建立粒子发射器，先设置粒子的扩散和喷射力度，再设置粒子喷射的时间与尺寸，然后为场景建立风力与阻力，通过空间扭曲将风力和阻力与粒子进行绑定。最后设置阻力的阻尼特性，将烟雾记录出随风飘动的效果。制作流程分为6步：①设置模型与材质、②建立粒子发射器、③设置烟雾粒子效果、④设置风力控制、⑤设置阻力影响、⑥记录烟雾飘动，见图3-26。

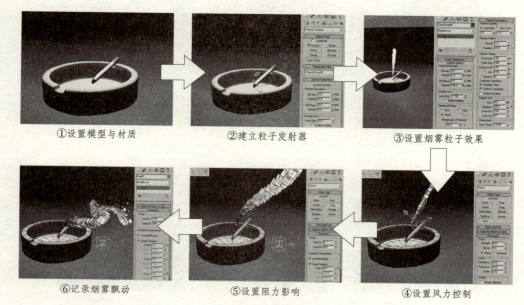

①设置模型与材质　　　　②建立粒子发射器　　　　③设置烟雾粒子效果

⑥记录烟雾飘动　　　　⑤设置阻力影响　　　　④设置风力控制

图3-26　动画粒子特效《燃烧香烟》制作总流程（步骤）图

六、《燃烧香烟》特效制作各分流程（步骤）图

总流程1　设置模型与材质

《燃烧香烟》特效第一流程（步骤）是设置模型与材质，制作又分为3个流程：①建立场景模型、②添加细节模型、③设置场景材质，见图3-27。

作业要求：自己动手操作并写出具体实施步骤。

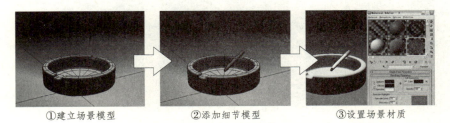

①建立场景模型　　　　　②添加细节模型　　　　　③设置场景材质

图3-27　设置模型与材质流程图（总流程1）

总流程2　建立粒子发射器

《燃烧香烟》特效第二流程（步骤）是建立粒子发射器，制作又分为3个流程：①建立超级喷射、②调节喷射位置、③设置扩散喷射，见图3-28。

作业要求：自己动手操作并写出具体实施步骤。

①建立超级喷射　　　　　②调节喷射位置　　　　　③设置扩散喷射

图3-28　建立粒子发射器流程图（总流程2）

总流程3　设置烟雾粒子效果

《燃烧香烟》特效第三流程（步骤）是设置烟雾粒子效果，制作又分为3个流程：①设置喷射粒子外形、②设置运动与时间、③设置显示类型，见图3-29。

作业要求：自己动手操作并写出具体实施步骤。

①设置喷射粒子外形　　　　②设置运动与时间　　　　③设置显示类型

图3-29　设置烟雾粒子效果流程图（总流程3）

总流程4　设置风力控制

《燃烧香烟》特效第四流程（步骤）是设置风力控制，制作又分为3个流程：①建立风力系统、②链接空间扭曲、③设置风力参数，见图3-30。

作业要求： 自己动手操作并写出具体实施步骤。

①建立风力系统　　　　　②链接空间扭曲　　　　　③设置风力参数

图3-30　设置风力控制流程图（总流程4）

总流程5　设置阻力影响

《燃烧香烟》特效第五流程（步骤）是设置阻力影响，制作又分为3个流程：①建立阻力系统、②链接空间扭曲、③设置阻力参数，见图3-31。

作业要求： 自己动手操作并写出具体实施步骤。

①建立阻力系统　　　　　②链接空间扭曲　　　　　③设置阻力参数

图3-31　设置阻力影响流程图（总流程5）

总流程6　记录烟雾飘动

《燃烧香烟》特效第六流程（步骤）是记录烟雾飘动，制作又分为3个流程：①记录力学动画、②记录粒子动画、③设置渲染输出，见图3-32。

作业要求： 自己动手操作并写出具体实施步骤。

①记录力学动画　　　　　②记录粒子动画　　　　　③设置渲染输出

图3-32　记录烟雾飘动流程图（总流程6）

实训3-5　自然现象动画效果 ⏰ 2 学时

一、实训名称　动画粒子特效《机器爆炸》

二、实训内容　本实训主要使用粒子系统中的阵列粒子，模拟出由一台完整机器爆炸成碎片的效果，最终效果见图3-33。

三、实训要求　根据图3-34至图3-40所提供的制作总流程图和分流程图，自己动手完成各分流程的具体实施步骤。

四、实训目的　熟悉和掌握如何让粒子阵列围绕物体产生爆炸的原理，以及粒子爆炸类型和粒子显示样式，学会反弹板与重力控制爆炸的粒子碎片方法和步骤。

图3-33　动画粒子特效《机器爆炸》最终效果

五、制作流程及技巧分析　制作本例时，先建立机器模型和粒子阵列发射器，然后将粒子拾取到机器模型上，使机器模型转换成粒子发射器。设置粒子阵列的发射类型为物体方式，再将发射的粒子切换至网格方式。为场景添加反弹板控制向下爆炸的粒子碎片，再为场景添加一个重力，使向上爆炸的粒子碎片同样因重力而向下掉落。最后在爆炸的瞬间，同时对机器模型进行透明隐藏消失记录。本例制作总流程（步骤）分为6个：①建立粒子阵列、②设置爆炸类型、③显示粒子信息、④设置反弹板、⑤设置场景重力、⑥记录透明动画，见图3-34。

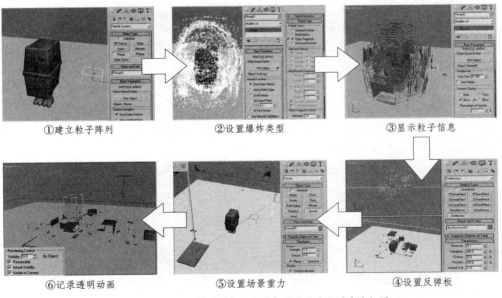

图3-34　动画粒子特效《机器爆炸》制作总流程（步骤）图

六、《机器爆炸》特效制作各分流程（步骤）图

总流程1　建立粒子阵列

　　《机器爆炸》特效第一流程（步骤）是建立粒子阵列，制作又分为3个流程：①建立场景模型、②建立粒子阵列、③拾取爆炸模型，见图3-35。

　　作业要求：自己动手操作并写出具体实施步骤。

①建立场景模型　　　　　　②建立粒子阵列　　　　　　③拾取爆炸模型

图3-35　建立粒子阵列流程图（总流程1）

总流程2　设置爆炸类型

　　《机器爆炸》特效第二流程（步骤）是设置爆炸类型，制作又分为3个流程：①拾取粒子阵列、②设置粒子参数、③设置爆炸碎片，见图3-36。

　　作业要求：自己动手操作并写出具体实施步骤。

①拾取粒子阵列　　　　　　②设置粒子参数　　　　　　③设置爆炸碎片

图3-36　设置爆炸类型流程图（总流程2）

总流程3　显示粒子信息

　　《机器爆炸》特效第三流程（步骤）是显示粒子信息，制作又分为3个流程：①显示视图粒子、②设置粒子类型、③设置爆炸碎片，见图3-37。

　　作业要求：自己动手操作并写出具体实施步骤。

①显示视图粒子　　　　　　②设置粒子类型　　　　　　③设置爆炸碎片

图3-37　显示粒子信息流程图（总流程3）

3D SPECIAL EFFECTS

总流程 4　设置反弹板

《机器爆炸》特效第四流程（步骤）是设置反弹板，制作又分为 3 个流程：①建立反弹板系统、②链接粒空间扭曲、③设置反弹板参数，见图 3-38。

作业要求： 自己动手操作并写出具体实施步骤。

①建立反弹板系统　　　　②链接粒空间扭曲　　　　③设置反弹板参数

图3-38　设置反弹板流程图（总流程4）

总流程 5　设置场景重力

《机器爆炸》特效第五流程（步骤）是设置场景重力，制作又分为 3 个流程：①建立重力系统、②链接空间扭曲、③设置重力参数，见图 3-39。

作业要求： 自己动手操作并写出具体实施步骤。

①建立重力系统　　　　②链接空间扭曲　　　　③设置重力参数

图3-39　设置场景重力流程图（总流程5）

总流程 6　记录透明动画

《机器爆炸》特效第六流程（步骤）是记录透明动画，制作又分为 3 个流程：①设置物体属性、②记录可见度动画、③设置动画关键帧，见图 3-40。

作业要求： 自己动手操作并写出具体实施步骤。

①设置物体属性　　　　②记录可见度动画　　　　③设置动画关键帧

图3-40　记录透明动画流程图（总流程6）

实训3-6 超自然现象动画效果

⏰ 3 学时

一、实训名称 动画粒子特效《折叠激光》

二、实训内容 本实训主要使用 PF 粒子制作网球拍挥动打球，网球运动的路径产生激光效果，最终效果见图 3-41。

三、实训要求 根据图 3-42 至图 3-48 所提供的制作总流程图和分流程图，自己动手完成各分流程的具体实施步骤。

四、实训目的 熟悉和掌握粒子系统中的 PF 粒子特性，以及陈列、外形贴边、旋转物体、卵、删除、速度、刻度和材质静止事件模拟出动态特效光线效果的原理、方法和步骤。

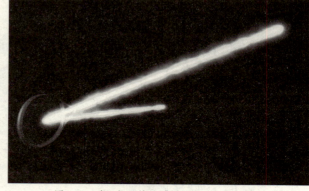

图3-41 动画粒子特效《折叠激光》最终效果

五、制作流程及技巧分析 制作本例时，先建立网球拍的模型，然后调节网球拍挥动的动画，再进行网球动画的设置和摄影机设置。建立 PF 粒子并进行参数设置，然后将 PF 粒子链接给网球模型，使网球带动 PF 粒子而产生运动。设置粒子的激光材质，最后再进行特效与模糊效果的设置，得到球拍打球而产生折叠激光的效果。本例制作总流程（步骤）分为 6 个：①调节球拍动画、②调节网球动画、③设置摄影机、④设置粒子参数、⑤调节粒子效果、⑥调节材质与模糊效果，见图 3-42。

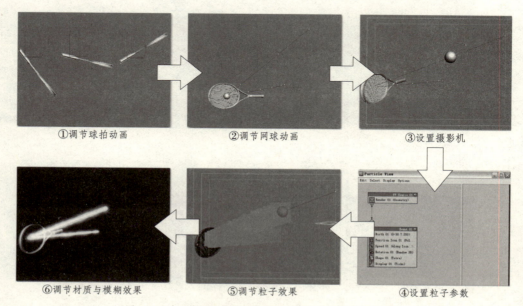

①调节球拍动画 　②调节网球动画 　③设置摄影机

⑥调节材质与模糊效果 　⑤调节粒子效果 　④设置粒子参数

图3-42 动画粒子特效《折叠激光》制作总流程（步骤）图

六、《折叠激光》特效制作各分流程（步骤）图

总流程1　调节球拍动画

《折叠激光》特效第一流程（步骤）是调节球拍动画，制作又分为3个流程：①设置火焰颜色、②设置火焰属性、③设置运动模糊，见图3-43。

作业要求：自己动手操作并写出具体实施步骤。

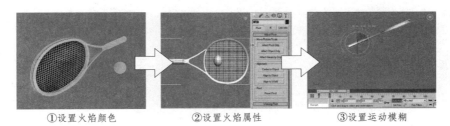

①设置火焰颜色　　　　②设置火焰属性　　　　③设置运动模糊

图3-43　调节球拍动画流程图（总流程1）

总流程2　调节网球动画

《折叠激光》特效第二流程（步骤）是调节网球动画，制作又分为3个流程：①设置下落动画、②设置运动轨迹、③设置运动动画，见图3-44。

作业要求：自己动手操作并写出具体实施步骤。

①设置下落动画　　　　②设置运动轨迹　　　　③设置运动动画

图3-44　调节网球动画流程图（总流程2）

总流程3　设置摄影机

《折叠激光》特效第三流程（步骤）是设置摄影机，制作又分为3个流程：①建立摄影机、②匹配摄影机视图、③设置摄影机动画，见图3-45。

作业要求：自己动手操作并写出具体实施步骤。

①建立摄影机　　　　②匹配摄影机视图　　　　③设置摄影机动画

图3-45　设置摄影机流程图（总流程3）

总流程4　设置粒子参数

《折叠激光》特效第四流程（步骤）是设置粒子参数，制作又分为3个流程：①建立 PF 发射器、②设置粒子项目、③设置粒子效果，见图 3-46。

作业要求：自己动手操作并写出具体实施步骤。

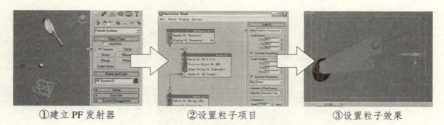

①建立 PF 发射器　　　　②设置粒子项目　　　　③设置粒子效果

图3-46　设置粒子参数流程图（总流程4）

总流程5　调节粒子效果

《折叠激光》特效第五流程（步骤）是调节粒子效果，制作又分为3个流程：①设置粒子项目组合、②设置粒子属性、③设置关联粒子材质，见图 3-47。

作业要求：自己动手操作并写出具体实施步骤。

①设置粒子项目组合　　　　②设置粒子属性　　　　③设置关联粒子材质

图3-47　调节粒子效果流程图（总流程5）

总流程6　调节材质与模糊效果

《折叠激光》特效第六流程（步骤）是调节材质与模糊效果，制作又分为3个流程：①设置粒子颜色、②设置粒子属性、③设置运动模糊，见图 3-48。

作业要求：自己动手操作并写出具体实施步骤。

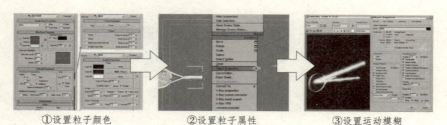

①设置粒子颜色　　　　②设置粒子属性　　　　③设置运动模糊

图3-48　调节材质与模糊效果流程图（总流程6）

部分学生优秀动画粒子特效作业欣赏

下面选择了一批学生动画粒子特效作业欣赏，供读者练习时参考，见图3-49。

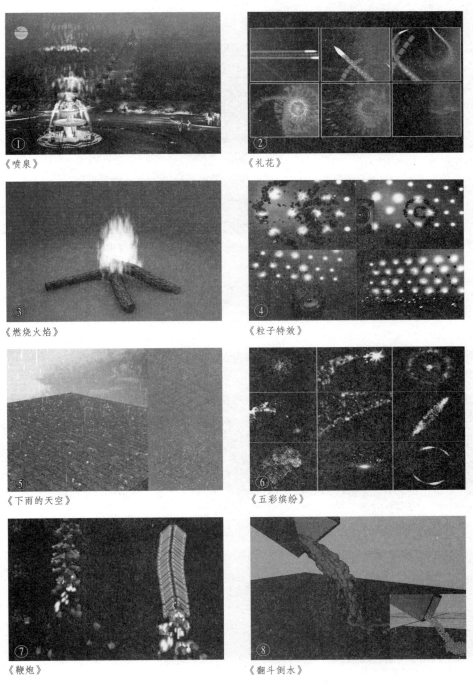

图3-49 部分学生动画粒子特效作业欣赏

第四章　reactor动力学特效技法

 实训4-1 动画运动效果　　　　　⏰ 3 学时

一、实训名称 动力学特效《灌装机》

二、实训内容 本实训模拟的是机械手臂自动给流水线上生产的罐头密封的运动，主要使用的是 reactor 动力学系统，可以指定出模型的物理属性，包括诸如质量、摩擦力和弹力之类的特性，最终效果见图4-1。

三、实训要求 根据图4-2至图4-8所提供的制作总流程图和分流程图，自己动手完成各分流程的具体实施步骤。

四、实训目的 熟悉和掌握 reactor 动力学系统的应用，包括马达、铰链、刚体如何相互配合，以及如何模拟飞轮和连杆动力学的运动效果的流程、方法和技巧。

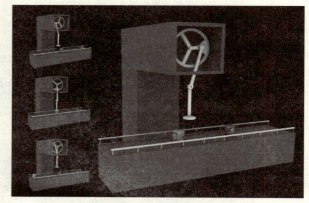

图4-1　动力学特效《灌装机》最终效果

五、制作流程及技巧分析 制作本例时，先建立场景的模型，增加马达动力学并拾取到飞轮模型上，然后为连杆增加铰链动力学设置，再增加铰链设置父子物体，通过刚体动力学控制灌装机器连杆的设置。通过创建动画按钮生成动画的关键帧，最后再调节罐头模型的动画。本例制作总流程（步骤）分为6个：①制作场景模型、②设置飞轮动力学、③设置连杆动力学、④设置灌装机连杆动力学、⑤生成动画关键帧、⑥调节罐头模型动画，见图4-2。

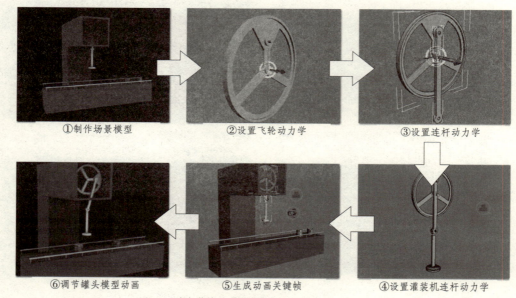

①制作场景模型　　②设置飞轮动力学　　③设置连杆动力学

⑥调节罐头模型动画　　⑤生成动画关键帧　　④设置灌装机连杆动力学

图4-2　动力学特效《灌装机》制作总流程（步骤）图

六、《灌装机》特效制作各分流程（步骤）图

总流程1　制作场景模型

《灌装机》特效第一流程（步骤）是制作场景模型，制作又分为3个流程：①制作支架模型、②制作台面模型、③丰富场景效果，见图4-3。

作业要求：自己动手操作并写出具体实施步骤。

①制作支架模型　　　　　②制作台面模型　　　　　③丰富场景效果

图4-3　制作场景模型流程图（总流程1）

总流程2　设置飞轮动力学

《灌装机》特效第二流程（步骤）是设置飞轮动力学，制作又分为3个流程：①添加马达动力学、②拾取飞轮物体、③设置飞轮参数，见图4-4。

作业要求：自己动手操作并写出具体实施步骤。

①添加马达动力学　　　　②拾取飞轮物体　　　　③设置飞轮参数

图4-4　设置飞轮动力学流程图（总流程2）

总流程3　设置连杆动力学

《灌装机》特效第三流程（步骤）是设置连杆动力学，制作又分为3个流程：①添加铰链动力学、②设置铰链父子、③设置铰链参数，见图4-5。

作业要求：自己动手操作并写出具体实施步骤。

①添加铰链动力学　　　　②设置铰链父子　　　　③设置铰链参数

图4-5　设置连杆动力学流程图（总流程3）

总流程4　设置灌装机连杆动力学

《灌装机》特效第四流程（步骤）是设置灌装器连杆动力学，制作又分为3个流程：①添加刚体动力学、②添加模型到收集器、③设置动力学属性，见图4-6。

作业要求：自己动手操作并写出具体实施步骤。

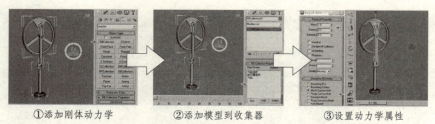

①添加刚体动力学　　②添加模型到收集器　　③设置动力学属性

图4-6　设置灌装机连杆动力学流程图（总流程4）

总流程5　生成动画关键帧

《灌装机》特效第五流程（步骤）是生成动画关键帧，制作又分为3个流程：①动力学运算、②预览运算动画、③创建动画帧，见图4-7。

作业要求：自己动手操作并写出具体实施步骤。

①动力学运算　　②预览运算动画　　③创建动画帧

图4-7　生成动画关键帧流程图（总流程5）

总流程6　调节罐头模型动画

《灌装机》特效第六流程（步骤）是调节罐头模型动画，制作又分为3个流程：①链接罐头层次、②设置动画关键帧、③记录封盖透明动画，见图4-8。

作业要求：自己动手操作并写出具体实施步骤。

①链接罐头层次　　②设置动画关键帧　　③记录封盖透明动画

图4-8　调节罐头模型动画流程图（总流程6）

实训4-2　动画碰撞效果　　　　　🕐 2 学时

一、实训名称　动力学特效《飘动长裙》

二、实训内容　本实训主要使用力学对象中的布料集合进行运算，模拟出穿在身体上的长裙受到风吹与身体的碰撞效果，最终效果见图4-9。

三、实训要求　根据图 4-10 至图 4-16 所提供的制作总流程图和分流程图，自己动手完成各分流程的具体实施步骤。

四、实训目的　熟悉和掌握布料集合的设置方法，以及布料集合与碰撞代理的使用方式。本技术在制作三维动画电影中的角色时尤其实用。

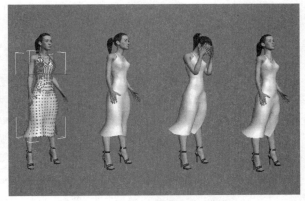

图4-9　动力学特效《飘动长裙》最终效果

五、制作流程及技巧分析　制作本例时，先为裙子模型添加动力学布料修改命令，再建立布料集合动力学，然后将裙子模型添加到布料模拟的布料集合中。为场景添加风力并进行设置，使裙子物体产生风吹的效果，然后再添加刚体集合动力学，控制裙子与腿部模型的碰撞影响。在程序面板中设置摩擦力和空气阻力，进行预览后再设置运算关键帧范围及创建动力学的动画。本例制作总流程（步骤）分为 6 个：①添加动力学布料、②设置布料集合、③设置场景风力、④设置刚体集合、⑤设置动力学、⑥创建动力学动画，见图 4-10。

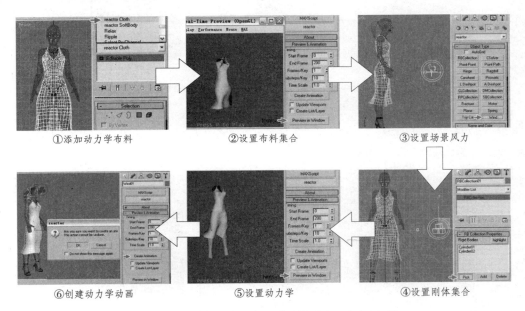

①添加动力学布料　　　②设置布料集合　　　③设置场景风力

⑥创建动力学动画　　　⑤设置动力学　　　④设置刚体集合

图4-10　动力学特效《飘动长裙》制作总流程（步骤）图

六、《飘动长裙》特效制作各分流程（步骤）图

总流程1　添加动力学布料

《飘动长裙》特效第一流程（步骤）是添加动力学布料，制作又分为3个流程：①制作角色模型、②添加布料命令、③创建布料集合，见图4-11。

作业要求：自己动手操作并写出具体实施步骤。

①制作角色模型　　②添加布料命令　　③创建布料集合

图4-11　添加动力学布料流程图（总流程1）

总流程2　设置布料集合

《飘动长裙》特效第二流程（步骤）是设置布料集合，制作又分为3个流程：①拾取布料物体、②点选择约束、③预览布料效果，见图4-12。

作业要求：自己动手操作并写出具体实施步骤。

①拾取布料物体　　②点选择约束　　③预览布料效果

图4-12　设置布料集合流程图（总流程2）

总流程3　设置场景风力

《飘动长裙》特效第三流程（步骤）是设置场景风力，制作又分为3个流程：①创建风力行为、②设置风力行为、③预览风力效果，见图4-13。

作业要求：自己动手操作并写出具体实施步骤。

①创建风力行为　　②设置风力行为　　③预览风力效果

图4-13　设置场景风力流程图（总流程3）

46

总流程4　设置刚体集合

《飘动长裙》特效第四流程（步骤）是设置刚体集合，制作又分为3个流程：①建立腿部替换柱体、②建立刚体集合、③拾取刚体运算，见图4-14。

作业要求：自己动手操作并写出具体实施步骤。

①建立腿部替换柱体　　　　②建立刚体集合　　　　③拾取刚体运算

图4-14　设置刚体集合流程图（总流程4）

总流程5　设置动力学

《飘动长裙》特效第五流程（步骤）是设置动力学，制作又分为3个流程：①设置刚体属性、②设置布料属性、③预览运算效果，见图4-15。

作业要求：自己动手操作并写出具体实施步骤。

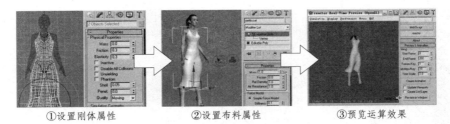

①设置刚体属性　　　　②设置布料属性　　　　③预览运算效果

图4-15　设置动力学流程图（总流程5）

总流程6　创建动力学动画

《飘动长裙》特效第六流程（步骤）是创建动力学动画，制作又分为3个流程：①隐藏腿部替代模型、②创建动力学动画、③预览运算效果，见图4-16。

作业要求：自己动手操作并写出具体实施步骤。

①隐藏腿部替代模型　　　　②创建动力学动画　　　　③预览运算效果

图4-16　创建动力学动画流程图（总流程6）

实训4-3 动画布料运动效果 　　🕐 2 学时

一、实训名称 动力学特效《安检机》

二、实训内容 本实训主要是为布料模型添加布料修改命令，配合布料集合和刚体集合模拟出在滚动皮带上的行李进入安检机而影响到布料的动力学效果，最终效果见图 4-17。

三、实训要求 根据图 4-18 至图 4-24 所提供的制作总流程图和分流程图，自己动手完成各分流程的具体实施步骤。

四、实训目的 熟悉和掌握布料模拟的设置方式，包括如何为布料模型设置布料修改命令，以及如何通过布料集合和刚体集合配合布料动力学的模拟动画的流程、方法和步骤。

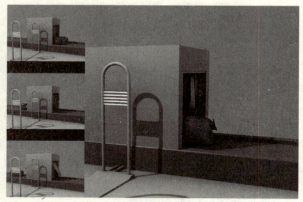

图4-17　动力学特效《安检机》最终效果

五、制作流程及技巧分析 制作本例时，先使用几何体建立场景模型，然后为布帘添加动力学布料修改命令，再建立布料集合动力学，然后将行李模型添加到布料模拟的布料集合中。在场景中添加刚体集合，控制底座、检测器和行李与布帘的相互影响，最后设置皮带动画后再进行动力学设置。本例制作总流程（步骤）分为 6 个：①制作场景模型、②添加动力学布料、③设置布料集合、④设置刚体集合、⑤设置滚动皮带动画、⑥设置动力学，见图 4-18。

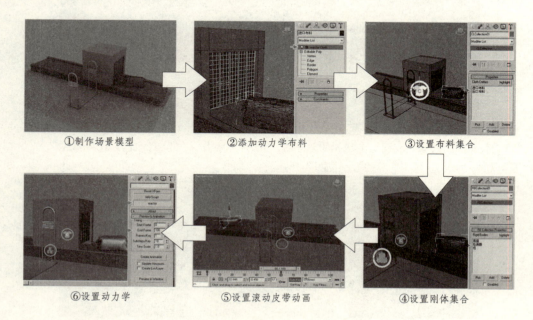

①制作场景模型　　　　②添加动力学布料　　　　③设置布料集合

⑥设置动力学　　　　⑤设置滚动皮带动画　　　　④设置刚体集合

图4-18　动力学特效《安检机》制作总流程（步骤）图

六、《安检机》特效制作各分流程（步骤）图

总流程1　制作场景模型

《安检机》特效第一流程（步骤）是制作场景模型，制作又分为3个流程：①制作底座模型、②添加辅助模型、③丰富场景效果，见图4-19。

作业要求：自己动手操作并写出具体实施步骤。

①制作底座模型　　　　　②添加辅助模型　　　　　③丰富场景效果

图4-19　制作场景模型流程图（总流程1）

总流程2　添加动力学布料

《安检机》特效第二流程（步骤）是添加动力学布料，制作又分为3个流程：①布料顶点约束、②修改行李布料、③拾取检测器，见图4-20。

作业要求：自己动手操作并写出具体实施步骤。

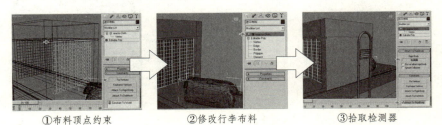

①布料顶点约束　　　　　②修改行李布料　　　　　③拾取检测器

图4-20　添加动力学布料流程图（总流程2）

总流程3　设置布料集合

《安检机》特效第三流程（步骤）是设置布料集合，制作又分为3个流程：①建立布料集合、②设置布料参数、③拾取布料模型，见图4-21。

作业要求：自己动手操作并写出具体实施步骤。

①建立布料集合　　　　　②设置布料参数　　　　　③拾取布料模型

图4-21　设置布料集合流程图（总流程3）

总流程4　设置刚体集合

　　《安检机》特效第四流程（步骤）是设置刚体集合，制作又分为3个流程：①建立刚体集合、②设置刚体参数、③拾取刚体模型，见图4-22。

　　作业要求：自己动手操作并写出具体实施步骤。

①建立刚体集合　　　　　②设置刚体参数　　　　　③拾取刚体模型

图4-22　设置刚体集合流程图（总流程4）

总流程5　设置滚动皮带动画

　　《安检机》特效第五流程（步骤）是设置滚动皮带动画，制作又分为3个流程：①记录皮带与行李动画、②设置动力学属性、③预览滚动皮带效果，见图4-23。

　　作业要求：自己动手操作并写出具体实施步骤。

①记录皮带与行李动画　　　②设置动力学属性　　　③预览滚动皮带效果

图4-23　设置滚动皮带动画流程图（总流程5）

总流程6　设置动力学

　　《安检机》特效第六流程（步骤）是设置动力学，制作又分为3个流程：①设置运算帧数、②创建动画设置、③生成关键动画，见图4-24。

　　作业要求：自己动手操作并写出具体实施步骤。

①设置运算帧数　　　　②创建动画设置　　　　③生成关键动画

图4-24　设置动力学流程图（总流程6）

实训4-4   自动运动效果   ⏰ 2学时

一、实训名称 动力学特效《跑道汽车》

二、实训内容 本实训主要使用玩具车动力学，然后配合车轮约束、约束结算器和刚体集合完成汽车在跑道中自动运动的动画效果，最终效果见图4-25。

三、实训要求 根据图4-26至图4-32所提供的制作总流程图和分流程图，自己动手完成各分流程的具体实施步骤。

四、实训目的 熟悉和掌握模型车动力学、车轮约束、约束结算器和刚体集合原理与方法，以及如何对车轮产生滚动与方向约束的操作。

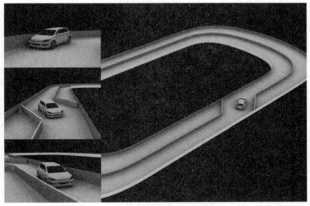

图4-25 动力学特效《跑道汽车》最终效果

五、制作流程及技巧分析 制作本例时，先在动力学模块下建立玩具车命令，将汽车模型添加到动力学中，然后再设置自旋车轮、速度增益项目。为场景添加车轮约束动力学，然后在修改面板中拾取父体为车架、子体为车轮，再添加约束结算器和刚体集合动力学，设置动力学的质量、集合模式、计算帧数后完成汽车在跑道中飞驰，本例制作总流程（步骤）分为6个：①添加玩具车动力学、②设置模型车、③设置车轮约束、④设置约束结算器、⑤设置刚体集合、⑥设置动力学，见图4-26。

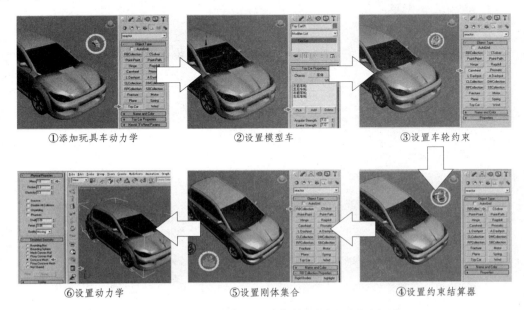

①添加玩具车动力学   ②设置模型车   ③设置车轮约束

⑥设置动力学   ⑤设置刚体集合   ④设置约束结算器

图4-26 动力学特效《跑道汽车》制作总流程（步骤）图

3D SPECIAL EFFECTS

六、《跑道汽车》特效制作各分流程（步骤）图

总流程1　添加玩具车动力学

《跑道汽车》特效第一流程（步骤）是添加玩具车动力学，制作又分为3个流程：①制作场景模型、②建立模型车动力学、③设置动力学，见图4-27。

作业要求：自己动手操作并写出具体实施步骤。

①制作场景模型　　　　②建立模型车动力学　　　　③设置动力学

图4-27　添加玩具车动力学流程图（总流程1）

总流程2　设置模型车

《跑道汽车》特效第二流程（步骤）是设置模型车，制作又分为3个流程：①设置车轮速度、②拾取车轮模型、③设置动力学，见图4-28。

作业要求：自己动手操作并写出具体实施步骤。

①设置车轮速度　　　　②拾取车轮模型　　　　③设置动力学

图4-28　设置模型车流程图（总流程2）

总流程3　设置车轮约束

《跑道汽车》特效第三流程（步骤）是设置车轮约束，制作又分为3个流程：①创建车轮约束、②设置车轮父子关系、③设置四个车轮，见图4-29。

作业要求：自己动手操作并写出具体实施步骤。

①创建车轮约束　　　　②设置车轮父子关系　　　　③设置四个车轮

图4-29　设置车轮约束流程图（总流程3）

总流程 4 设置约束结算器

《跑道汽车》特效第四流程（步骤）是设置约束结算器,制作又分为 3 个流程:①创建解算器、②添加约束、③设置约束结算器, 见图 4-30。

作业要求：自己动手操作并写出具体实施步骤。

①创建解算器　　　　②添加约束　　　　③设置约束结算器

图4-30　设置约束结算器流程图（总流程4）

总流程 5 设置刚体集合

《跑道汽车》特效第五流程（步骤）是设置刚体集合，制作又分为 3 个流程：①创建刚体集合、②设置刚体集合、③拾取刚体集合，见图 4-31。

作业要求：自己动手操作并写出具体实施步骤。

①创建刚体集合　　　　②设置刚体集合　　　　③拾取刚体集合

图4-31　设置刚体集合流程图（总流程5）

总流程 6 设置动力学

《跑道汽车》特效第六流程（步骤）是设置动力学，制作又分为 3 个流程：①设置质量与集合模式、②设置动力学运算、③创建动力学动画，见图 4-32。

作业要求：自己动手操作并写出具体实施步骤。

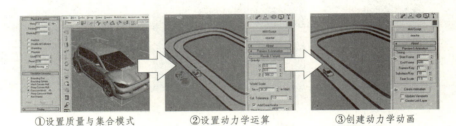

①设置质量与集合模式　　　　②设置动力学运算　　　　③创建动力学动画

图4-32　设置动力学流程图（总流程6）

实训4-5 动画碰撞、倒塌效果　　　⏰2 学时

一、实训名称 动力学特效《倒塌骨牌》

二、实训内容 本实训主要使用刚体集合和平面动力学对象，通过动力学系统制作出多米诺骨牌逐渐倒塌的动画效果，最终效果见图4-33。

三、实训要求 根据图4-34至图4-40所提供的制作总流程图和分流程图，自己动手完成各分流程的具体实施步骤。

四、实训目的 熟悉和掌握在动力学系统中如何设置碰撞，以及控制模型自动倒塌碰撞的逼真三维动画的原理、流程、方法和步骤。

图4-33　动力学特效《倒塌骨牌》最终效果

五、制作流程及技巧分析 制作本例时，先建立几何体并设置其自身的质量，再建立圆柱体后并设置自身的质量。然后为场景建立平面动力学，控制几何体在倒塌时被平面动力学产生影响。接着建立刚体集合并添加全部的几何体，然后在动力学面板中创建碰撞动画，再将计算的一排骨牌进行复制操作。最后为几何体的骨牌赋予多维材质，再通过坐标贴图命令纠正贴图即可。本例制作总流程（步骤）分为6个：①设置几何体质量、②设置圆柱体质量、③设置动力学平面、④设置几何体贴图、⑤复制几何体并计算、⑥设置刚体集合，见图4-34。

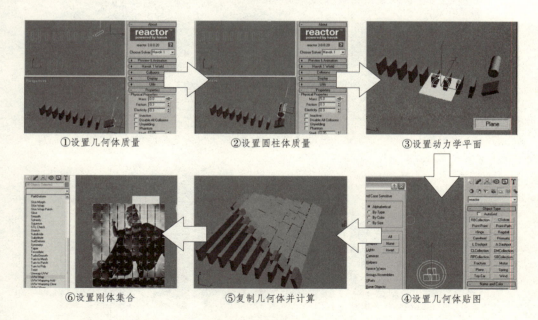

①设置几何体质量　②设置圆柱体质量　③设置动力学平面

⑥设置刚体集合　⑤复制几何体并计算　④设置几何体贴图

图4-34　动力学特效《倒塌骨牌》制作总流程（步骤）图

六、《倒塌骨牌》特效制作各分流程（步骤）图

总流程1　设置几何体质量

《倒塌骨牌》特效第一流程（步骤）是设置几何体质量，制作又分为3个流程：①设置长方体质量、②复制长方体、③设置倾斜质量，见图4-35。

作业要求：自己动手操作并写出具体实施步骤。

①设置长方体质量　　　　②复制长方体　　　　③设置倾斜质量

图4-35　设置几何体质量流程图（总流程1）

总流程2　设置圆柱体质量

《倒塌骨牌》特效第二流程（步骤）是设置圆柱体质量，制作又分为3个流程：①建立圆柱体、②设置圆柱体、③设置圆柱体质量，见图4-36。

作业要求：自己动手操作并写出具体实施步骤。

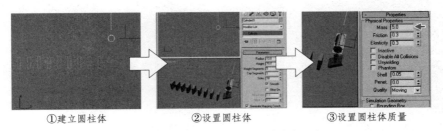

①建立圆柱体　　　　②设置圆柱体　　　　③设置圆柱体质量

图4-36　设置圆柱体质量流程图（总流程2）

总流程3　设置动力学平面

《倒塌骨牌》特效第三流程（步骤）是设置动力学平面，制作又分为3个流程：①建立平面力学、②设置平面力学、③设置动画时间，见图4-37。

作业要求：自己动手操作并写出具体实施步骤。

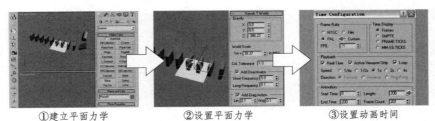

①建立平面力学　　　　②设置平面力学　　　　③设置动画时间

图4-37　设置动力学平面流程图（总流程3）

总流程4　设置几何体贴图

《倒塌骨牌》特效第四流程（步骤）是设置几何体贴图，制作又分为3个流程：①建立刚体集合、②创建运算动画、③隐藏多余元件，见图4-38。

作业要求：自己动手操作并写出具体实施步骤。

①建立刚体集合　　　　　②创建运算动画　　　　　③隐藏多余元件

图4-38　设置几何体贴图流程图（总流程4）

总流程5　复制几何体并计算

《倒塌骨牌》特效第五流程（步骤）是复制几何体并计算，制作又分为3个流程：①复制几何体、②调节关键帧位置、③计算倒塌动画，见图4-39。

作业要求：自己动手操作并写出具体实施步骤。

①复制几何体　　　　　②调节关键帧位置　　　　　③计算倒塌动画

图4-39　复制几何体并计算流程图（总流程5）

总流程6　设置刚体集合

《倒塌骨牌》特效第六流程（步骤）是设置刚体集合，制作又分为3个流程：①添加多维子材质、②设置ID材质、③设置整体UV，见图4-40。

作业要求：自己动手操作并写出具体实施步骤。

①添加多维子材质　　　　　②设置ID材质　　　　　③设置整体UV

图4-40　设置刚体集合流程图（总流程6）

实训4-6　动画碰撞效果　　🕐 3 学时

一、实训名称　动力学特效《汽车飞跃》

二、实训内容　本实训主要使用动力学对象来制作汽车特技，完成汽车通过支架跑道飞跃过河，然后又与岸边的盒子产生碰撞的效果，最终效果见图4-41。

三、实训要求　根据图4-42至图4-48所提供的制作总流程图和分流程图，自己动手完成各分流程的具体实施步骤。

四、实训目的　熟悉和掌握 reactor 动力学中的刚体碰撞，以及玩具车动力学和平面的应用方法。本技能在三维动画特效中非常实用。

图4-41　动力学特效《汽车飞跃》最终效果

五、制作流程及技巧分析　制作本例时，先建立低多边形网格场景，然后在场景中添加平面与刚体集合动力学，使汽车可以始终在道路上。设置汽车模型自身的质量属性、弹力值和模拟方式，然后在动力学系统中预览动力学的效果。为场景添加玩具车动力学，拾取其影响的物体并设置车轮旋转、速度值和增加值，完成汽车飞跃动力学模拟后再替换丰富内容的场景，目的是为提升制作的效率。本例制作总流程（步骤）分为 6 个：①设置几何体场景、②平面与刚体集合、③设置动力学质量、④预览动力学效果、⑤添加玩具车动力学、⑥替换丰富场景，见图4-42。

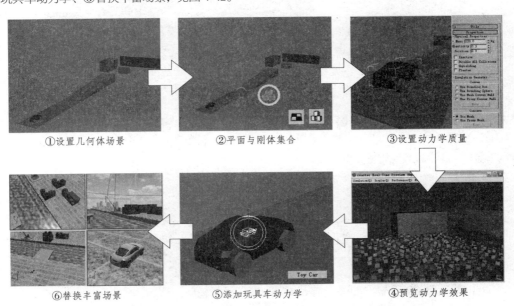

①设置几何体场景　　　②平面与刚体集合　　　③设置动力学质量

⑥替换丰富场景　　　⑤添加玩具车动力学　　　④预览动力学效果

图4-42　动力学特效《汽车飞跃》制作总流程（步骤）图

六、《汽车飞跃》特效制作各分流程（步骤）图

总流程1 设置几何体质量

《汽车飞跃》特效第一流程（步骤）是设置几何体质量，制作又分为3个流程：①搭建低段数场景、②丰富场景模型、③添加精度模型，见图4-43。

作业要求：自己动手操作并写出具体实施步骤。

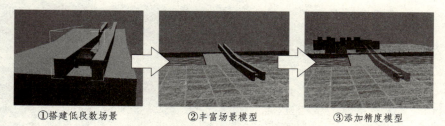

①搭建低段数场景　　　②丰富场景模型　　　③添加精度模型

图4-43　设置几何体质量流程图（总流程1）

总流程2 平面与刚体集合

《汽车飞跃》特效第二流程（步骤）是平面与刚体集合，制作又分为3个流程：①添加平面力学、②添加刚体力学、③拾取力学物体，见图4-44。

作业要求：自己动手操作并写出具体实施步骤。

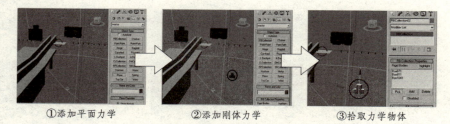

①添加平面力学　　　②添加刚体力学　　　③拾取力学物体

图4-44　平面与刚体集合流程图（总流程2）

总流程3 设置动力学质量

《汽车飞跃》特效第三流程（步骤）是设置动力学质量，制作又分为3个流程：①设置力学运算、②设置汽车质量、③设置其他质量，见图4-45。

作业要求：自己动手操作并写出具体实施步骤。

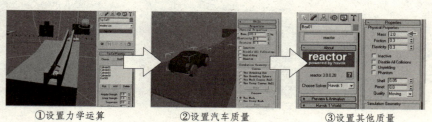

①设置力学运算　　　②设置汽车质量　　　③设置其他质量

图4-45　设置动力学质量流程图（总流程3）

总流程 4　预览动力学效果

《汽车飞跃》特效第四流程（步骤）是预览动力学效果，制作又分为 3 个流程：①设置运算时间帧、②创建运算动画、③预览运算动画，见图4-46。

作业要求：自己动手操作并写出具体实施步骤。

①设置运算时间帧　　　　②创建运算动画　　　　③预览运算动画

图4-46　预览动力学效果流程图（总流程4）

总流程 5　添加玩具车动力学

《汽车飞跃》特效第五流程（步骤）是添加玩具车动力学，制作又分为 3 个流程：①建立玩具车动力学、②拾取运算物体、③设置动力学参数，见图4-47。

作业要求：自己动手操作并写出具体实施步骤。

①建立玩具车动力学　　　　②拾取运算物体　　　　③设置动力学参数

图4-47　添加玩具车动力学流程图（总流程5）

总流程 6　替换丰富场景

《汽车飞跃》特效第六流程（步骤）是替换丰富场景，制作又分为 3 个流程：①显示精细场景、②隐藏低段数场景、③渲染飞跃动画，见图4-48。

作业要求：自己动手操作并写出具体实施步骤。

①显示精细场景　　　　②隐藏低段数场景　　　　③渲染飞跃动画

图4-48　替换丰富场景流程图（总流程6）

部分学生优秀动画动力学特效作业欣赏

下面选择了一批学生动画动力学特效作业欣赏，供读者制作时参考，见图4-49。

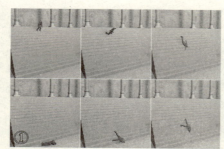

《飞跃直下》

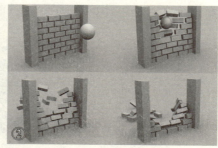

《球穿越墙体》

《魔术彩灯》

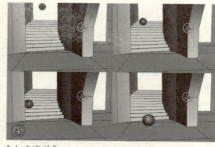

《小球滚动》

《奇特桌布》

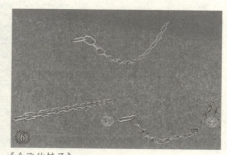

《会飞的链子》

《自转风车特效》

《神秘的桌布》

图4-49　部分学生动画动力学特效作业欣赏

3D SPECIAL EFFECTS

动画特效
实训
CG Special
Effects in 3ds max

第五章　毛发与布料特效技法

实训5-1　动画毛发效果　　　　　　　　　　　⏰ 3 学时

一、实训名称　动画毛发特效《胡须角色》

二、实训内容　本实训主要练习 Hair and Fur 头发修改器，通过黑白贴图控制指定区域生成毛发，最终效果见图 5-1。

三、实训要求　根据图 5-2 至图 5-8 所提供的制作总流程图和分流程图，自己动手完成各分流程的具体实施步骤。

四、实训目的　熟悉和掌握毛发修改器中毛发样式与发型梳理方法、毛发材质的设置，以及控制指定区域生成所需毛发的方式等技术。

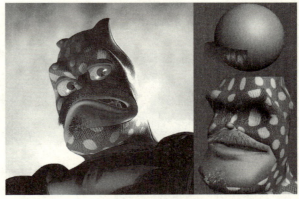

图5-1　动画毛发特效《胡须角色》最终效果

五、制作流程及技巧分析　制作本例时，先设置角色头部的漫反射贴图与凹凸贴图，然后为头部模型增加头发修改器，再通过黑白贴图与修剪毛发功能控制指定区域生成所需毛发。为角色建立相应的骨骼并进行蒙皮设置，再建立披风模型和布料控制，然后使用粒子与渲染特效建立场景的环境，最后再设置灯光照明进行场景渲染。本例制作总流程（步骤）分为 6 个：①设置毛发贴图、②设置区域与胡须、③设置角色骨骼、④设置披风布料、⑤建立场景与环境、⑥设置灯光与渲染，见图 5-2。

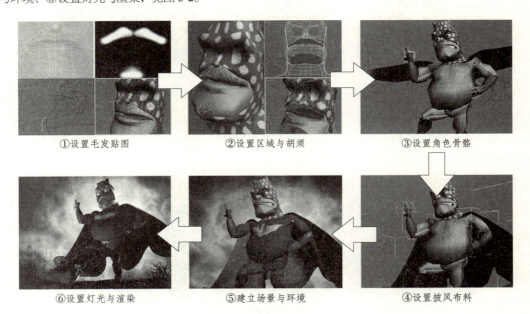

①设置毛发贴图　　　②设置区域与胡须　　　③设置角色骨骼

⑥设置灯光与渲染　　　⑤建立场景与环境　　　④设置披风布料

图5-2　动画毛发特效《胡须角色》制作总流程（步骤）图

六、《胡须角色》特效制作各分流程（步骤）图

总流程 1　设置毛发贴图

《胡须角色》特效第一流程（步骤）是设置毛发贴图，制作又分为 3 个流程：①生成模型贴图坐标、②绘制漫反射贴图、③绘制黑白贴图，见图 5-3。

作业要求：自己动手操作并写出具体实施步骤。

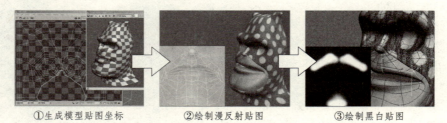

①生成模型贴图坐标　　　②绘制漫反射贴图　　　③绘制黑白贴图

图5-3　设置毛发贴图流程图（总流程1）

总流程 2　设置区域与胡须

《胡须角色》特效第二流程（步骤）是设置区域与胡须，制作又分为 3 个流程：①增加毛发命令、②设置毛发区域、③设置毛发参数，见图 5-4。

作业要求：自己动手操作并写出具体实施步骤。

①增加毛发命令　　　②设置毛发区域　　　③设置毛发参数

图5-4　设置区域与胡须流程图（总流程2）

总流程 3　设置角色骨骼

《胡须角色》特效第三流程（步骤）是设置角色骨骼，制作又分为 3 个流程：①建立 CS 骨骼、②体格蒙皮操作、③设置蒙皮区域，见图 5-5。

作业要求：自己动手操作并写出具体实施步骤。

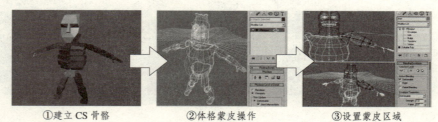

①建立 CS 骨骼　　　②体格蒙皮操作　　　③设置蒙皮区域

图5-5　设置角色骨骼流程图（总流程3）

总流程 4　设置披风布料

《胡须角色》特效第四流程（步骤）是设置披风布料，制作又分为 3 个流程：①设置角色动作、②增加布料模拟、③设置布料运算，见图5-6。

作业要求：自己动手操作并写出具体实施步骤。

①设置角色动作　　　　②增加布料模拟　　　　③设置布料运算

图5-6　设置披风布料流程图（总流程4）

总流程 5　建立场景与环境

《胡须角色》特效第五流程（步骤）是建立场景与环境，制作又分为 3 个流程：①搭建场景模型、②添加场景道具、③设置环境贴图，见图5-7。

作业要求：自己动手操作并写出具体实施步骤。

①搭建场景模型　　　　②添加场景道具　　　　③设置环境贴图

图5-7　建立场景与环境流程图（总流程5）

总流程 6　设置灯光与渲染

《胡须角色》特效第六流程（步骤）是设置灯光与渲染，制作又分为 3 个流程：①设置场景灯光、②设置环境灯光、③设置场景渲染，见图5-8。

作业要求：自己动手操作并写出具体实施步骤。

①设置场景灯光　　　　②设置环境灯光　　　　③设置场景渲染

图5-8　设置灯光与渲染流程图（总流程6）

实训5-2 动画毛刺效果 ⏰ 2 学时

一、实训名称 动画毛发特效《仙人球》

二、实训内容 本实训主要使用毛发修改器为多边形建立的模型生成硬刺,掌握毛发修改器控制皮毛以外的实用之处,最终效果见图 5-9。

三、实训要求 根据图 5-10 至图 5-16 所提供的制作总流程图和分流程图,自己动手完成各分流程的具体实施步骤。

四、实训目的 熟悉和掌握如何使用毛发修改器制作植物效果、在模型的局部生成毛发效果,以及控制生成毛发的样式设置的原理、方法和步骤。

图5-9 动画毛发特效《仙人球》最终效果

五、制作流程及技巧分析 制作本例时,先建立半球物体,然后通过编辑多边形编辑出仙人球的基础模型,再为仙人球的棱角位置添加结构段。为了只在模型的局部生成毛发,将棱角位置的多边形网格进行分离,再为分离出的局部模型添加毛发修改器。设置毛发的样式与属性,使毛发更像是真实的植物硬刺,最后再设置场景的灯光与渲染效果。本例制作总流程(步骤)分为 6 个:①制作基础模型、②添加模型结构、③分离部分网格、④添加毛发命令、⑤设置毛发样式、⑥设置场景渲染,见图 5-10。

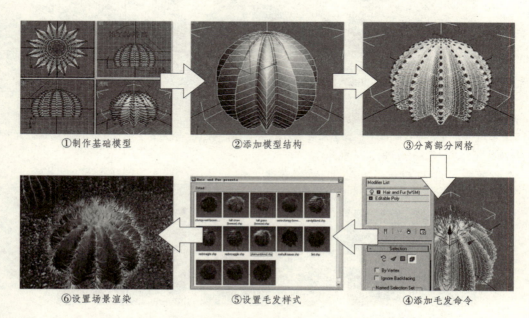

①制作基础模型　②添加模型结构　③分离部分网格

⑥设置场景渲染　⑤设置毛发样式　④添加毛发命令

图5-10 动画毛发特效《仙人球》制作总流程(步骤)图

3D SPECIAL EFFECTS

六、《仙人球》特效制作各分流程（步骤）图

总流程1　制作基础模型

《仙人球》特效第一流程（步骤）是制作基础模型，制作又分为3个流程：①建立多边形球体、②选择结构段数、③放大结构段数，见图5-11。

作业要求：自己动手操作并写出具体实施步骤。

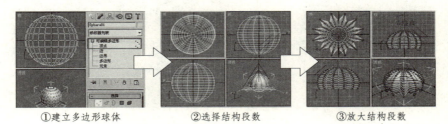

①建立多边形球体　　　　②选择结构段数　　　　③放大结构段数

图5-11　制作基础模型流程图（总流程1）

总流程2　添加模型结构

《仙人球》特效第二流程（步骤）是添加模型结构，制作又分为3个流程：①设置结构切角、②转换结构段数、③调节结构段数，见图5-12。

作业要求：自己动手操作并写出具体实施步骤。

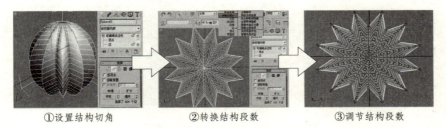

①设置结构切角　　　　②转换结构段数　　　　③调节结构段数

图5-12　添加模型结构流程图（总流程2）

总流程3　分离部分网格

《仙人球》特效第三流程（步骤）是分离部分网格，制作又分为3个流程：①设置分离网格、②分离针刺网格、③分离顶部网格，见图5-13。

作业要求：自己动手操作并写出具体实施步骤。

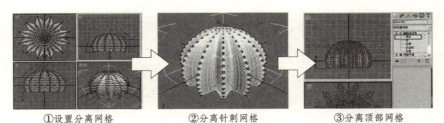

①设置分离网格　　　　②分离针刺网格　　　　③分离顶部网格

图5-13　分离部分网格流程图（总流程3）

总流程4 添加毛发命令

《仙人球》特效第四流程（步骤）是添加毛发命令，制作又分为3个流程：①添加毛发命令、②设置元素毛发、③梳理毛发样式，见图5-14。

作业要求：自己动手操作并写出具体实施步骤。

①添加毛发命令　　　　　　②设置元素毛发　　　　　　③梳理毛发样式

图5-14　添加毛发命令流程图（总流程4）

总流程5 设置毛发样式

《仙人球》特效第五流程（步骤）是设置毛发样式，制作又分为3个流程：①加载预设毛发、②梳理毛发细节、③设置毛发参数，见图5-15。

作业要求：自己动手操作并写出具体实施步骤。

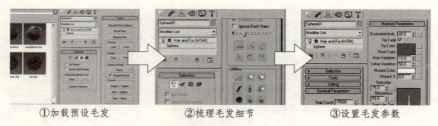

①加载预设毛发　　　　　　②梳理毛发细节　　　　　　③设置毛发参数

图5-15　设置毛发样式流程图（总流程5）

总流程6 设置场景渲染

《仙人球》特效第六流程（步骤）是设置场景渲染，制作又分为3个流程：①切换渲染器、②设置天光渲染、③设置采样渲染，见图5-16。

作业要求：自己动手操作并写出具体实施步骤。

①切换渲染器　　　　　　②设置天光渲染　　　　　　③设置采样渲染

图5-16　设置场景渲染流程图（总流程6）

3D SPECIAL EFFECTS

实训5–3 动画真实毛皮效果　　⏰ 4 学时

一、实训名称 动画毛发特效《兽中之王》

二、实训内容 本实训主要使用毛发修改器制作中国特有的华南虎皮毛特效，注意观摩华南虎的头圆、耳短、四肢粗大、尾巴长等特点，以及胸腹部有较多的乳白色，全身橙黄色并布满黑色横纹等身体特征，最终效果见5-17。

三、实训要求 根据图5-18至图5-24所提供的制作总流程图和分流程图，自己动手完成各分流程的具体实施步骤。

四、实训目的 熟悉和掌握毛发与贴图控制老虎的真实毛皮效果，以及如何使用梳理工具控制毛发的样式的原理、方法和流程，本技能在制作三维动画时尤其实用。

图5-17 动画毛发特效《兽中之王》最终效果

五、制作流程及技巧分析 制作本例时，先建立老虎的三维模型，将制作的三维模型生成 UV 网格，再通过 UV 网格绘制贴图并赋予到模型上，然后为胡须区域生成毛发和样式梳理，再为整体模型增添一次毛发修改器，使老虎的满身都生成精细的毛发效果。最后将设置完成毛发效果的老虎进行场景渲染。本例制作总流程（步骤）分为6个：①制作老虎模型、②设置模型贴图、③添加毛发命令、④梳理毛发样式、⑤设置毛发材质、⑥设置场景渲染，见图5-18。

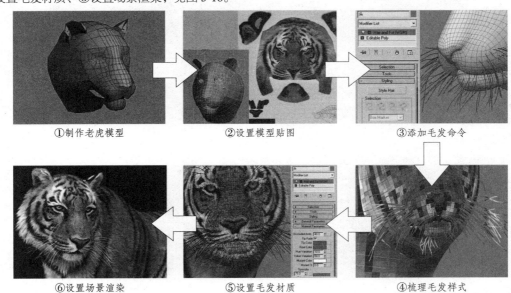

①制作老虎模型　　　②设置模型贴图　　　③添加毛发命令

⑥设置场景渲染　　　⑤设置毛发材质　　　④梳理毛发样式

图5-18 动画毛发特效《兽中之王》制作总流程（步骤）图

六、《兽中之王》特效制作各分流程（步骤）图

总流程 1　制作老虎模型

《兽中之王》特效第一流程（步骤）是制作老虎模型，制作又分为 3 个流程：①编辑多边形几何体、②添加模型细节、③设置切割与挤出，见图 5-19。

作业要求：自己动手操作并写出具体实施步骤。

①编辑多边形几何体　　　　②添加模型细节　　　　③设置切割与挤出

图5-19　制作老虎模型流程图（总流程1）

总流程 2　设置模型贴图

《兽中之王》特效第二流程（步骤）是设置模型贴图，制作又分为 3 个流程：①生成模型坐标、②设置头部贴图、③设置身体贴图，见图 5-20。

作业要求：自己动手操作并写出具体实施步骤。

①生成模型坐标　　　　②设置头部贴图　　　　③设置身体贴图

图5-20　设置模型贴图流程图（总流程2）

总流程 3　添加毛发命令

《兽中之王》特效第三流程（步骤）是添加毛发命令，制作又分为 3 个流程：①添加毛发命令、②设置局部毛发、③加载毛发预设，见图 5-21。

作业要求：自己动手操作并写出具体实施步骤。

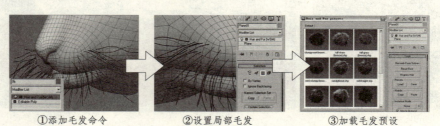

①添加毛发命令　　　　②设置局部毛发　　　　③加载毛发预设

图5-21　添加毛发命令流程图（总流程3）

3D SPECIAL EFFECTS

总流程4　梳理毛发样式

《兽中之王》特效第四流程（步骤）是梳理毛发样式，制作又分为3个流程：①设置毛发结构、②修剪毛发样式、③设置毛发参数，见图5-22。

作业要求：自己动手操作并写出具体实施步骤。

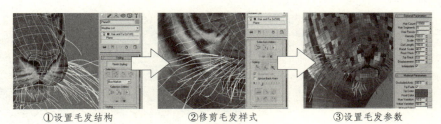

①设置毛发结构　　　　　②修剪毛发样式　　　　　③设置毛发参数

图5-22　梳理毛发样式流程图（总流程4）

总流程5　设置毛发材质

《兽中之王》特效第五流程（步骤）是设置毛发材质，制作又分为3个流程：①设置毛发质感、②设置毛发材质、③添加其他毛发，见图5-23。

作业要求：自己动手操作并写出具体实施步骤。

①设置毛发质感　　　　　②设置毛发材质　　　　　③添加其他毛发

图5-23　设置毛发材质流程图（总流程5）

总流程6　设置场景渲染

《兽中之王》特效第六流程（步骤）是设置场景渲染，制作又分为3个流程：①添加场景照明、②设置场景渲染、③丰富场景并渲染，见图5-24。

作业要求：自己动手操作并写出具体实施步骤。

①添加场景照明　　　　　②设置场景渲染　　　　　③丰富场景并渲染

图5-24　设置场景渲染流程图（总流程6）

实训5-4 动画真实头发效果　　⏰ **4 学时**

一、实训名称 动画毛发特效《男性头发》

二、实训内容 本实训主要通过对毛发修改器进行多次配合，制作不同长度与样式的毛发，组合出真实头发效果，最终效果见图5-25。

三、实训要求 根据图 5-26 至图 5-32 所提供的制作总流程图和分流程图，自己动手完成各分流程的具体实施步骤。

四、实训目的 熟悉和掌握真实角色头发的设置方法，以及毛发修改器的局部与样式设置方法，以便提升真实毛发效果的控制能力。

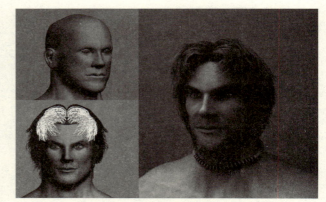

图5-25　动画毛发特效《男性头发》最终效果

五、制作流程及技巧分析 制作本例时，先建立角色的多边形头部模型，再通过贴图使角色更加真实。为角色的头部模型添加毛发修改器命令，设置毛发样式后再多次添加毛发修改器命令，使头发具有更多的长短层次效果。为场景建立背景板与反光板模型，然后通过摄影机控制成像构图，再使用灯光控制场景的照明，最后进行场景渲染设置得到最终效果。本例制作总流程（步骤）分为 6 个：①制作角色模型、②设置角色贴图、③添加毛发命令、④设置多组毛发样式、⑤搭建三维场景、⑥设置场景渲染，见图 5-26。

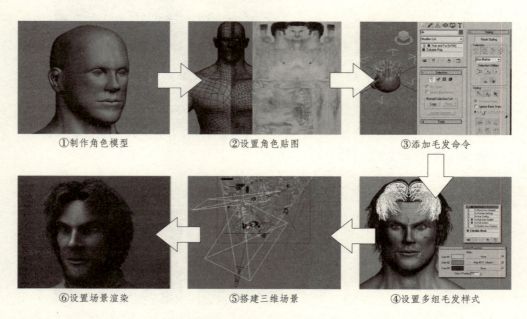

①制作角色模型　②设置角色贴图　③添加毛发命令

⑥设置场景渲染　⑤搭建三维场景　④设置多组毛发样式

图5-26　动画毛发特效《男性头发》制作总流程（步骤）图

六、《男性头发》特效制作各分流程（步骤）图

总流程1　制作角色模型

《男性头发》特效第一流程(步骤)是制作角色模型,制作又分为3个流程：①建立长方体、②调节多边形、③丰富角色细节，见图5-27。

作业要求：自己动手操作并写出具体实施步骤。

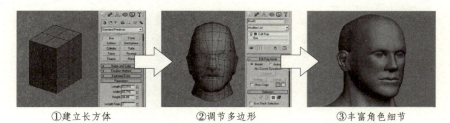

①建立长方体　　　　　②调节多边形　　　　　③丰富角色细节

图5-27　制作角色模型流程图（总流程1）

总流程2　设置角色贴图

《男性头发》特效第二流程（步骤）是设置角色贴图，制作又分为3个流程：①设置模型坐标、②设置角色贴图、③设置模型与贴图，见图5-28。

作业要求：自己动手操作并写出具体实施步骤。

①设置模型坐标　　　　　②设置角色贴图　　　　　③设置模型与贴图

图5-28　设置角色贴图流程图（总流程2）

总流程3　添加毛发命令

《男性头发》特效第三流程（步骤）是添加毛发命令，制作又分为3个流程：①添加毛发命令、②加载毛发预设、③梳理毛发样式，见图5-29。

作业要求：自己动手操作并写出具体实施步骤。

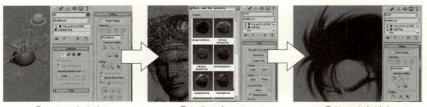

①添加毛发命令　　　　　②加载毛发预设　　　　　③梳理毛发样式

图5-29　添加毛发命令流程图（总流程3）

总流程4 设置多组毛发样式

《男性头发》特效第四流程（步骤）是设置多组毛发样式，制作又分为3个流程：①添加局部毛发、②设置毛发属性、③设置多组毛发，见图5-30。

作业要求：自己动手操作并写出具体实施步骤。

①添加局部毛发　　　　②设置毛发属性　　　　③设置多组毛发

图5-30　设置多组毛发样式流程图（总流程4）

总流程5 搭建三维场景

《男性头发》特效第五流程（步骤）是搭建三维场景，制作又分为3个流程：①搭建场景与灯光、②设置场景灯光、③设置摄影机，见图5-31。

作业要求：自己动手操作并写出具体实施步骤。

①搭建场景与灯光　　　　②设置场景灯光　　　　③设置摄影机

图5-31　搭建三维场景流程图（总流程5）

总流程6 设置场景渲染

《男性头发》特效第六流程（步骤）是设置场景渲染，制作又分为3个流程：①调节骨骼与动作、②设置场景效果、③添加与设置渲染器，见图5-32。

作业要求：自己动手操作并写出具体实施步骤。

①调节骨骼与动作　　　　②设置场景效果　　　　③添加与设置渲染器

图5-32　设置场景渲染流程图（总流程6）

3D SPECIAL EFFECTS

实训5-5 动画袖子与长袍效果 ⏰ **3 学时**

一、实训名称 动画布料特效《长袍侠客》

二、实训内容 本实训主要使用布料修改器模拟真实袖子与长袍的动态效果，最终效果见图5-33。

三、实训要求 根据图5-34至图5-40所提供的制作总流程图和分流程图，自己动手完成各分流程的具体实施步骤。

四、实训目的 熟悉和掌握如何控制角色的衣服效果，以及布料修改器的设置与风力影响。本技术在制作角色类的三维动画时尤其实用。

图5-33 动画布料特效《长袍侠客》最终效果

五、制作流程及技巧分析 制作本例时，先建立角色模型与衣服模型，其中袖子与长袍等布料模拟的模型需要是单独元件。为角色建立骨骼与蒙皮设置，再为袖子与长袍模型添加布料修改器，在设置布料模拟参数后为场景继续添加风力控制，使模拟出的布料会受到风力的影响。设置角色的骨骼记录出舞剑动画，进行布料模拟的模型会随之产生飘动，最后设置场景的灯光与渲染得到最终效果。本例制作总流程（步骤）分为6个：①设置布料模拟模型、②设置角色骨骼与蒙皮、③设置布料模拟、④添加风力控制、⑤设置角色动作、⑥设置场景渲染，见图5-34。

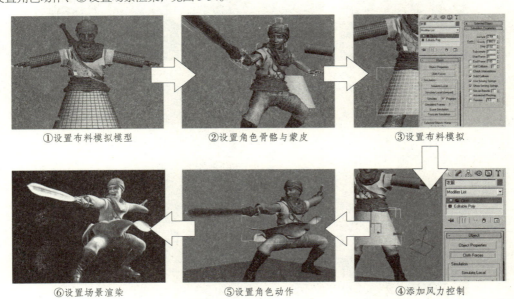

①设置布料模拟模型　②设置角色骨骼与蒙皮　③设置布料模拟

⑥设置场景渲染　⑤设置角色动作　④添加风力控制

图5-34 动画布料特效《长袍侠客》制作总流程（步骤）图

六、《长袍侠客》特效制作各分流程（步骤）图

总流程1　设置布料模拟模型

《长袍侠客》特效第一流程（步骤）是设置布料模拟模型，制作又分为3个流程：①制作角色模型、②制作道具模型、③添加布料模型，见图5-35。

作业要求：自己动手操作并写出具体实施步骤。

①制作角色模型　　　　②制作道具模型　　　　③添加布料模型

图5-35　设置布料模拟模型流程图（总流程1）

总流程2　设置角色骨骼与蒙皮

《长袍侠客》特效第二流程（步骤）是设置角色骨骼与蒙皮，制作又分为3个流程：①建立角色骨骼、②设置骨骼与蒙皮、③设置骨骼动作，见图5-36。

作业要求：自己动手操作并写出具体实施步骤。

①建立角色骨骼　　　　②设置骨骼与蒙皮　　　　③设置骨骼动作

图5-36　设置角色骨骼与蒙皮流程图（总流程2）

总流程3　设置布料模拟

《长袍侠客》特效第三流程（步骤）是设置布料模拟，制作又分为3个流程：①添加布料命令、②设置布料参数、③设置布料属性，见图5-37。

作业要求：自己动手操作并写出具体实施步骤。

①添加布料命令　　　　②设置布料参数　　　　③设置布料属性

图5-37　设置布料模拟流程图（总流程3）

总流程 4　添加风力控制

《长袍侠客》特效第四流程（步骤）是添加风力控制，制作又分为 3 个流程：①添加风力系统、②设置风力参数、③设置动力学系统，见图 5-38。

作业要求：自己动手操作并写出具体实施步骤。

①添加风力系统　　　　②设置风力参数　　　　③设置动力学系统

图5-38　添加风力控制流程图（总流程4）

总流程 5　设置角色动作

《长袍侠客》特效第五流程（步骤）是设置角色动作，制作又分为 3 个流程：①设置 CS 骨骼、②记录骨骼动画、③设置角色姿态，见图 5-39。

作业要求：自己动手操作并写出具体实施步骤。

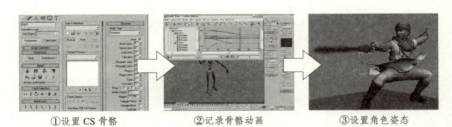

①设置 CS 骨骼　　　　②记录骨骼动画　　　　③设置角色姿态

图5-39　设置角色动作流程图（总流程5）

总流程 6　设置场景渲染

《长袍侠客》特效第六流程（步骤）是设置场景渲染，制作又分为 3 个流程：①设置场景灯光、②设置环境特效、③设置场景渲染，见图 5-40。

作业要求：自己动手操作并写出具体实施步骤。

①设置场景灯光　　　　②设置环境特效　　　　③设置场景渲染

图5-40　设置场景渲染流程图（总流程6）

動画特效
実訓
CG Special
Effects in 3ds max

实训5-6 动画头发与披风效果　　🕐4 学时

一、实训名称 动画布料特效《披风精灵》

二、实训内容 本实训主要使用到了布料模拟与毛发系统，制作出游戏中的披风精灵形象，最终效果见图 5-41。

三、实训要求 根据图 5-42 至图 5-48 所提供的制作总流程图和分流程图，自己动手完成各分流程的具体实施步骤。

四、实训目的 熟悉和掌握布料模拟与毛发系统的配合应用，以及披风等较大布料的设置方法和技巧，以便提升制作女性头发的控制能力。

图5-41　动画布料特效《披风精灵》最终效果

五、制作流程及技巧分析 制作本例时，首先进行女精灵的模型制作与材质的设置，再为女精灵身穿的披风添加布料的模拟修改命令，然后进行布料模拟的属性设置。布料设置完成后，需要通过效果测试计算出模拟的布料，再为角色添加毛发修改器，然后使用多次组合方式得到不同层次的头发。最后建立衬托角色的背景与灯光，并设置渲染器的参数得到最终的效果。本例制作总流程（步骤）分为 6 个：①制作模型与材质、②控制披风布料、③设置布料属性、④测试布料效果、⑤设置角色毛发、⑥设置场景渲染，见图 5-42。

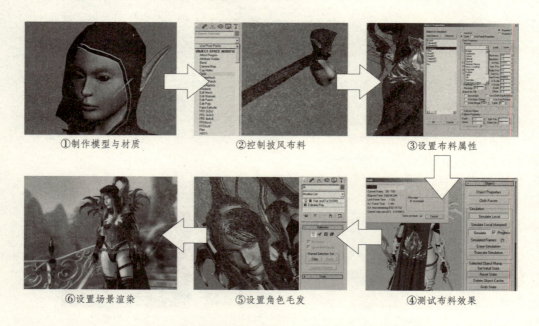

①制作模型与材质　　②控制披风布料　　③设置布料属性

⑥设置场景渲染　　⑤设置角色毛发　　④测试布料效果

图5-42　动画布料特效《披风精灵》制作总流程（步骤）图

3D SPECIAL EFFECTS

76

六、《披风精灵》特效制作各分流程（步骤）图

总流程 1　制作模型与材质

　　《披风精灵》特效第一流程（步骤）是制作模型与材质，制作又分为 3 个流程：①制作角色模型、②制作服装模型、③设置角色材质，见图 5-43。

　　作业要求：自己动手操作并写出具体实施步骤。

①制作角色模型　　　　　　②制作服装模型　　　　　　③设置角色材质

图 5-43　制作模型与材质流程图（总流程1）

总流程 2　控制披风布料

　　《披风精灵》特效第二流程（步骤）是控制披风布料，制作又分为 3 个流程：①添加布料命令、②设置物体属性、③设置布料命令，见图 5-44。

　　作业要求：自己动手操作并写出具体实施步骤。

①添加布料命令　　　　　　②设置物体属性　　　　　　③设置布料命令

图5-44　控制披风布料流程图（总流程2）

总流程 3　设置布料属性

　　《披风精灵》特效第三流程（步骤）是设置布料属性，制作又分为 3 个流程：①设置布料属性、②设置布料模拟、③设置布料碰撞，见图 5-45。

　　作业要求：自己动手操作并写出具体实施步骤。

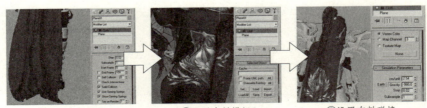

①设置布料属性　　　　　　②设置布料模拟　　　　　　③设置布料碰撞

图5-45　设置布料属性流程图（总流程3）

总流程4 测试布料效果

《披风精灵》特效第四流程（步骤）是测试布料效果，制作又分为3个流程：①设置布料属性、②计算布料模拟、③测试布料效果，见图5-46。

作业要求： 自己动手操作并写出具体实施步骤。

①设置布料属性　　　　　②计算布料模拟　　　　　③测试布料效果

图5-46　测试布料效果流程图（总流程4）

总流程5 设置角色毛发

《披风精灵》特效第五流程（步骤）是设置角色毛发，制作又分为3个流程：①添加局部毛发设置、②设置添加毛发、③梳理毛发样式，见图5-47。

作业要求： 自己动手操作并写出具体实施步骤。

①添加局部毛发设置　　　　②设置添加毛发　　　　③梳理毛发样式

图5-47　设置角色毛发流程图（总流程5）

总流程6 设置场景渲染

《披风精灵》特效第六流程（步骤）是设置场景渲染，制作又分为3个流程：①搭建场景模型、②调节角色动作、③设置渲染场景，见图5-48。

作业要求： 自己动手操作并写出具体实施步骤。

①搭建场景模型　　　　　②调节角色动作　　　　　③设置渲染场景

图5-48　设置场景渲染流程图（总流程6）

部分学生优秀动画毛发与布料特效作业欣赏

下面选择了一批学生动画毛发与布料特效作业欣赏，供读者练习时参考，见图5-49。

《玩具狗毛发》

《毛毛怪兽》

《动物布偶》

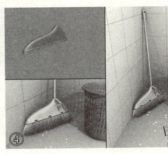

《笤帚》

《毛绒玩具狮子》

《调皮男孩毛发》

《男性头发》

《小狗毛发》

图5-49 部分学生动画毛发与布料特效作业欣赏

第六章　环境氛围特效技法

实训6-1　动画旋转效果　　　　🕐 2 学时

一、实训名称　动画环境特效《旋转的光芒》

二、实训内容　本实训主要使用视频合成控制特效,制作出放射图形旋转产生的游戏升级特效,最终效果见图 6-1。

三、实训要求　根据图 6-2 至图 6-8 所提供的制作总流程图和分流程图,自己动手完成各分流程的具体实施步骤。

四、实训目的　熟悉和掌握对图形进行挤出模拟特效的方式,以及如何运用材质配合视频合成系统制作绚丽特效的方法。

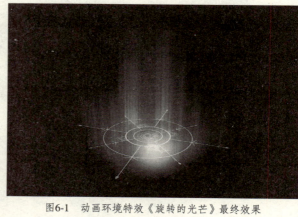

图6-1　动画环境特效《旋转的光芒》最终效果

五、制作流程及技巧分析　制作本例时,先使用图形绘制出放射的基础体,然后记录放射图形的旋转动画,再使用挤出修改器得到游戏升级特效由低至高的动画。设置挤出模型的渐变特效材质,然后设置物体的 ID 代码,在视频合成中添加光晕效果,再通过泛光灯在图形的中心位置产生照明,最后进行渲染设置完成游戏升级特效。本例制作总流程(步骤)分为 6 个:①绘制放射图形、②记录旋转动画、③设置挤出模型、④设置特效材质、⑤视频合成光芒、⑥设置灯光与渲染,见图 6-2。

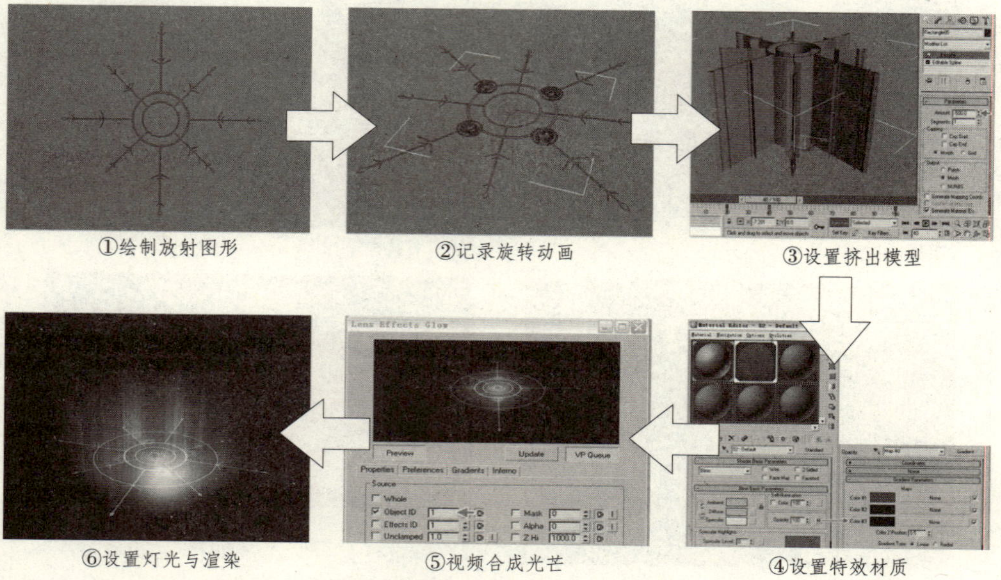

①绘制放射图形　　　　②记录旋转动画　　　　③设置挤出模型

⑥设置灯光与渲染　　　　⑤视频合成光芒　　　　④设置特效材质

图6-2　动画环境特效《旋转的光芒》制作总流程(步骤)图

六、《旋转的光芒》特效制作各分流程（步骤）图

总流程 1　绘制放射图形

《旋转的光芒》特效第一流程（步骤）是绘制放射图形，制作又分为 3 个流程：①主体元素绘制、②旋转复制图形、③添加装饰元素，见图 6-3。

作业要求：自己动手操作并写出具体实施步骤。

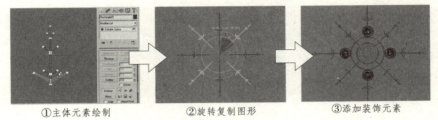

①主体元素绘制　　　　②旋转复制图形　　　　③添加装饰元素

图6-3　绘制放射图形流程图（总流程1）

总流程 2　记录旋转动画

《旋转的光芒》特效第二流程（步骤）是记录旋转动画，制作又分为 3 个流程：①记录外圈正转、②记录内圈反转、③添加旋转速度，见图 6-4。

作业要求：自己动手操作并写出具体实施步骤。

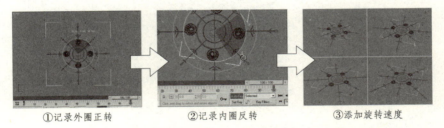

①记录外圈正转　　　　②记录内圈反转　　　　③添加旋转速度

图6-4　记录旋转动画流程图（总流程2）

总流程 3　设置挤出模型

《旋转的光芒》特效第三流程（步骤）是设置挤出模型，制作又分为 3 个流程：①设置平面挤出、②复制挤出模型、③记录挤出动画，见图 6-5。

作业要求：自己动手操作并写出具体实施步骤。

①设置平面挤出　　　　②复制挤出模型　　　　③记录挤出动画

图6-5　设置挤出模型流程图（总流程3）

总流程4 设置特效材质

《旋转的光芒》特效第四流程（步骤）是设置特效材质，制作又分为3个流程：①设置特效材质、②切换物体属性、③设置物体ID号码，见图6-6。

作业要求：自己动手操作并写出具体实施步骤。

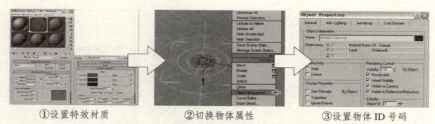

①设置特效材质　　　　②切换物体属性　　　　③设置物体ID号码

图6-6　设置特效材质流程图（总流程4）

总流程5 视频合成光芒

《旋转的光芒》特效第五流程（步骤）是视频合成光芒，制作又分为3个流程：①添加特效项目、②设置光晕特效、③设置躁动特效，见图6-7。

作业要求：自己动手操作并写出具体实施步骤。

①添加特效项目　　　　②设置光晕特效　　　　③设置躁动特效

图6-7　视频合成光芒流程图（总流程5）

总流程6 设置灯光与渲染

《旋转的光芒》特效第六流程（步骤）是设置灯光与渲染，制作又分为3个流程：①添加场景灯光、②设置渲染器、③输出特效动画，见图6-8。

作业要求：自己动手操作并写出具体实施步骤。

①添加场景灯光　　　　②设置渲染器　　　　③输出特效动画

图6-8　设置灯光与渲染流程图（总流程6）

实训6-2　动画燃烧效果

⏰ 2 学时

一、实训名称　动画环境特效《燃烧的蜡烛》

二、实训内容　本实训主要使用泛光灯与视频合成中的光晕制作燃烧的蜡烛效果，最终效果见图6-9。

三、实训要求　根据图6-10至图6-16所提供的制作总流程图和分流程图，自己动手完成各分流程的具体实施步骤。

四、实训目的　熟悉和掌握如何使用灯光控制区域照明效果，以及视频合成中的光晕效果控制的原理、方法和步骤。

图6-9　动画环境特效《燃烧的蜡烛》最终效果

五、制作流程及技巧分析　制作本例时，先建立蜡烛的模型，然后使用泛光灯在火苗的位置进行区域影响，再使用聚光灯控制投射照明的方向。使用合成材质得到火苗的基础效果，设置火苗模型的 ID 号码与视频合成中的光晕特效所对应，再设置光晕的发光为渐变颜色类型，渐变颜色依次为黄色、桔色、深蓝色、天蓝色。最后设置场景的渲染参数完成随堂实训。本例制作总流程（步骤）分为 6 个：①制作蜡烛模型、②添加烛光照明、③设置投射照明、④设置蜡烛材质、⑤视频光晕特效、⑥设置最终渲染，见图6-10。

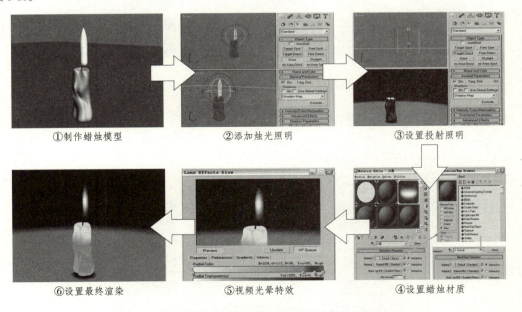

①制作蜡烛模型　　②添加烛光照明　　③设置投射照明

⑥设置最终渲染　　⑤视频光晕特效　　④设置蜡烛材质

图6-10　动画环境特效《燃烧的蜡烛》制作总流程（步骤）图

3D SPECIAL EFFECTS

六、《燃烧的蜡烛》特效制作各分流程（步骤）图

总流程 1　制作蜡烛模型

《燃烧的蜡烛》特效第一流程（步骤）是制作蜡烛模型，制作又分为 3 个流程：①制作多边形蜡烛、②添加燃芯模型、③车削旋转火苗，见图 6-11。

作业要求：自己动手操作并写出具体实施步骤。

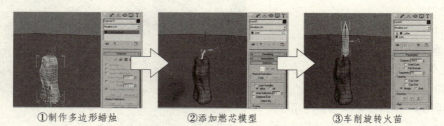

①制作多边形蜡烛　　　　②添加燃芯模型　　　　③车削旋转火苗

图6-11　制作蜡烛模型流程图（总流程1）

总流程 2　添加烛光照明

《燃烧的蜡烛》特效第二流程（步骤）是添加烛光照明，制作又分为 3 个流程：①添加火焰照明、②添加整体照明、③设置灯光参数，见图 6-12。

作业要求：自己动手操作并写出具体实施步骤。

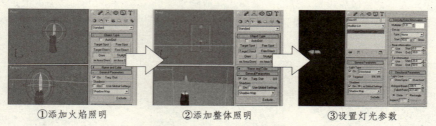

①添加火焰照明　　　　②添加整体照明　　　　③设置灯光参数

图6-12　添加烛光照明流程图（总流程2）

总流程 3　设置投射照明

《燃烧的蜡烛》特效第三流程（步骤）是设置投射照明，制作又分为 3 个流程：①添加投射照明、②设置投射区域、③设置投射参数，见图 6-13。

作业要求：自己动手操作并写出具体实施步骤。

①添加投射照明　　　　②设置投射区域　　　　③设置投射参数

图6-13　设置投射照明流程图（总流程3）

总流程 4 设置蜡烛材质

《燃烧的蜡烛》特效第四流程（步骤）是设置蜡烛材质，制作又分为 3 个流程：①设置蜡烛材质、②设置火焰主体材质、③设置火焰遮罩材质，见图 6-14。

作业要求：自己动手操作并写出具体实施步骤。

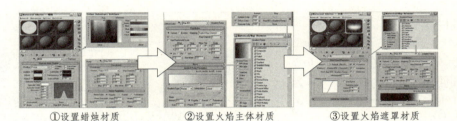

①设置蜡烛材质   ②设置火焰主体材质   ③设置火焰遮罩材质

图6-14 设置蜡烛材质流程图（总流程4）

总流程 5 视频光晕特效

《燃烧的蜡烛》特效第五流程（步骤）是视频光晕特效，制作又分为 3 个流程：①开启物体属性、②设置物体 ID 号、③设置火焰光晕特效，见图 6-15。

作业要求：自己动手操作并写出具体实施步骤。

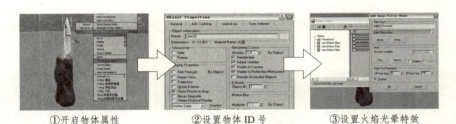

①开启物体属性   ②设置物体 ID 号   ③设置火焰光晕特效

图6-15 视频光晕特效流程图（总流程5）

总流程 6 设置最终渲染

《燃烧的蜡烛》特效第六流程（步骤）是设置最终渲染，制作又分为 3 个流程：①添加环境特效、②设置渲染器、③设置输出与采样，见图 6-16。

作业要求：自己动手操作并写出具体实施步骤。

①添加环境特效   ②设置渲染器   ③设置输出与采样

图6-16 设置最终渲染流程图（总流程6）

实训6-3 动画浓烟效果 ⏰ **3 学时**

一、实训名称 动画环境特效《油罐车浓烟》

二、实训内容 本实训主要使用 PF 粒子系统模拟燃烧的火焰，设置环境中的 AfterBurn 特效模拟出浓烟效果，最终效果见图 6-17。

三、实训要求 根据图 6-18 至图 6-24 所提供的制作总流程图和分流程图，自己动手完成各分流程的具体实施步骤。

四、实训目的 熟悉和掌握 PF 粒子系统中事件的添加与控制、以及 AfterBurn 特效的参数与效果设置的方法和步骤。

图6-17 动画环境特效《油罐车浓烟》最终效果

五、制作流程及技巧分析 制作本例时，先建立场景的模型，然后设置场景的材质和动力学碰撞影响，使油罐车撞破护栏。再设置刚体集合的质量等参数后添加 PF 粒子，通过对粒子事件的设置得到模拟燃烧火焰效果。在环境特效中添加 AfterBurn 特效，然后将特效中的拾取项目赋予 PF 粒子，使粒子在火焰效果上又得到了浓烟效果。本例制作总流程（步骤）分为 6 个：①建立场景模型、②设置场景材质、③添加动力学碰撞、④设置动力学参数、⑤设置粒子与力学、⑥设置场景环境，见图 6-18。

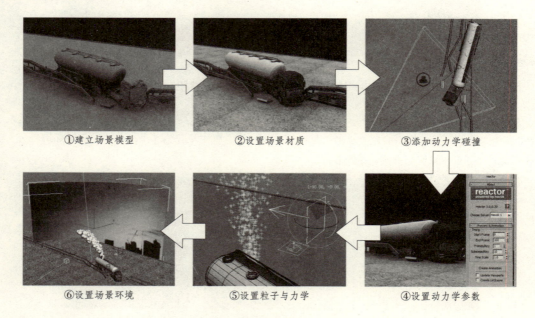

①建立场景模型 ②设置场景材质 ③添加动力学碰撞

⑥设置场景环境 ⑤设置粒子与力学 ④设置动力学参数

图6-18 动画环境特效《油罐车浓烟》制作总流程（步骤）图

六、《油罐车浓烟》特效制作各分流程（步骤）图

总流程1　建立场景模型

《油罐车浓烟》特效第一流程（步骤）是建立场景模型，制作又分为3个流程：①建立路障模型、②建立车头模型、③建立油罐模型，见图6-19。

作业要求：自己动手操作并写出具体实施步骤。

①建立路障模型　　　　②建立车头模型　　　　③建立油罐模型

图6-19　建立场景模型流程图（总流程1）

总流程2　设置场景材质

《油罐车浓烟》特效第二流程（步骤）是设置场景材质，制作又分为3个流程：①建立摄影机、②视图匹配摄影机、③设置场景材质，见图6-20。

作业要求：自己动手操作并写出具体实施步骤。

①建立摄影机　　　　②视图匹配摄影机　　　　③设置场景材质

图6-20　设置场景材质流程图（总流程2）

总流程3　添加动力学碰撞

《油罐车浓烟》特效第三流程（步骤）是添加动力学碰撞，制作又分为3个流程：①建立刚体集合、②拾取碰撞物体、③场景动力学替换，见图6-21。

作业要求：自己动手操作并写出具体实施步骤。

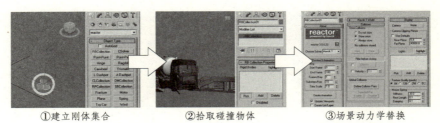

①建立刚体集合　　　　②拾取碰撞物体　　　　③场景动力学替换

图6-21　添加动力学碰撞流程图（总流程3）

总流程 4　设置动力学参数

《油罐车浓烟》特效第四流程（步骤）是设置动力学参数，制作又分为 3 个流程：①设置碰撞物体、②设置碰撞质量、③创建动力学动画，见图6-22。

作业要求： 自己动手操作并写出具体实施步骤。

　　①设置碰撞物体　　　　　　　②设置碰撞质量　　　　　　　③创建动力学动画

图6-22　设置动力学参数流程图（总流程4）

总流程 5　设置粒子与力学

《油罐车浓烟》特效第五流程（步骤）是设置粒子与力学，制作又分为 3 个流程：①创建 PF 粒子、②设置粒子项目、③添加风力系统，见图 6-23。

作业要求： 自己动手操作并写出具体实施步骤。

　　①创建 PF 粒子　　　　　　　②设置粒子项目　　　　　　　③添加风力系统

图6-23　设置粒子与力学流程图（总流程5）

总流程 6　设置场景环境

《油罐车浓烟》特效第六流程（步骤）是设置场景环境，制作又分为 3 个流程：①设置场景雾效、②控制场景颜色、③丰富场景效果，见图 6-24。

作业要求： 自己动手操作并写出具体实施步骤。

　　①设置场景雾效　　　　　　　②控制场景颜色　　　　　　　③丰富场景效果

图6-24　设置场景环境流程图（总流程6）

3D SPECIAL EFFECTS

实训6-4　动画燃烧效果　⏰3学时

一、实训名称 动画环境特效《燃烧的火炭》

二、实训内容 本实训主要使用材质与灯光模拟出燃烧的火炭效果，最终效果见图6-25。

三、实训要求 根据图6-26至图6-32所提供的制作总流程图和分流程图，自己动手完成各分流程的具体实施步骤。

四、实训目的 熟悉和掌握材质与灯光的配合应用，以及粒子烟雾的设置和镜头渲染特效的原理、方法。本技能在制作火炭或岩浆等燃烧效果时尤为实用。

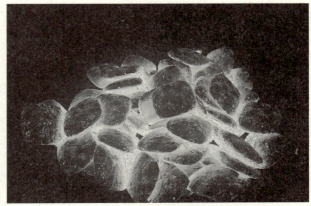

图6-25　动画环境特效《燃烧的火炭》最终效果

五、制作流程及技巧分析 制作本例时，先建立标准几何体并进行编辑与光滑控制，然后再设置岩浆材质和自发光控制。在每一块火炭的中心位置建立一盏泛光灯，然后设置照明的区域与颜色控制。使用PF粒子模拟出火炭燃烧的烟雾效果，再为环境特效加入镜头效果，最后设置场景渲染得到燃烧火炭效果。本例制作总流程（步骤）分为6个：①制作场景模型、②设置岩浆材质、③灯光照明影响、④设置粒子烟雾、⑤镜头渲染特效、⑥设置最终渲染，见图6-26。

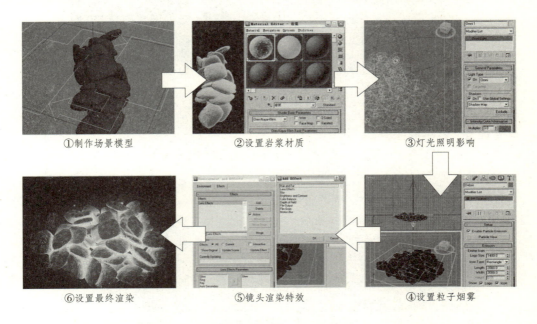

①制作场景模型　　②设置岩浆材质　　③灯光照明影响

⑥设置最终渲染　　⑤镜头渲染特效　　④设置粒子烟雾

图6-26　动画环境特效《燃烧的火炭》制作总流程（步骤）图

六、《燃烧的火炭》特效制作各分流程（步骤）图

总流程 1　制作场景模型

《燃烧的火炭》特效第一流程（步骤）是制作场景模型，制作又分为 3 个流程：①建立长方体模型、②设置多变形与光滑、③组合火炭场景，见图 6-27。

作业要求：自己动手操作并写出具体实施步骤。

①建立长方体模型　　　　②设置多变形与光滑　　　　③组合火炭场景

图6-27　制作场景模型流程图（总流程1）

总流程 2　设置岩浆材质

《燃烧的火炭》特效第二流程（步骤）是设置岩浆材质，制作又分为 3 个流程：①设置渐变材质、②设置凹凸与置换、③设置岩浆材质，见图 6-28。

作业要求：自己动手操作并写出具体实施步骤。

①设置渐变材质　　　　②设置凹凸与置换　　　　③设置岩浆材质

图6-28　设置岩浆材质流程图（总流程2）

总流程 3　灯光照明影响

《燃烧的火炭》特效第三流程（步骤）是灯光照明影响，制作又分为 3 个流程：①添加泛光灯、②设置灯光衰减、③复制灯光至火炭，见图 6-29。

作业要求：自己动手操作并写出具体实施步骤。

①添加泛光灯　　　　②设置灯光衰减　　　　③复制灯光至火炭

图6-29　灯光照明影响流程图（总流程3）

总流程4　设置粒子烟雾

《燃烧的火炭》特效第四流程（步骤）是设置粒子烟雾，制作又分为3个流程：①添加粒子系统、②添加风力系统、③控制场景力学，见图6-30。

作业要求：自己动手操作并写出具体实施步骤。

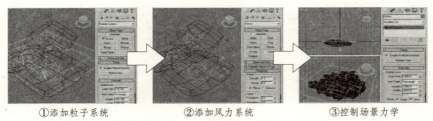

①添加粒子系统　　　②添加风力系统　　　③控制场景力学

图6-30　设置粒子烟雾流程图（总流程4）

总流程5　镜头渲染特效

《燃烧的火炭》特效第五流程（步骤）是镜头渲染特效，制作又分为3个流程：①设置环境材质、②添加渲染特效、③控制火焰特效，见图6-31。

作业要求：自己动手操作并写出具体实施步骤。

①设置环境材质　　　②添加渲染特效　　　③控制火焰特效

图6-31　镜头渲染特效流程图（总流程5）

总流程6　设置最终渲染

《燃烧的火炭》特效第六流程（步骤）是设置最终渲染，制作又分为3个流程：①设置光晕特效、②设置光效传递、③场景渲染效果，见图6-32。

作业要求：自己动手操作并写出具体实施步骤。

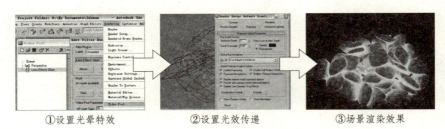

①设置光晕特效　　　②设置光效传递　　　③场景渲染效果

图6-32　设置最终渲染流程图（总流程6）

3D SPECIAL EFFECTS

实训6-5 动画雪景效果 ⏰ 3 学时

一、实训名称 动画环境特效《连绵雪山》

二、实训内容 本实训主要使用置换功能得到山脉的模型，再配合材质、环境特效与镜头效果得到真实的雪山效果，最终效果见图 6-33。

三、实训要求 根据图 6-34 至图 6-40 所提供的制作总流程图和分流程图，自己动手完成各分流程的具体实施步骤。

四、实训目的 熟悉和掌握黑白图像控制置换三维模型的方式，雪山材质的合成类型设置，以及控制场景的阵列灯光照明的方法和技巧。

图6-33 动画环境特效《连绵雪山》最终效果

五、制作流程及技巧分析 制作本例时，先建立一个多段数的平面几何体，然后使用置换修改命令控制山脉的模型效果，再使用合成材质类型控制雪山效果。为使山脉间有被雾笼罩的效果，在环境特效中添加雾特效，然后使用灯光阵列的方式控制场景照明，为场景中添加镜头渲染特效模拟出太阳方向，最后再对渲染器进行设置。本例制作总流程（步骤）分为 6 个：①制作场景模型、②设置雪山材质、③设置环境特效、④设置场景照明、⑤镜头渲染特效、⑥设置最终渲染，见图 6-34。

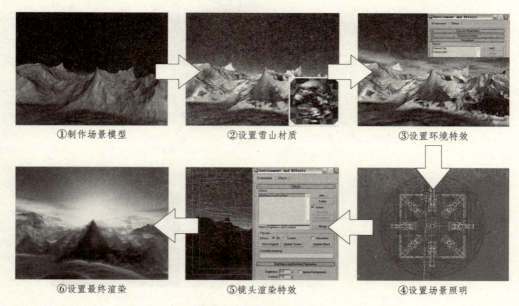

①制作场景模型　　②设置雪山材质　　③设置环境特效

⑥设置最终渲染　　⑤镜头渲染特效　　④设置场景照明

图6-34 动画环境特效《连绵雪山》制作总流程（步骤）图

六、《连绵雪山》特效制作各分流程（步骤）图

总流程1　制作场景模型

《连绵雪山》特效第一流程（步骤）是制作场景模型，制作又分为3个流程：①建立高段数平面、②设置黑白置换、③置换多次场景，见图6-35。

作业要求：自己动手操作并写出具体实施步骤。

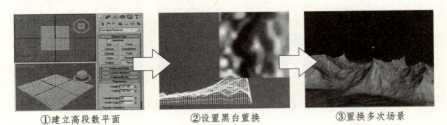

①建立高段数平面　　　　②设置黑白置换　　　　③置换多次场景

图6-35　制作场景模型流程图（总流程1）

总流程2　设置雪山材质

《连绵雪山》特效第二流程（步骤）是设置雪山材质，制作又分为3个流程：①设置土地材质、②设置雪地材质、③雪山材质组合，见图6-36。

作业要求：自己动手操作并写出具体实施步骤。

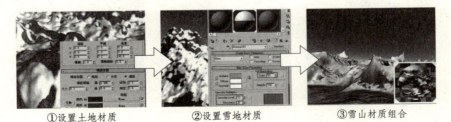

①设置土地材质　　　　②设置雪地材质　　　　③雪山材质组合

图6-36　设置雪山材质流程图（总流程2）

总流程3　设置环境特效

《连绵雪山》特效第三流程（步骤）是设置环境特效，制作又分为3个流程：①添加场景雾效、②设置虚拟物体、③组合环境特效，见图6-37。

作业要求：自己动手操作并写出具体实施步骤。

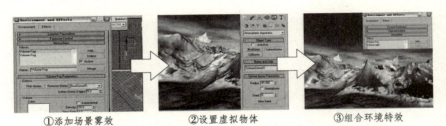

①添加场景雾效　　　　②设置虚拟物体　　　　③组合环境特效

图6-37　设置环境特效流程图（总流程3）

总流程4 设置场景照明

《连绵雪山》特效第四流程（步骤）是设置场景照明，制作又分为3个流程：①添加灯光照明、②关联复制灯光、③阵列周围灯光，见图6-38。

作业要求：自己动手操作并写出具体实施步骤。

①添加灯光照明　　②关联复制灯光　　③阵列周围灯光

图6-38　设置场景照明流程图（总流程4）

总流程5 镜头渲染特效

《连绵雪山》特效第五流程（步骤）是镜头渲染特效，制作又分为3个流程：①添加PF粒子、②粒子雾效模拟、③设置镜头特效，见图6-39。

作业要求：自己动手操作并写出具体实施步骤。

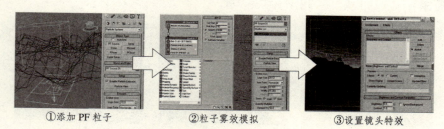

①添加PF粒子　　②粒子雾效模拟　　③设置镜头特效

图6-39　镜头渲染特效流程图（总流程5）

总流程6 设置最终渲染

《连绵雪山》特效第六流程（步骤）是设置最终渲染，制作又分为3个流程：①切换渲染器、②设置景深渲染、③设置渲染采样，见图6-40。

作业要求：自己动手操作并写出具体实施步骤。

①切换渲染器　　②设置景深渲染　　③设置渲染采样

图6-40　设置最终渲染流程图（总流程6）

实训6-6　动画海面飞行效果　　⏰ **4 学时**

一、实训名称　动画环境特效《战机飞行》

二、实训内容　本实训主要使用标准灯光模拟出海面光线效果，在环境与特效面板中添加发光、星形、亮度/对比度、色彩平衡控制，最终效果见图6-41。

三、实训要求　根据图6-42至图6-48所提供的制作总流程图和分流程图，自己动手完成各分流程的具体实施步骤。

四、实训目的　熟悉和掌握环境与特效面板中的效果控制方法，以及三维海面、天空与太阳的效果制作流程和步骤。

图6-41　动画环境特效《战机飞行》最终效果

五、制作流程及技巧分析　制作本例时，先建立飞机的模型与材质设置，通过摄影机记录飞行的动画，再为场景进行灯光照明设置。然后为场景添加海面的材质与特效，在环境与特效面板中添加镜头效果模拟出阳光，再通过亮度/对比度、色彩平衡控制场景的颜色基调，最后制作出战机沿海面飞行的三维效果。本例制作总流程（步骤）分为6个：①设置模型与材质、②调节飞行动画、③设置场景灯光、④添加海面特效、⑤添加太阳特效、⑥设置场景环境特效，见图6-42。

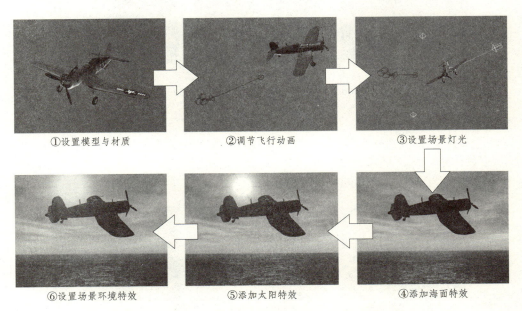

①设置模型与材质　　　②调节飞行动画　　　③设置场景灯光

⑥设置场景环境特效　　　⑤添加太阳特效　　　④添加海面特效

图6-42　动画环境特效《战机飞行》制作总流程（步骤）图

六、《战机飞行》特效制作各分流程（步骤）图

总流程1　设置模型与材质

《战机飞行》特效第一流程（步骤）是设置模型与材质，制作又分为3个流程：①制作飞机主体模型、②添加机翼附属模型、③设置飞机材质，见图6-43。

作业要求：自己动手操作并写出具体实施步骤。

①制作飞机主体模型　　②添加机翼附属模型　　③设置飞机材质

图6-43　设置模型与材质流程图（总流程1）

总流程2　调节飞行动画

《战机飞行》特效第二流程（步骤）是调节飞行动画，制作又分为3个流程：①调节飞机角度、②添加摄影机控制、③记录飞行动画，见图6-44。

作业要求：自己动手操作并写出具体实施步骤。

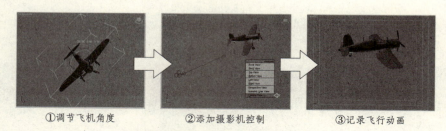

①调节飞机角度　　②添加摄影机控制　　③记录飞行动画

图6-44　调节飞行动画流程图（总流程2）

总流程3　设置场景灯光

《战机飞行》特效第三流程（步骤）是设置场景灯光，制作又分为3个流程：①建立主照明灯光、②设置灯光参数、③添加辅助照明，见图6-45。

作业要求：自己动手操作并写出具体实施步骤。

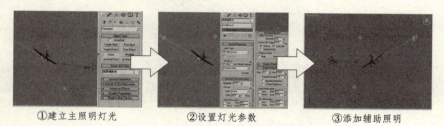

①建立主照明灯光　　②设置灯光参数　　③添加辅助照明

图6-45　设置场景灯光流程图（总流程3）

总流程 4   添加海面特效

《战机飞行》特效第四流程（步骤）是添加海面特效，制作又分为 3 个流程：①添加环境项目、②设置环境背景、③设置海面特效，见图 6-46。

作业要求：自己动手操作并写出具体实施步骤。

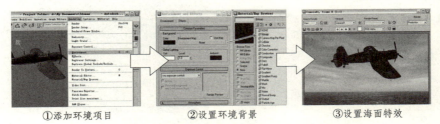

①添加环境项目 　　　　　②设置环境背景 　　　　　③设置海面特效

图6-46　添加海面特效流程图（总流程4）

总流程 5   添加太阳特效

《战机飞行》特效第五流程（步骤）是添加太阳特效，制作又分为 3 个流程：①添加镜头光晕、②光晕效果组合、③设置太阳特效，见图 6-47。

作业要求：自己动手操作并写出具体实施步骤。

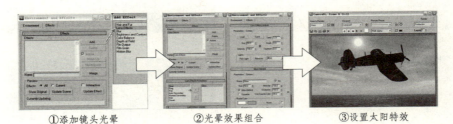

①添加镜头光晕 　　　　　②光晕效果组合 　　　　　③设置太阳特效

图6-47　添加太阳特效流程图（总流程5）

总流程 6   设置场景环境特效

《战机飞行》特效第六流程（步骤）是设置场景环境特效，制作又分为 3 个流程：①设置环境星光、②设置环境光晕、③设置环境色调，见图 6-48。

作业要求：自己动手操作并写出具体实施步骤。

①设置环境星光 　　　　　②设置环境光晕 　　　　　③设置环境色调

图6-48　设置场景环境特效流程图（总流程6）

部分学生优秀动画环境氛围特效作业欣赏

下面选择了一批学生动画环境氛围特效作业欣赏，供读者练习时参考，见图6-49。

《飞艇》

《绚丽之光》

《火山喷发》

《大海薄雾》

《晴朗的海岛》

《蔚蓝天空》

《深蓝海面》

《星光灿烂》

图6-49　部分学生动画环境氛围特效作业欣赏

作 品 展 示

作 品 展 示